U0650011

DaVinci Resolve 19

中文版达芬奇
视频调色与特效手册

Ai 版

胡 杨◎编著

中国铁道出版社有限公司
CHINA RAILWAY PUBLISHING HOUSE CO., LTD.

图书在版编目（CIP）数据

DaVinci Resolve 19 中文版达芬奇视频调色与特效手册：AI 版 / 胡杨编著. -- 北京 : 中国铁道出版社有限公司，2025. 5. -- ISBN 978-7-113-32005-8

Ⅰ. TP317. 53-62

中国国家版本馆 CIP 数据核字第 202561JT30 号

书　　名：**DaVinci Resolve 19 中文版达芬奇视频调色与特效手册**（AI 版）
　　　　　DaVinci Resolve 19 ZHONGWEN BAN DAFENQI SHIPIN TIAOSE YU TEXIAO SHOUCE（AI BAN）
作　　者：胡　杨

责任编辑：张亚慧　　　　　编辑部电话：（010）51873035　　　电子邮箱：lampard@vip.163.com
封面设计：宿　萌
责任校对：安海燕
责任印制：赵星辰

出版发行：中国铁道出版社有限公司（100054，北京市西城区右安门西街 8 号）
网　　址：https://www.tdpress.com
印　　刷：北京盛通印刷股份有限公司
版　　次：2025 年 5 月第 1 版　2025 年 5 月第 1 次印刷
开　　本：787mm×1 092mm　1/16　印张：17　字数：443 千
书　　号：ISBN 978-7-113-32005-8
定　　价：99.00 元

版权所有　侵权必究

凡购买铁道版图书，如有印制质量问题，请与本社读者服务部联系调换。电话：（010）51873174
打击盗版举报电话：（010）63549461

前　言

■ 痛点分析

在视觉艺术的创作之旅中，你是否曾为了一段完美的视频剪辑而彻夜不眠？是否曾为了调出理想的色彩而反复试验？又是否曾为了实现特效的无缝融合而绞尽脑汁？在如今这个技术日新月异、创意层出不穷的数字媒体时代，每一位视频创作者都面临着前所未有的挑战与机遇。

痛点一：技术门槛高

在视频制作中，需要掌握复杂的软件操作，例如剪辑、调色、特效制作等。这些技能虽然关键，但学习曲线陡峭，对于初学者来说，往往需要投入大量的时间和精力去掌握。

痛点二：创意实现难

在追求个性化和创新的今天，创作者往往需要将天马行空的创意转化为现实。然而，将创意转化为具体的视觉表现，不仅需要技术的支持，还需要对色彩、光影、节奏等有深刻的理解。

痛点三：效率与质量难以兼顾

视频制作是一个既耗时又耗力的过程，从拍摄到后期，每一步都需要精心打磨。在追求效率的今天，如何在保证作品质量的同时，提高工作效率，是每个创作者都需要面对的问题。

■ 写作驱动

无论是基础的视频剪辑、色彩调整，还是高级的特效制作，每一项都考验着我们的技术与创意。这些看似简单却又复杂的任务，不仅占据了大量的创作时间，还常常让人感到力不从心，难以兼顾效率与质量。而这本书，正是为了解决这些痛点而生。

本书旨在通过深入浅出的讲解，为视频创作者提供一套全面的学习指南。我们深知，在技术快速发展的今天，掌握先进的 AI 技术，不仅能够极大地提升创作效率，还能让作品更加专业、生动和富有表现力。

因此，本书精心整理了达芬奇软件 19 版本好用的 AI 相关功能，内容从界面操作、素材管理、调色技巧、特效制作到音频编辑多个维度，能运用 AI 技术进行轻松处理的，都做了系统、细致的讲解。

■ 本书亮点

本书集系统性、实用性与创新性于一体，主要包括以下六大亮点：

（1）AI 技术深度融合：深入探讨了达芬奇软件 19 版本中 AI 技术的集成应用，从智能剪辑到自动调色，从面部修饰到音频声像调整，揭示了 AI 如何革新视频制作流程。

（2）实战案例丰富：通过一系列精心设计的实战案例，将理论知识与实际操作紧密结合，使读者能够通过实践快速掌握 AI 工具的使用技巧，提高工作效率。

（3）前沿技术趋势：不仅介绍了达芬奇软件 19 版本的现有 AI 功能，还前瞻性地分析了 AI 技术在视频制作中的未来发展，帮助读者把握行业脉动，保持竞争力。

（4）系统性教学方法：采用由浅入深的结构安排，无论是 AI 初学者还是有一定基础的专业人士，都能在本书中找到适合自己的学习路径。

（5）技术与艺术结合：不仅关注技术层面的操作，也强调创意思维的培养，鼓励读者利用 AI 工具释放创意潜力，制作出更具艺术感的作品。

（6）专家经验分享：作者凭借多年在视频后期制作领域的经验，分享了大量实用的技巧和心得，帮助读者避免常见陷阱，快速提升技能。

■ 版本提醒

本书在编写时，是基于当前达芬奇软件 19 版本的功能和界面进行讲解的。由于软件更新迭代比较快，而书从编写到出版会有一段时间，部分功能和界面可能会有所变化，请读者在学习时，根据书中的思路举一反三，进行学习即可。

■ 作者售后

本书由胡杨编著，提供视频素材和拍摄帮助的人员还有向小红等人，在此一并表示感谢。由于作者知识水平有限，书中难免有疏漏之处，恳请广大读者批评、指正，联系微信：2633228153。

作　者

2025 年 3 月

目　录

【 探索之始 】

i

【色彩基础】

第 2 章　色彩启航：初探一级调色与 AI 智能化　　31

【 滤镜与特效 】

【实战案例】

探索之始

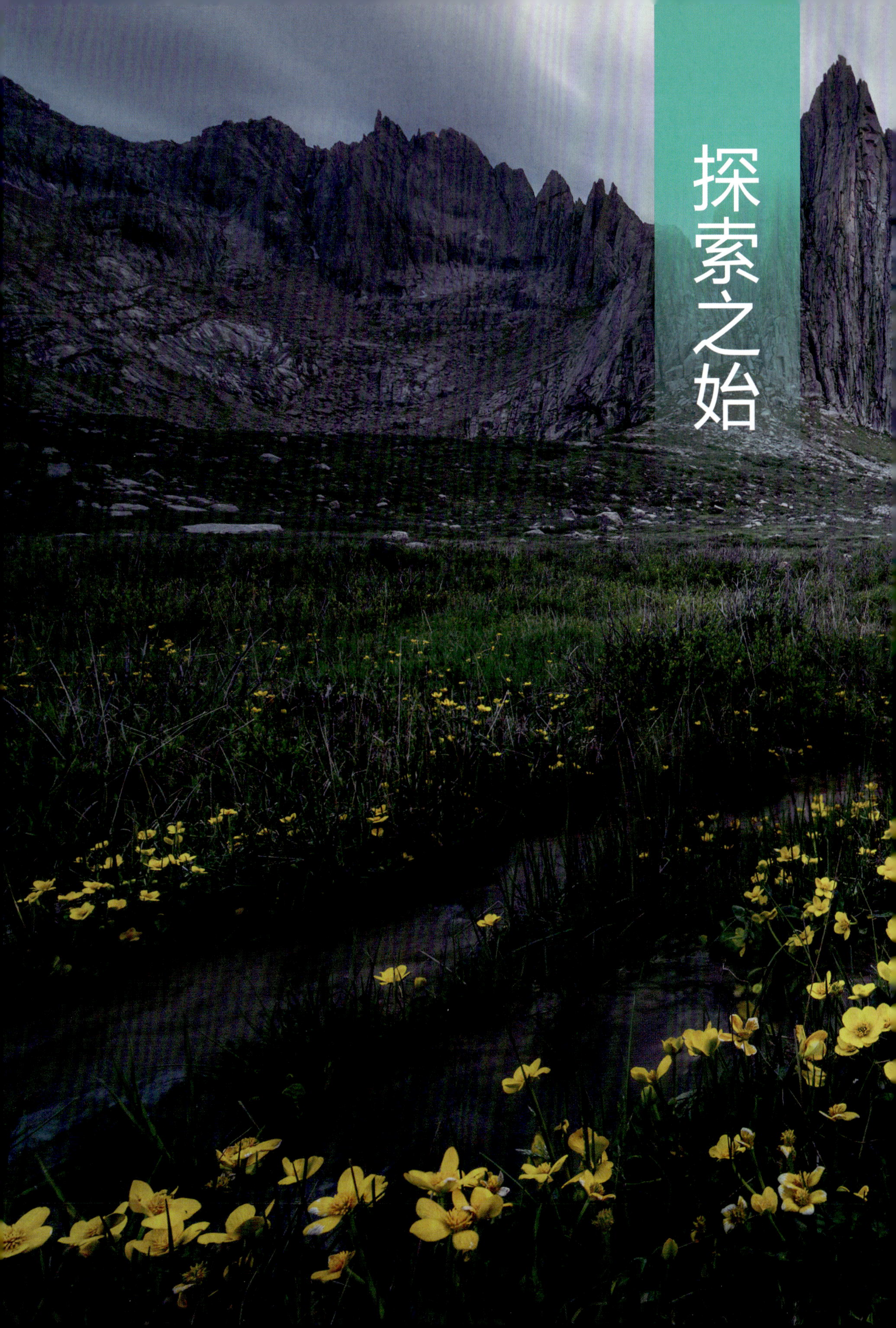

| 第 1 章 |

基础入门：
达芬奇界面与 AI 功能探索

　　踏入数字创作的殿堂，从达芬奇软件的界面探索启程。
本章将引领你穿梭于直观易用的工作区，揭开人工智能
（artificial intelligence，AI）辅助功能的神秘面纱。从了
解界面布局到初尝探索 AI 新功能、基础操控、AI 编辑进阶，
以及 AI 增强音频编辑的魔力，每一步都将是创意与技术的
美妙邂逅。跟随指引，轻松驾驭达芬奇，开启视觉艺术的无
限可能。

1.1 安装、启动与退出 DaVinci Resolve 19

用户在学习 DaVinci Resolve 19 之前，需要对软件的系统配置有所了解，以及掌握软件的安装、启动与退出方法，这样才有助于进一步地学习该软件。本节主要介绍如何安装、启动与退出 DaVinci Resolve 19 软件的操作方法。

1.1.1 下载步骤：获取软件

在安装 DaVinci Resolve 19 之前，用户需确认是否有低版本的达芬奇程序，如有需先卸载。此外，务必关闭所有其他应用程序，包括病毒检测软件，以确保正常安装。接下来介绍具体的安装操作方法：

STEP 01 将 DaVinci Resolve 19 安装程序复制到电脑中，进入安装文件夹，选择并双击安装文件，如图 1-1 所示。

STEP 02 弹出相应对话框，显示相应的打开进度，如图 1-2 所示。

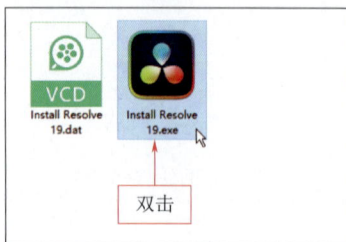

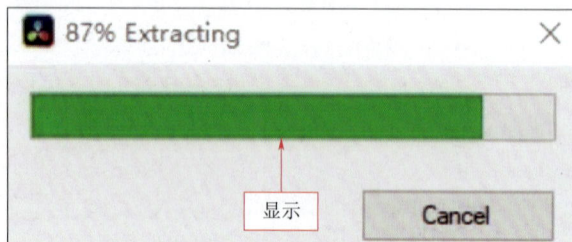

图 1-1 双击安装文件　　图 1-2 显示相应的打开进度

STEP 03 弹出相应对话框，选中相应复选框，单击 Install 按钮，如图 1-3 所示，进入相应面板，单击 Next 按钮。

STEP 04 进入软件协议内容页面，在其中选中 I accept the terms License Agreement 复选框，单击 Next 按钮，如图 1-4 所示。

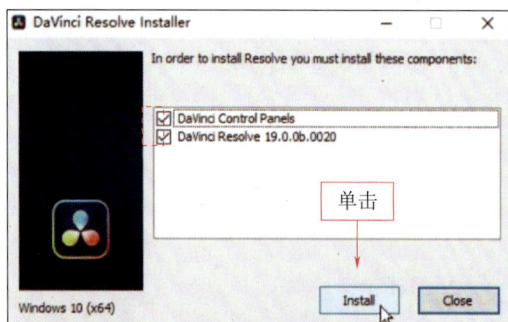

图 1-3 单击 Install 按钮（1）　　图 1-4 单击 Next 按钮（1）

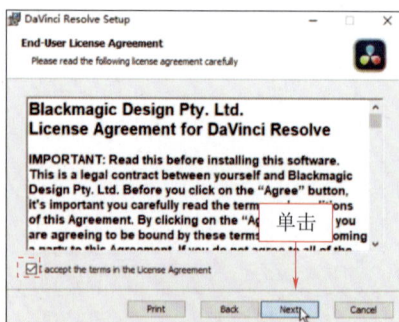

STEP 05 进入下一个页面，在其中显示了软件的安装位置，更改软件安装位置，这里更改为 F 盘，单击 Next 按钮，如图 1-5 所示。

STEP 06 进入软件的准备安装页面，单击 Install 按钮，如图 1-6 所示，即可开始安装 DaVinci Resolve 19 软件。

STEP 07 在软件安装加载页面中显示安装进度，提示用户正在安装，如图 1-7 所示。

STEP 08 安装完成后，单击 Finish 按钮，如图 1-8 所示，即可关闭，需要将软件激活，点我授权就可以激活。

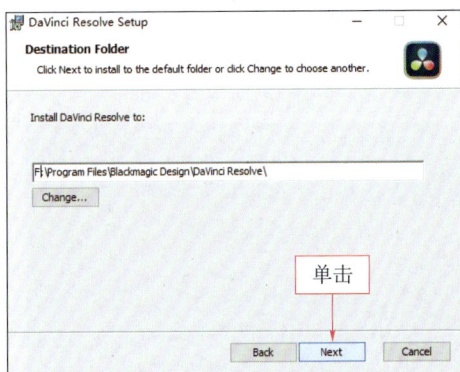

图 1-5　单击 Next 按钮（2）

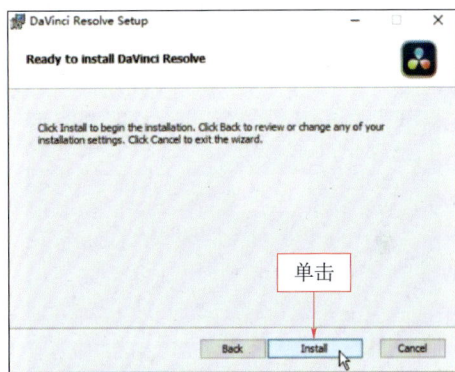

图 1-6　单击 Install 按钮（2）

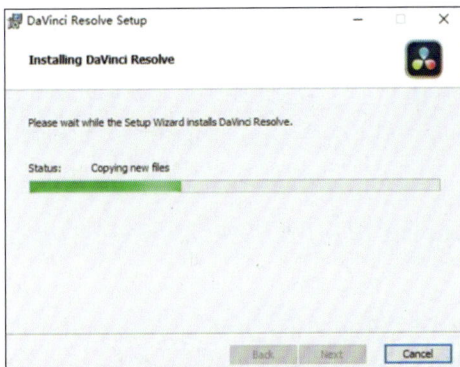

图 1-7　显示安装进度

图 1-8　单击 Finish 按钮

1.1.2　启动流程：运行应用

在使用 DaVinci Resolve 19 对素材进行调色之前，首先需了解如何启动应用程序。接下来将介绍 DaVinci Resolve 19 的启动操作方法：

STEP 01 在桌面上双击达芬奇图标，如图 1-9 所示。

STEP 02 执行操作后，进入 DaVinci Resolve 19 启动界面，如图 1-10 所示。

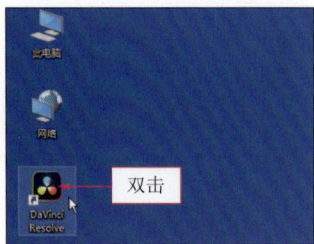

图 1-9　双击达芬奇图标

图 1-10　进入启动界面

STEP 03 稍等片刻，弹出项目管理器，双击 Untitled Project 图标，如图 1-11 所示。

STEP 04 打开软件界面，进入 DaVinci Resolve 19 工作界面，如图 1-12 所示。

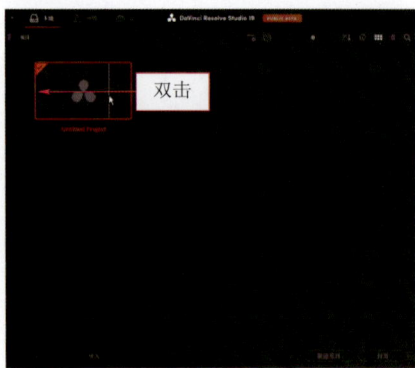

图 1-11　双击 Untitled Project 图标

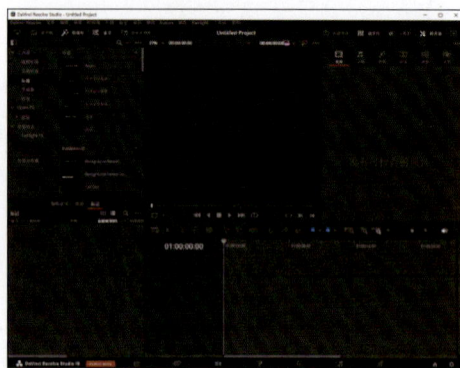

图 1-12　进入 DaVinci Resolve 19 工作界面

1.1.3　关闭方式：退出程序

完成调色后，用户可以通过退出 DaVinci Resolve 19 应用程序来节约系统内存，提高运行速度，下面介绍具体的操作方法：

STEP 01 进入达芬奇"剪辑"步骤面板，单击菜单栏中的 DaVinci Resolve | "退出 DaVinci Resolve"命令，如图 1-13 所示，执行操作后，即可退出 DaVinci Resolve 19。

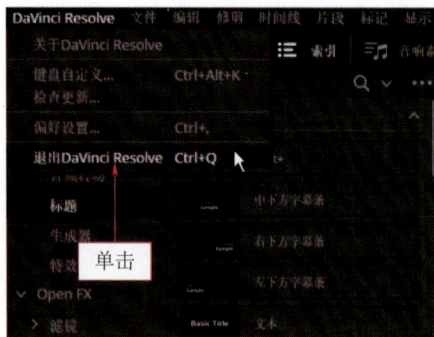

图 1-13　单击"退出 DaVinci Resolve"命令

STEP 02 除了运用上述方法可以退出 DaVinci Resolve 19 外，还可以单击工作界面右上角的"关闭"按钮 ❌，如图 1-14 所示，关闭工作界面。

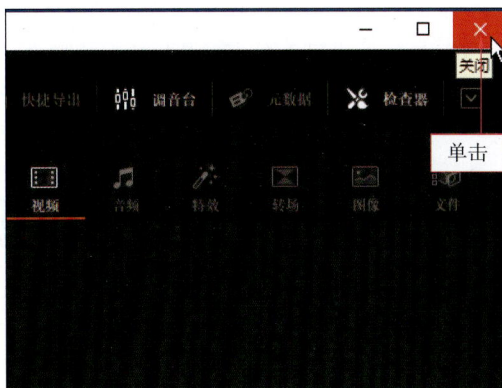

图 1-14　单击"关闭"按钮

1.2 界面全景

DaVinci Resolve，作为一款备受赞誉的影视后期制作软件，现已全面升级至 2024 年的 DaVinci Resolve 19 版本，这一版本不仅对硬件配置有更高的要求，也带来了前所未有的强大功能和兼容性。它集成了剪辑、调色、视觉特效、字幕编辑及音频处理等多种专业级工具，成功吸引了众多剪辑师、调色师及后期制作专家的青睐。本节主要介绍 DaVinci Resolve 19 的工作界面，如图 1-15 所示。

图 1-15　DaVinci Resolve 19 工作界面

1.2.1　导航面板：探索功能

在 DaVinci Resolve 19 中，一共有 7 个步骤面板，分别为媒体、快编、剪辑、Fusion、调色、Fairlight 及交付，单击相应标签按钮，即可切换至相应的步骤面板，如图 1-16 所示。

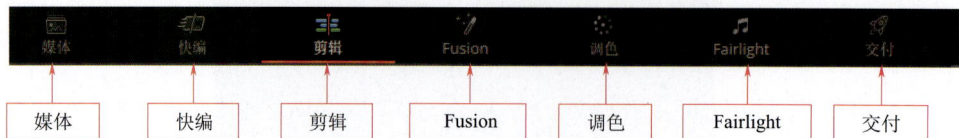

图 1-16　步骤面板

➤ "媒体"步骤面板：可以导入、查看、管理及克隆媒体素材文件和属性等。

➤ "快编"步骤面板："快编"步骤面板是一个专为速度和效率设计的全新功能，它提供了一个简化的编辑环境，使用户能够迅速完成视频剪辑的基本流程。

➤ "剪辑"步骤面板：在其中可以导入媒体素材、创建时间线、剪辑素材、制作字幕、添加滤镜、转场、标记素材入点和出点及双屏显示素材画面等。

➤ Fusion 步骤面板：主要用于动画效果的处理，包括合成、绘图、粒子及字幕动画等，还可以制作出电影级视觉特效和动态图形动画。

➤ "调色"步骤面板：在"调色"工作界面中，提供了 Camera Raw、色彩匹配、色轮、RGB 混合器、运动特效、曲线、色彩切割、色彩扭曲器、限定器、窗口、跟踪器、神奇遮罩、模糊、键、调整大小及立体等功能面板，用户可以在相应面板中对素材进行色彩调整、一级调色、二级调色和降噪等操作，最大限度地满足用户对影视素材的调色需求。

➤ Fairlight 步骤面板：在其中用户可以根据需要调整音频效果，包括音调匀速校正和变速调整、音频正常化、1D 声像移位、混响、嗡嗡声移除、人声通道和齿音消除等。

➤ "交付"步骤面板：在"交付"面板中可以进行渲染输出设置，将制作的项目文件输出为 MP4、AVI、EXR、IMF 等格式文件。

1.2.2　媒体管理：认识媒体池

在 DaVinci Resolve 19 "剪辑"步骤面板左上角的工具栏中，单击"媒体池"按钮，即可展开"媒体池"工作面板，如图 1-17 所示。

在下方的步骤面板中，单击"媒体"按钮 ▨，如图 1-18 所示，即可切换至"媒体"步骤面板，两个界面中的"媒体池"是通用的。

图 1-17 "媒体池"工作面板

图 1-18 单击"媒体"按钮

1.2.3 效果应用：认识特效库

在"剪辑"步骤面板的工具栏中，单击"特效库"按钮 ，展开"工具箱"面板，其中为用户提供了视频转场、音频转场、标题、生成器及特效等功能，如图 1-19 所示。

图 1-19 "特效库"面板

1.2.4 视觉审视：认识检视器

在 DaVinci Resolve 19 "剪辑"步骤面板中，单击"检视器"面板右上角的"单检视器模式" 按钮，即可使预览窗口以单屏显示，此时"单检视器模式"按钮转换为"双检视器模式"按钮 ，如图 1-20 所示。在系统默认的情况下，"检视器"面板的预览窗口可以单屏显示。

图 1-20 "检视器"面板

左侧的屏幕为媒体池素材预览窗口，用户在选择的素材上双击，即可在媒体池素材预览窗口中显示素材画面；右侧的屏幕为时间线效果预览窗口，拖动时间线滑块，即可在时间线效果预览窗口中显示滑块所指处的素材画面。

在导览面板中，单击相应按钮，用户可以执行变换、裁切、动态缩放、Open FX 叠加、Fusion 叠加、标注、智能重新构图、跳到上一个编辑点、倒放、停止、播放、跳到下一个编辑点、循环、匹配帧、标记入点及标记出点等操作。

1.2.5 时序编排：认识时间线

"时间线"面板是 DaVinci Resolve 19 中进行视频、音频编辑的重要工作区之一，在面板中可以轻松实现对素材的剪辑、插入，以及调整等操作，如图 1-21 所示。

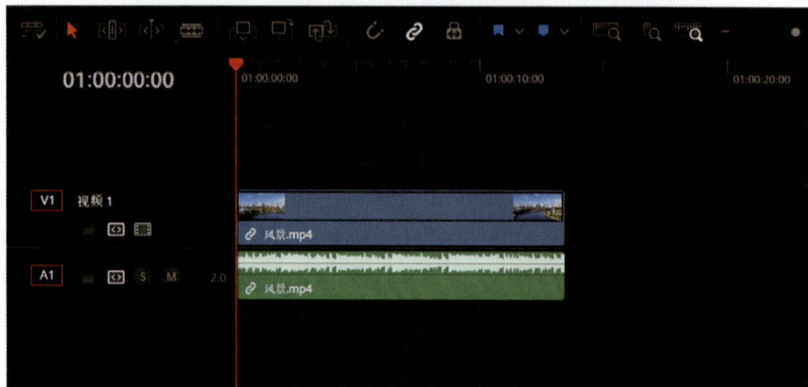

图 1-21 "时间线"面板

1.2.6　音频调控：认识调音台

在 DaVinci Resolve 19 "剪辑" 步骤面板的右上角，单击 "调音台" 按钮 🎚️，即可展开 "调音台" 面板，用户可以执行编组音频、调整声像，以及动态音量等操作，如图 1-22 所示。

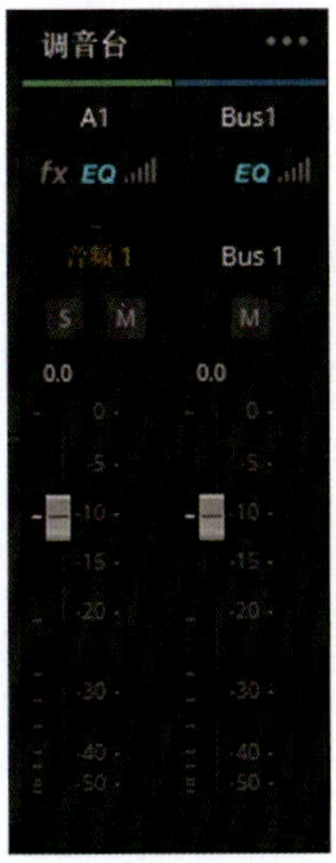

图 1-22　"调音台" 面板

1.2.7　数据标签：认识元数据

在 "剪辑" 步骤面板右上角的工具栏中，单击 "元数据" 按钮 🏷️，即可展开 "元数据" 面板，其中显示了媒体素材的时长、帧数、位深、优先场、数据级别、音频通道，以及音频位深等数据信息，如图 1-23 所示。

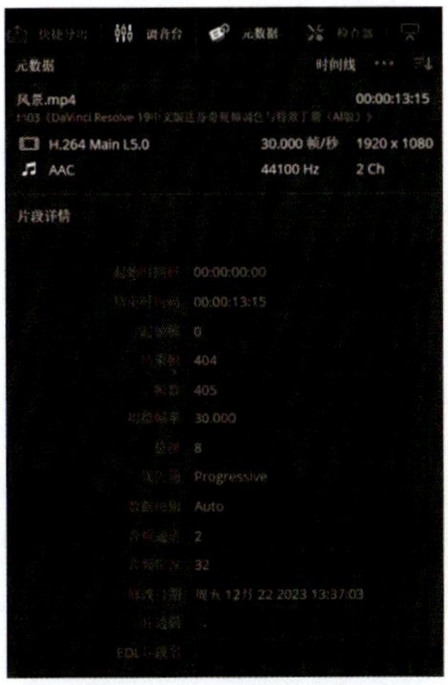

图 1-23　"元数据" 面板

1.2.8　细节检查：认识检查器

在"剪辑"步骤面板的右上角单击"检查器"按钮 ▓，即可展开"检查器"面板，"检查器"面板的主要作用是针对"时间线"面板中的素材进行基本的处理。图 1-24 为"检查器"｜"视频"选项面板，由于"时间线"面板中只置入了一个视频素材，因此，面板上方仅显示了"视频""音频""特效""转场""图像"和"文件"6 个标签，单击相应标签即可打开选项面板。

图 1-24　"视频"选项面板

1.3　基础操控

使用 DaVinci Resolve 19 编辑影视文件，需要创建一个项目文件才能对视频、照片、音频进行编辑，包括掌握项目文件的基本操作、导入媒体素材文件、替换和链接素材文件等基础操作。

1.3.1　项目构建：基础文件操作

在踏入视频编辑的广阔天地之前，首先需要搭建起坚实的基石——项目构建。这一步不仅是创意旅程的起点，也是后续所有编辑工作的基础。新建项目文件的操作方法具体如下：

用户可以进入"剪辑"步骤面板，通过单击"文件"｜"新建项目"命令，新建一个项目文件，如图 1-25 所示。完成后，可以按【Ctrl + S】组合键保存项目文件。

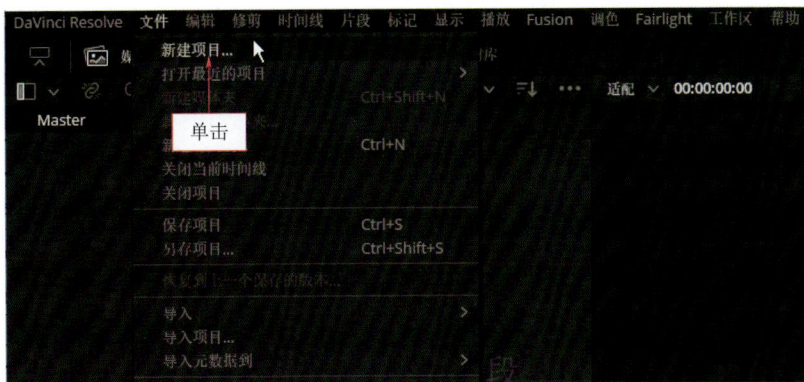

图 1-25　单击"新建项目"命令

1.3.2　素材整合：导入文件

在 DaVinci Resolve 19 的"剪辑"步骤面板中，用户可以添加各种不同类型的素材，下面介绍具体的操作方法：

STEP 01 新建一个项目文件，在"媒体池"面板中右击，弹出快捷菜单，选择"导入媒体"选项，如图 1-26 所示。

STEP 02 弹出"导入媒体"对话框，在文件夹中选择需要导入的视频素材，单击"打开"按钮，即可将视频素材导入"媒体池"面板中，如图 1-27 所示。选择"媒体池"面板中的视频素材，将其拖动至"时间线"面板中的视频轨上。

图 1-26　选择"导入媒体"选项

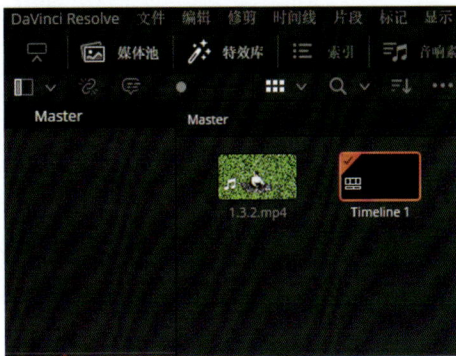

图 1-27　导入"媒体池"面板

1.3.3　对接管理：替换链接

在使用 DaVinci Resolve 19 对视频素材进行编辑时，用户可以根据编辑需要对素材进行替换和链接等操作，具体操作方法如下：

STEP 01 打开一个项目文件，进入"剪辑"步骤面板，在"媒体池"面板中选择离线的素材文件，右击，弹出快捷菜单，选择"重新链接所选片段"选项，如图 1-28 所示。

STEP 02 弹出"选择源文件夹"对话框，在其中选择链接素材所在文件夹，单击"选择文件夹"按钮，如图 1-29 所示，即可自动链接视频素材。

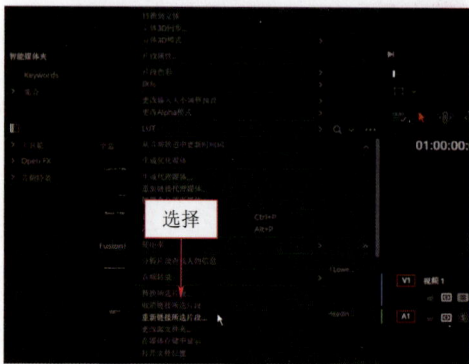

图 1-28　选择"重新链接所选片段"选项　　　图 1-29　单击"选择文件夹"按钮

STEP 03 在"媒体池"面板中选择需要替换的素材文件，右击，弹出快捷菜单，选择"替换所选片段"选项，如图 1-30 所示。

STEP 04 弹出"替换所选片段"对话框，在其中选中需要替换的视频素材，单击"打开"按钮，如图 1-31 所示，即可替换"时间线"面板中的视频文件。

图 1-30　选择"替换所选片段"选项　　　图 1-31　单击"打开"按钮

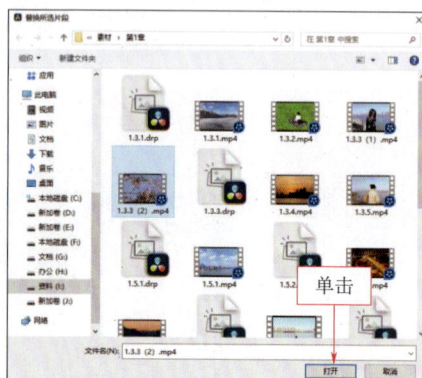

1.3.4　轨道安排：管理层次

在达芬奇的"时间线"面板中，提供了插入与删除轨道的功能，用户可以在时间线轨道面板中右击，弹出快捷菜单，选择相应的选项，可以直接对轨道进行添加或删除等操作。

进入"剪辑"步骤面板，单击"时间线显示选项"按钮 ，弹出相应列表，在"轨道高度"面板，拖动"视频"滑块可以调整视频的高度，拖动"音频"滑块可以调整音频的高度，如图 1-32 所示，即可调整"时间线"面板中的视图尺寸。

在轨道面板中，单击"禁用视频轨道"按钮 ，即可禁用视频轨道上的素材，再次单击"启用视频轨道"按钮 ，即可激活轨道素材信息，如图 1-33 所示。

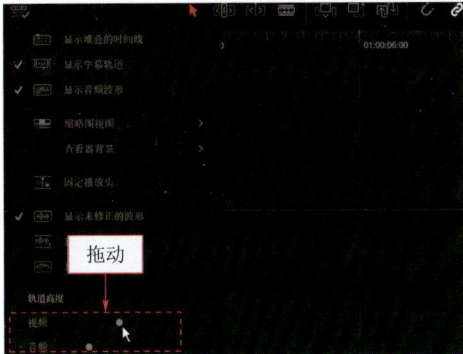

图 1-32　拖动相应滑块

图 1-33　单击"启用视频轨道"按钮

1.3.5　集合整理：分类处理

在 DaVinci Resolve 19 中，新增的"集合"功能为素材管理带来了极大的便利。当用户在"媒体池"中导入图片、视频及音频等素材后，该功能将根据它们的类型进行分类，并分别整理到"集合"选项区所对应的文件夹中，如图 1-34 所示，这样找文件就很方便。

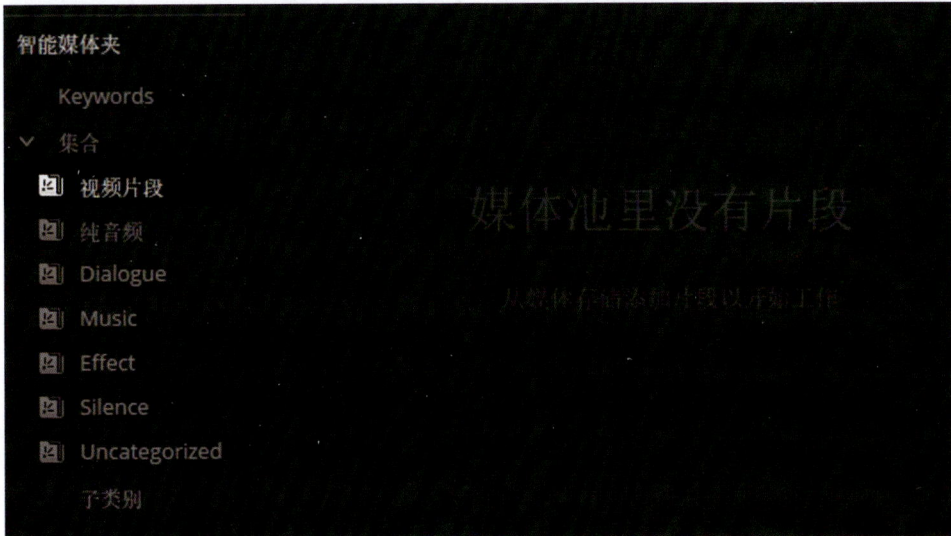

图 1-34　进行智能分类

1.4 探索 AI 新功能

在深入探索 AI 领域的新功能时，我们不难发现，技术的每一次飞跃都在为我们的生活、工作及娱乐体验带来前所未有的变革。接下来，让我们一同揭开 DaVinci Resolve 19 中这些令人兴奋的 AI 新功能的神秘面纱，从"场景智裁"到"视域智变"，这些功能不仅提升了视频编辑的效率，还极大地丰富了创作的可能性。

1.4.1 场景智裁：AI 剪切片段

场景智裁，AI 智能剪辑的杰出新作。它能自动识别视频中的关键场景，实现精准自动剪切，让烦琐的视频编辑工作变得轻松高效。无论是电影预告、广告制作还是日常 Vlog 剪辑，场景智裁都能助你一臂之力，快速提取精彩瞬间，打造专业级视频作品，让创意与效率并行不悖。下面介绍场景智裁的操作方法：

STEP 01 打开一个项目文件，进入达芬奇"剪辑"步骤面板，选中素材，如图 1-35 所示。

STEP 02 单击"时间线"按钮，弹出快捷菜单，选择"探测场景切点"选项，如图 1-36 所示。

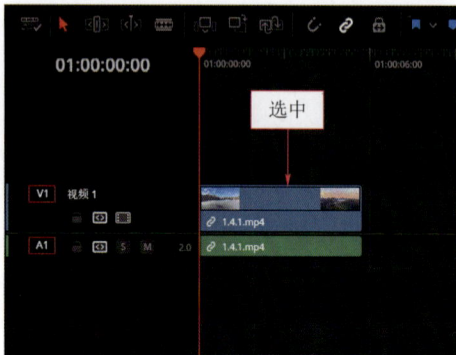

图 1-35　选中素材

图 1-36　选择"探测场景切点"选项

STEP 03 弹出"探测场景切点"对话框，并显示计算场景进度，如图 1-37 所示。

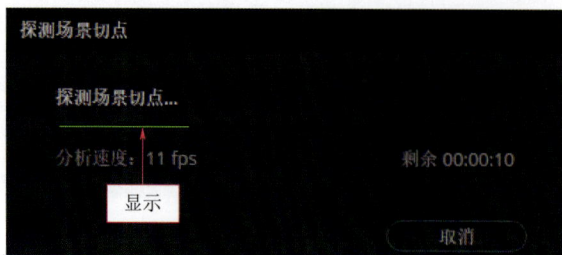

图 1-37　显示进度

STEP 04 即可自动打开场景，如图 1-38 所示，非常方便。

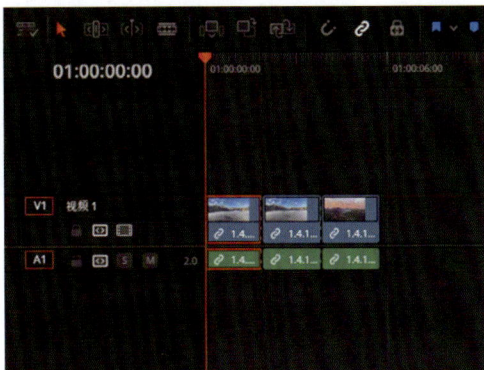

图 1-38　自动打开场景

1.4.2　语音生成：AI 制作字幕

语幕自现，AI 即时字幕的艺术展现。它如同魔法般将语音瞬间转化为流畅字幕，无论是跨国交流、无障碍观影还是学习辅助，都能无缝衔接。这项技术不仅提升了信息传递的效率，更赋予了视听体验新的维度，让语言无界，文化共享，展现 AI 时代下的智能沟通之美，下面介绍具体的操作方法：

STEP 01 打开一个项目文件，进入达芬奇"剪辑"步骤面板，选中素材，如图 1-39 所示。

STEP 02 单击"时间线"按钮，弹出快捷菜单，选择"从音频创建字幕"选项，如图 1-40 所示。

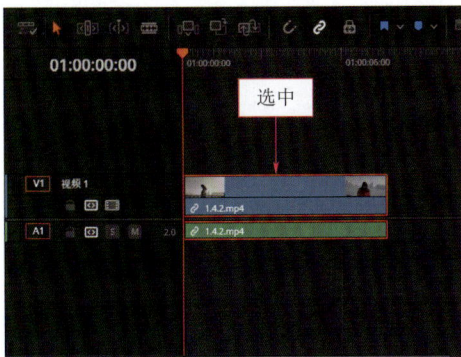

图 1-39　选中素材

图 1-40　选择"从音频创建字幕"选项

STEP 03 弹出"从音频创建字幕"对话框，单击"创建"按钮，如图 1-41 所示。

STEP 04 弹出"创建字幕"面板，显示进度，如图 1-42 所示。

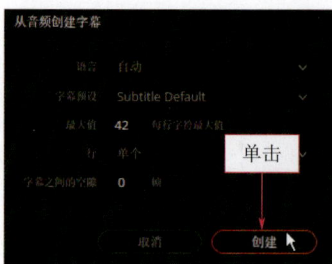

图 1-41　单击"创建"按钮

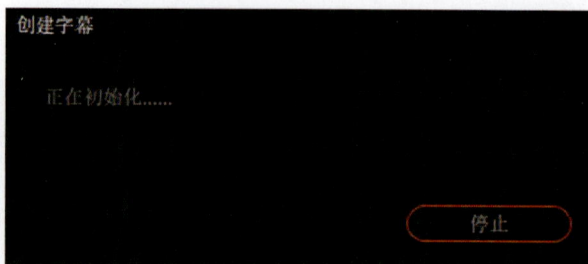

图 1-42　显示进度

STEP 05 即可在"时间线"面板中查看导入字幕，在预览窗口中查看效果，如图 1-43 所示。

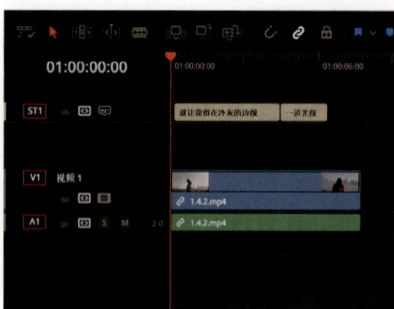

图 1-43　在预览窗口中查看效果

1.4.3　精准定位：固定播放

在视频编辑的过程中，利用 AI 技术自动或辅助用户在固定的播放头位置添加精确且流畅的过渡语言（可能是旁白、字幕或其他形式的文本或音频）。这样的功能可以提高视频编辑的效率和专业性，尤其是在处理大量素材或需要高度精确控制视频叙事节奏的情况下，下面介绍具体的操作方法：

新建一个项目文件，进入达芬奇"剪辑"步骤面板，在"轨道"面板中单击"时间线显示选项"按钮 ，选择"固定播放头"选项，如图 1-44 所示。即可快速的锁定画面镜头。

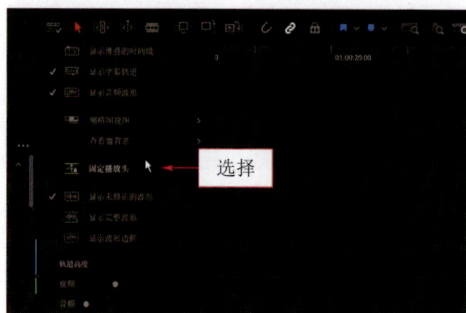

图 1-44　选择"固定播放头"选项

1.4.4　智能变换：AI 动态缩放

在 DaVinci Resolve 19 中，通过 AI 技术实现了视频内容的智能动态缩放，这一功能的核心优势在于它能够根据视频内容的动态变化自动调整画面的缩放比例，从而优化观看体验。在达芬奇软件中单击"显示"菜单栏，在弹出的列表中取消勾选"以鼠标光标为基准缩放时间线"选项，如图 1-45 所示。这样 AI 系统就可以根据用户的需要和偏好，自动调整视图的缩放级别，无须手动操作。

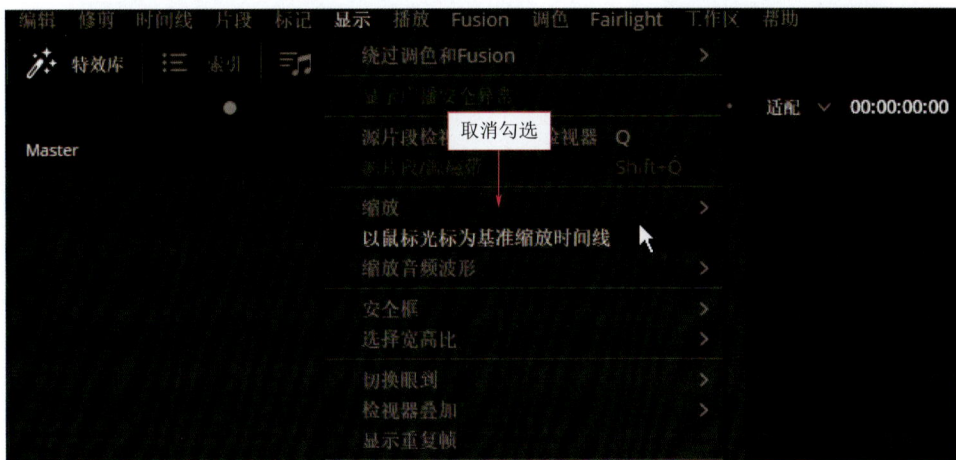

图 1-45　取消勾选"以鼠标光标为基准缩放时间线"选项

1.5 ▶ AI 编辑进阶学习

随着 AI 技术的飞速发展，AI 编辑工具已不再是简单的辅助手段，而是成为创作过程中不可或缺的强大伙伴。本节将引领用户深入了解 AI 编辑的高级技巧，从素材的灵活操控到特效的巧妙融合，让你的视频作品更加生动和吸引人。

1.5.1　精修素材：编辑调整

在 DaVinci Resolve 19 中，用户可以对视频素材进行相应的编辑与调整，包括断开链接和锁定轨道等常用剪辑方法。

1. 链接片段

当用户选择"时间线"面板中的视频素材并移动位置时，可以发现视频和音频呈链接状态，且缩略图上显示了链接的图标，选择"时间线"面板中的素材文件，右击，弹出快捷菜单，取消选择"链接片段"选项，如图 1-46 所示，即可断开视频和音频的链接，链接图标将不在显示在缩略图上。

图 1-46　取消选择"链接片段"选项

2. 锁定轨道

用户可以将鼠标移至轨道面板中的锁定轨道上，在"视频 1"轨道上单击"锁定轨道"按钮🔒，即可将视频轨道锁定，如图 1-47 所示，再次单击"解锁轨道"按钮🔒，即可解开视频。

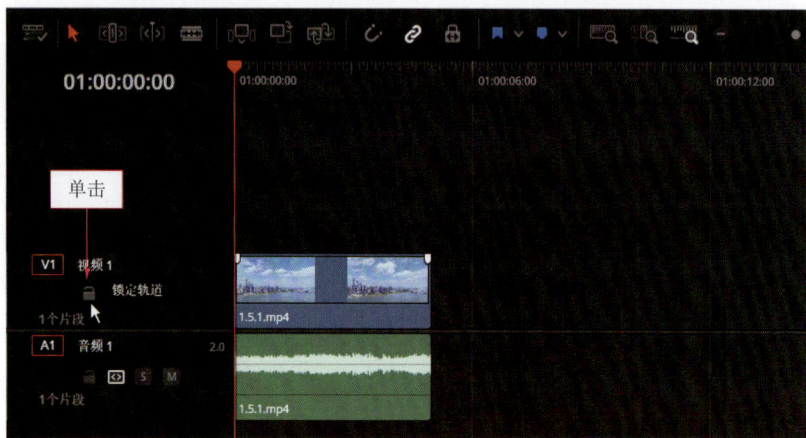

图 1-47　单击"锁定轨道"按钮

1.5.2　剪辑技艺：掌握修剪

为了帮助用户尽快掌握达芬奇软件中的修剪模式，下面主要介绍达芬奇剪辑面板中的选择模式及修剪编辑模式等修剪视频素材的方法。

进入达芬奇"剪辑"步骤面板，在"时间线"面板中，单击"选择模式"按钮 ，移动鼠标至素材的结束位置处，当光标呈修剪形状时，按住鼠标左键并向左拖动，如图 1-48 所示，至合适位置处释放鼠标，即可完成修剪视频时长区间的操作。

在"时间线"面板中，单击"刀片编辑模式"按钮 ，如图 1-49 所示，此时鼠标指针变成了刀片工具图标 ，可以快速分割素材。

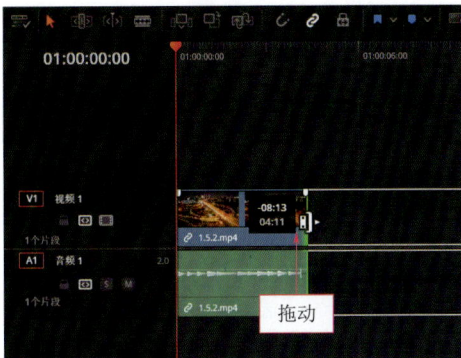

图 1-48　向左拖动

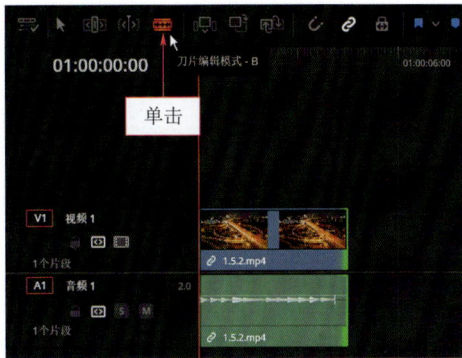

图 1-49　单击"刀片编辑模式"按钮

1.5.3　时序变更：修改时长

在 DaVinci Resolve 19 中，将素材添加到"时间线"面板中，用户可以对素材的区间时长和播放速度进行相应的调整，具体的操作方法如下：

在"时间线"面板中，选中素材文件，右击，弹出快捷菜单，选择"更改片段时长"选项，如图 1-50 所示，修改自己需要的视频时长。

在"时间线"面板中，选中素材文件，右击，弹出快捷菜单，选择"更改片段速度"选项，如图 1-51 所示，即可调整素材的速度。

图 1-50　选择"更改片段时长"选项

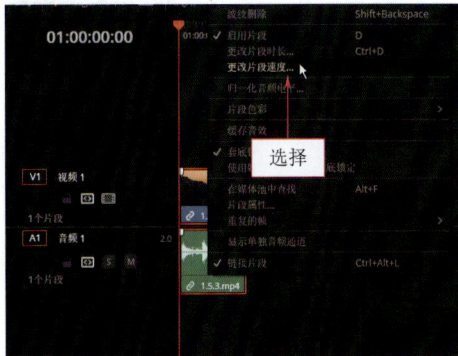

图 1-51　选择"更改片段速度"选项

1.5.4　追踪技术：画面稳定

在达芬奇 19 版本的"跟踪器"面板中，新增的 IntelliTrack 功能是一项重要的智能追踪技术，它为用户提供了更为高效和精确的画面稳定与跟踪解决方案，具体操作方法如下：

用户首先需要在视频帧中选定想要追踪的对象。利用"窗口"功能，用户可以绘制一个包围目标对象的窗口作为跟踪模板。这个模板将作为后续跟踪的基准。

在"跟踪器"面板中，单击右下角的下拉按钮，在弹出的列表框中选择 IntelliTrack 选项，如图 1-52 所示。单击"添加跟踪点"按钮 ，为选定的对象添加跟踪点。

添加完成后，单击"正向跟踪"按钮 ，如图 1-53 所示，IntelliTrack 便会自动分析视频帧，并根据预设的跟踪点调整窗口模板的位置和大小，以保持对目标对象的持续追踪。整个过程是交互式的，用户可以在跟踪过程中随时调整参数或手动干预。

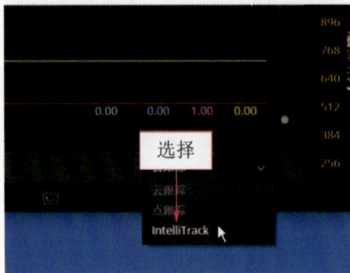

图 1-52　选择 IntelliTrack 选项　　　　图 1-53　单击"正向跟踪"按钮

跟踪点通常被放置在对象的关键部位，如中心点、边缘等，以确保在对象移动或变形时仍能准确追踪。跟踪点的数量和位置可以根据需要进行调整。

1.5.5　特效应用：增稳处理

Fusion，作为一款节点式合成软件，在视频制作领域具有广泛的应用，特别是在增稳与特效应用方面表现出色，下面介绍具体的操作方法：

STEP 01 打开一个项目文件，进入达芬奇的"剪辑"步骤面板，如图 1-54 所示，素材画面有点抖，可以利用达芬奇 19 更新的功能进行调整。

STEP 02 选中素材，右击弹出快捷菜单，选择"新建 Fusion 片段"选项，如图 1-55 所示。

STEP 03 即可创建 Fusion 片段，切换至 Fusion 步骤面板，如图 1-56 所示。

STEP 04 选中 MediaIn1 节点，单击弹出快捷菜单，选择"插入工具"|"跟踪"|"平面跟踪器"选项，如图 1-57 所示。

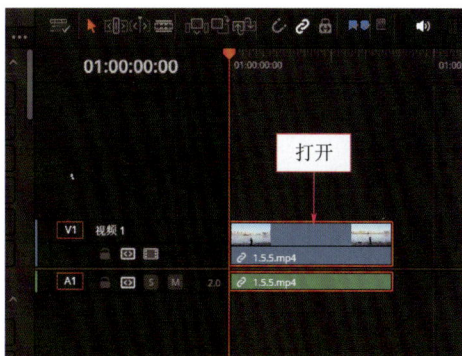

图 1-54　打开一个项目文件

图 1-55　选择"新建 Fusion 片段"选项

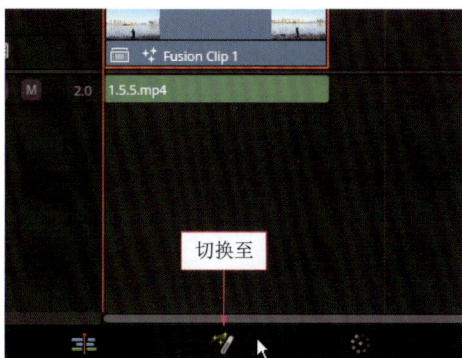

图 1-56　切换至 Fusion 步骤面板

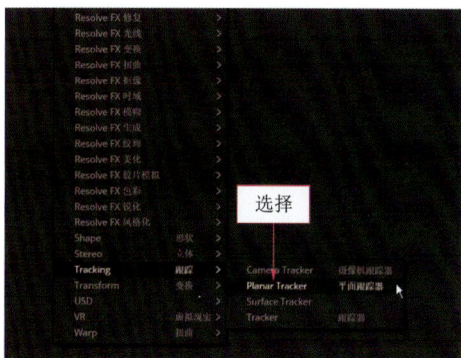

图 1-57　选择相应选项

STEP 05 切换至"检查器"|"工具"|"控制"面板，在 Pattern 选项区中，设置 Tracker 为 Hybrld Polnt/Area，设置 Montion Type 为 Translation，单击 Set 按钮，如图 1-58 所示。

STEP 06 在预览窗口中绘制一个跟踪点，如图 1-59 所示。

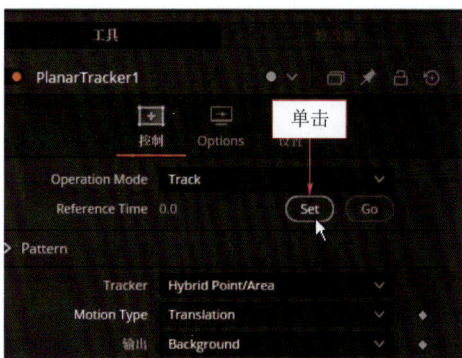

图 1-58　单击 Set 按钮

图 1-59　绘制一个跟踪点

STEP 07 在 Tracking 选项区中单击 Step tracker to next frame 按钮 ，如图 1-60 所示。

STEP 08 在"时间线"面板中单击"变换"按钮 ，如图 1-61 所示。

图 1-60　单击 Step tracker to next frame 按钮　　　图 1-61　单击"变换"按钮

STEP 09 即可添加"变换"节点，选择相应节点，切换至"检查器"|"工具"|"控制"面板，在 Operation Mode 选项区中单击下拉列表，选择 Stabilize 选项，如图 1-62 所示。

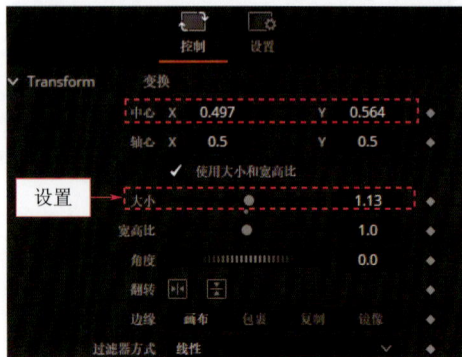

STEP 10 选择节点，在 Transform 选项区中设置"大小"参数为 1.13，设置"中心"X 参数为 0.497，Y 参数为 0.564，如图 1-63 所示，调整画面大小与位置，切换至"剪辑"步骤面板，查看最终效果。

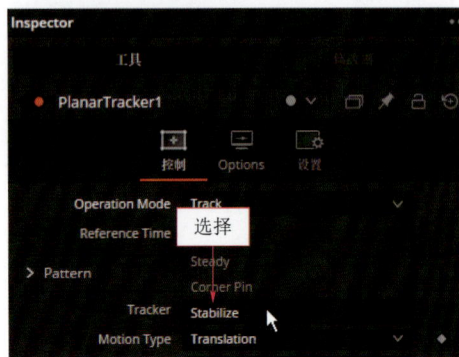

图 1-62　选择 Stabilize 选项　　　　　　　图 1-63　设置相应参数

1.6 AI 增强音频编辑

随着 AI 技术在音频编辑领域的深入应用，各种创新功能逐步改变了传统的音频处理流程。在这一节中，我们将详细介绍 AI 增强音频编辑技术如何革新音频处理，从智能转录到自动分离音频，再到对话处理中的 AI 混音器，每一个功能都为音频制作人提供前所未有的高效和精准体验。

1.6.1　音频转录：AI 精准录音

声韵智绘技术，AI 音频精准转录新突破。将音频高效转化为文字，让你轻松驾驭会议、教学、创意音频等。简化流程，提高工作效率，让音频变得更加简单，下面介绍具体的操作方法：

STEP 01 打开一个项目文件，进入达芬奇"剪辑"步骤面板，在"媒体池"面板中选中素材，如图 1-64 所示。

STEP 02 右击，弹出快捷菜单，选择"音频转录"｜"转录"选项，如图 1-65 所示。

STEP 03 弹出"转录音频"对话框，显示"正在初始化"，如图 1-66 所示。

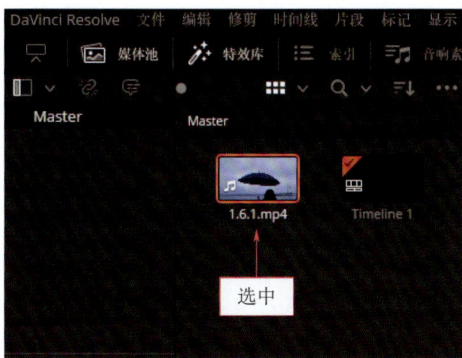

图 1-64　选中素材　　　　　　　　　　图 1-65　选择"转录"选项

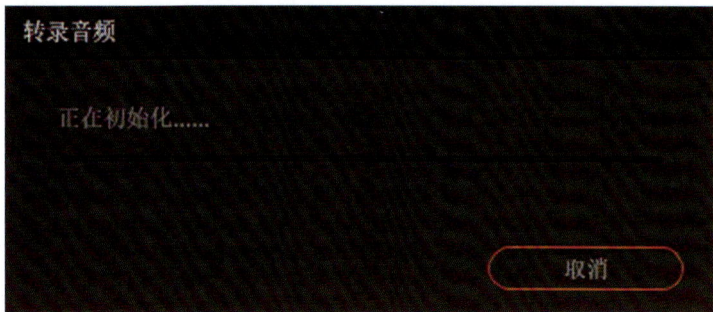

图 1-66　显示"正在初始化"

STEP 04 弹出"转录"面板，选择 ▦ 内容，表示停顿时长，单击 ▣ 按钮，如图 1-67 所示，即可自动关闭停顿。

STEP 05 全选文字内容，单击"叠加"按钮 ▭，如图 1-68 所示。

STEP 06 即可将素材导入"时间线"面板中，单击"关闭"按钮，在预览窗口中查看效果，如图 1-69 所示。

图 1-67　单击相应按钮

图 1-68　单击"叠加"按钮

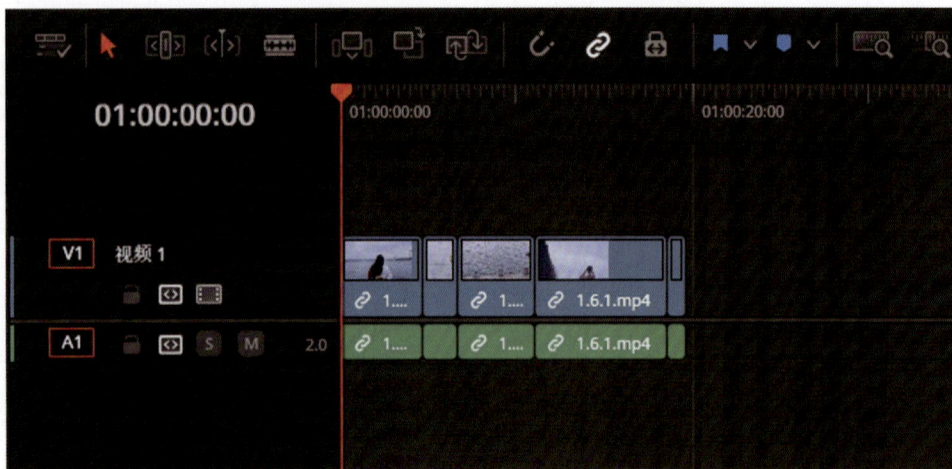

图 1-69　导入"时间线"面板

1.6.2　音乐分离：AI 处理人声

探索达芬奇 19 软件的新功能，AI 音频魔法将您的音频编辑提升至新高度。只需一键，即可体验前所未有的便捷——人声与背景音乐的分离变得轻而易举。这一功能简化了音频编辑过程，让创作变得更加直观和有趣。无论是音乐制作人、视频编辑者还是音频爱好者，达芬奇 19 的 AI 音频魔法都能满足您对完美音频分离的所有期待，下面介绍具体的操作方法：

STEP 01 打开一个项目文件，切换至"剪辑"步骤面板，选中音频，如图 1-70 所示。

STEP 02 切换至"检查器"|"音频"面板，单击 Music Remixer 按钮 ⬛，如图 1-71 所示。

STEP 03 设置"人声"参数为 −100，如图 1-72 所示，即可消除人声，只听见背景音。在预览窗口中可以查看效果，用户也可以直接选中 Mute Voice 复选框，去除人声。

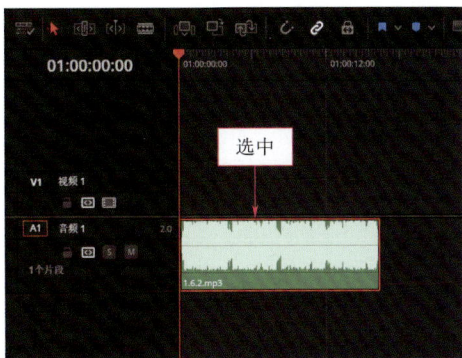

图 1-70　选中音频

图 1-71　单击 Music Remixer 按钮

图 1-72　设置"人声"参数

　　如果用户只想留下人声，可以直接设置"鼓点""贝斯""其他""吉他"参数为 -100，就可以保留人声，这里可以根据背景音乐来进行设置。

1.6.3　对话调整：混合技巧

　　在对话处理技术的广阔领域中，我们不断探索着新的应用场景和创新点。接下来，我们将聚焦于一个令人兴奋的话题—— AI 音乐混录器。作为对话处理技术的一项创新应用，AI 音乐混录器正逐渐改变着音乐创作的面貌。让我们一起深入了解这一前沿技术，探索它如何通过智能对话实现音乐的混录与创作。现在让我们进入 AI 音乐混录器，共同揭开 AI 音乐混录器的神秘面纱，下面介绍具体的操作方法：

STEP 01 打开一个项目文件，切换至 Fairlight 步骤面板，如图 1-73 所示。

STEP 02 进入 Fairlight 步骤面板，在"调音台"右侧单击相应按钮 ，弹出下拉列表，选择"可见轨道特效"|"音乐混录器"选项，如图 1-74 所示。

STEP 03 在"调音台"面板中，单击"特效"右侧的按钮 ，弹出下拉列表，选择 Reverb（混响）选项，如图 1-75 所示。

STEP 04 弹出相应面板，在"混响"选项区中，设置"预延迟"参数为 6，在"输出"选项区中，设置"混响"参数为 6.0，如图 1-76 所示，即可添加混响音效，用户也可以根据需要设置自己喜欢的特效。

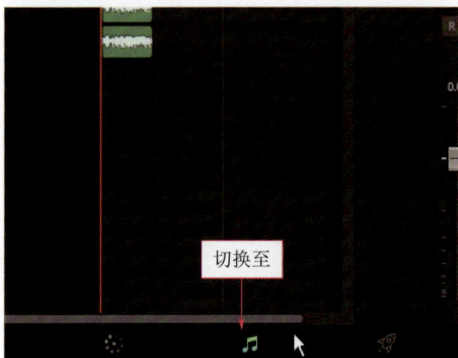

图 1-73　切换至 Fairlight 步骤面板

图 1-74　选择"音乐混录器"选项

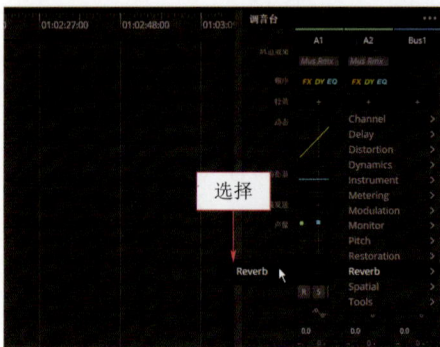

图 1-75　选择 Reverb（混响）选项

图 1-76　设置相应参数

在"调音台"右侧，单击相应的按钮 ••• 会弹出一个下拉列表。在这个下拉列表中，选择"可见轨道特效"选项，随后你可以看到多个特效选项，其中包括"人声隔离""对话平衡器"，以及达芬奇 19 版本更新的三个特效："对话分离器""音乐混录器"及"闪避器（Ducker）"。

➤ 对话分离器是一种音频编辑工具，它利用人工智能技术来区分和分离音频轨道中的不同声音元素，尤其是人声和背景音乐。这项技术在视频制作、音乐制作和播客编辑等领域非常有用，因为它可以自动执行通常需要手动完成的复杂音频编辑任务。

➤ 音乐混录器是一种处理音频的设备或软件，主要用于将多个音频文件或线路输入音频信号混合后，合成单独的音频文件。混音器分为软件类型和硬件类型，两者在应用上有所不同。

➤ 闪避器是一种在无线电和电视广播中常用的技术，用于在 DJ 或播音员讲话时自动降低背景音乐的音量，讲话结束后自动恢复到原始音量。Ducker 是一种常用的实现闪避效果的插件，但它不能实时工作，只能处理现有录音。

色彩基础

第 2 章

色彩启航：
初探一级调色与 AI 智能化

本章将探讨一级调色与 AI 技术的融合，揭示如何利用现代工具提升色彩处理的效率与精度。首先，分析色彩解码的基本概念，为后续的调色技巧打下基础。其次，将深入色彩平衡、色轮魔法和 RGB 调和，探讨如何优化影像表现。最后，关注动态降噪和 AI 新功能，展示 AI 在调色过程中的创新作用，推动色彩处理的智能化发展。

2.1 色彩解码

在影视后期制作与摄影艺术中，色彩解码是至关重要的一环。通过精确的色彩分析与调整，我们能够赋予作品更加丰富的视觉层次与情感表达。接下来，我们将逐一探索四种关键的色彩分析工具：波形图示波器、分量图示波器、矢量图示波器及直方图示波器。

2.1.1 波形图：分析画面曝光

首先，走进波形图示波器的世界。波形图示波器是分析画面明暗与曝光情况的重要工具。它通过波形的方式，直观展示了画面从暗到亮的像素分布情况。无论是检查画面的过曝还是欠曝，波形图示波器都能提供准确的参考。掌握波形图示波器的使用，将帮助我们更好地控制画面的曝光，确保每一个细节都能得到完美的呈现。

下面带大家认识波形图示波器，具体如下：

STEP 01 打开一个项目文件，在预览窗口中可以查看打开的项目效果，如图 2-1 所示。

图 2-1　查看打开的项目效果

STEP 02 在步骤面板中单击"调色"按钮 ⏹，如图 2-2 所示。

STEP 03 在工具栏中单击"示波器"按钮 ⏹，如图 2-3 所示。

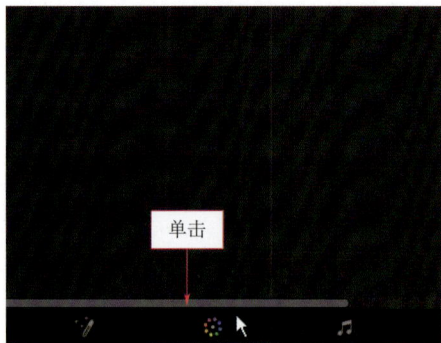

图 2-2　单击"调色"按钮　　　　图 2-3　单击"示波器"按钮

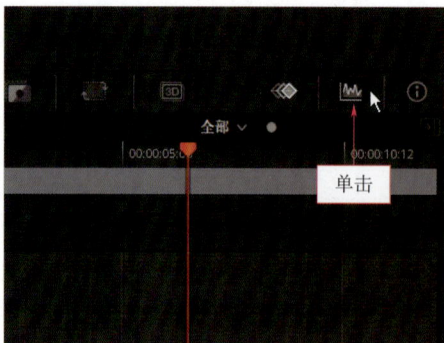

STEP 04 执行操作后，即可切换至"示波器"显示面板，如图 2-4 所示。

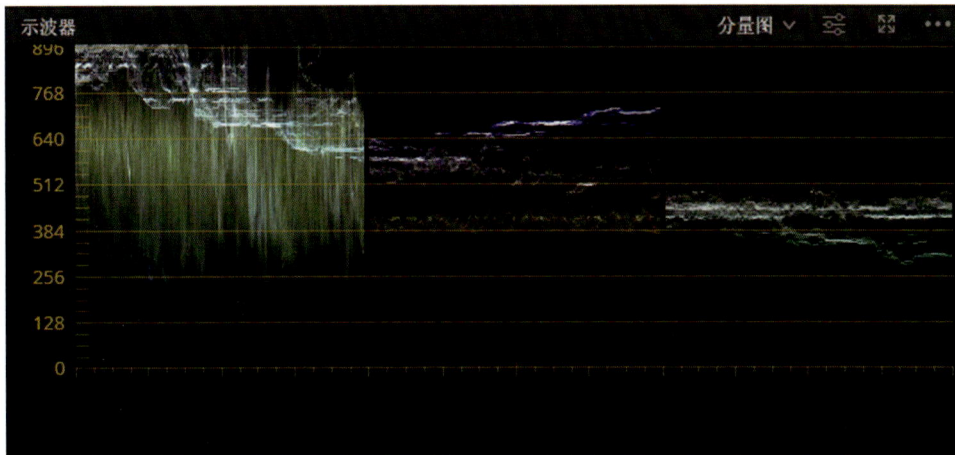

图 2-4 "示波器"面板

温馨提醒

用户可以用同样的方法，切换不同类别的示波器，以便查看分析画面色彩的分布状况。

STEP 05 在示波器窗口栏的右上角，单击下拉按钮，在弹出的下拉列表框中选择"波形图"选项，如图 2-5 所示。

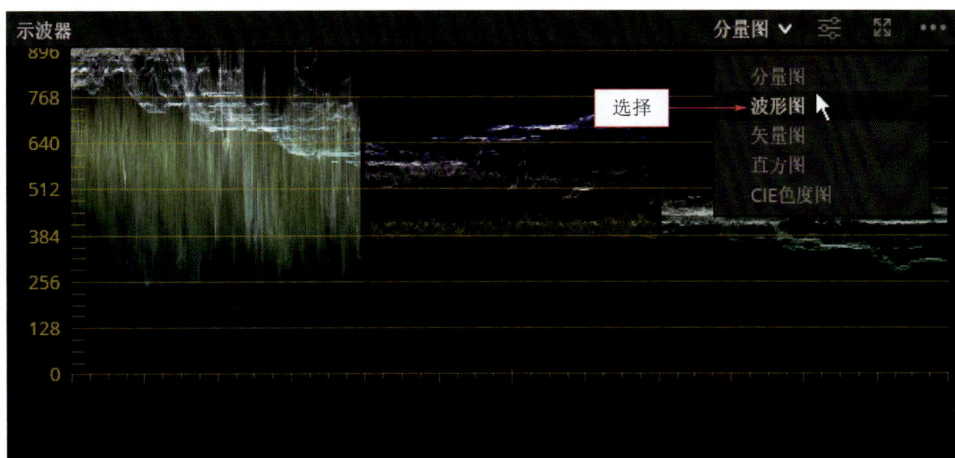

图 2-5 选择"波形图"选项

STEP 06 执行上述操作后，即可在下方面板中查看和检测视频画面的颜色分布情况，如图 2-6 所示。

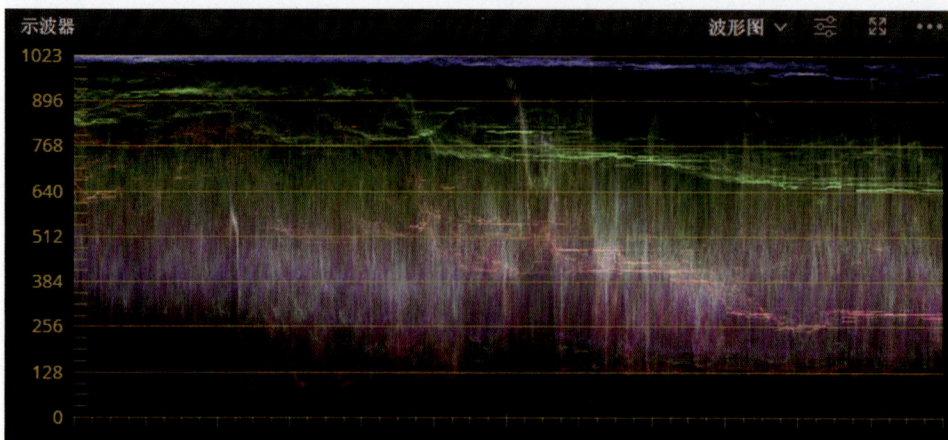

图 2-6　查看和监测视频画面的颜色分布情况

2.1.2　分量图：色彩强度分析

接下来转向分量图。这一工具将波形示波器的功能进一步细化，能够将画面的色彩信息分解为红、绿、蓝及亮度四个通道进行展示。这种分解不仅便于分析画面的曝光情况，还能深入探究色彩平衡和白平衡问题。通过分量图示波器，可以清晰地看到各个色彩通道的波形变化，从而准确判断画面是否存在色偏，并进行相应的调整。

如图 2-7 所示，下方的绿色阴影位置波形明显低于蓝色和红色阴影位置，而红色上方的高光位置波形则显著高于蓝色波形。这种波形差异表明图像高光位置存在色彩偏移，同时绿色区域的亮度偏低。这些信息为后期调色提供了宝贵依据，确保最终图像的色彩表现更加均衡和自然。

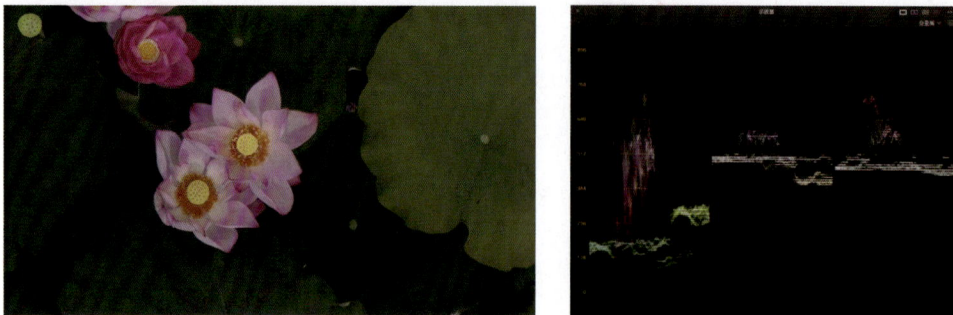

图 2-7　分量图示波器颜色分布情况

2.1.3　矢量图：色彩与饱和度分析

接下来探讨矢量图示波器，这一工具基于色轮原理，专注于画面的色彩和饱和度分析。矢量图通过将色轮与示波器结合，直观地展示了各个颜色的分布和饱和度情况。其中心代表无色或中性灰，离中心的点则对应不同方向和强度的颜色。

在使用矢量图示波器时，观察波形变化可以快速识别出画面的主色调、色彩倾向及饱和度水平。这些信息对于后续调色至关重要，因为它能够帮助识别出画面中的色彩不平衡或偏色问题。通过调整颜色的饱和度，可以使画面更加和谐美观。

圆心位置的色彩矢量表示饱和度为 0，图像的色彩矢量通常聚集在这里。离圆心越远，饱和度越高，如图 2-8 所示，黄色的饱和度明显较高。这种直观的展示为大家提供了重要的视觉反馈，使其能够快速定位需要调整的区域，从而实现更加精准的色彩调整和优化，确保最终影像达到理想的视觉效果。

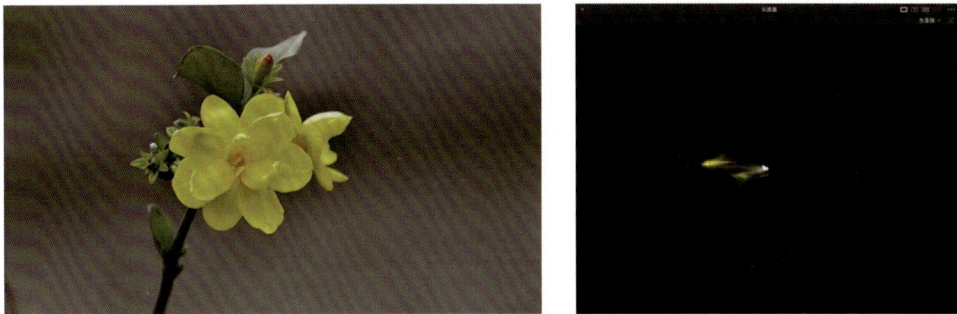

图 2-8　矢量图示波器颜色分布情况

2.1.4　直方图：亮度分布分析

最后关注直方图示波器这一色彩分析工具。直方图通过统计画面中各个亮度级别的像素数量，以直方图的形式呈现。其 X 轴代表亮度级别，从暗到亮依次排列；而 Y 轴则表示该亮度级别下像素的数量。

通过观察直方图的形状与分布，可以直观了解画面的曝光情况、色彩平衡及亮度是否超标。直方图不仅在照片拍摄时用于曝光控制，在影视后期制作中同样是不可或缺的分析工具。帮助用户查看图像的亮度与结构，分析画面中的亮度是否合适。

在达芬奇 19 中，直方图以横纵轴分布。横坐标轴表示图像的亮度值，左侧为亮度最小值，像素越高则图像颜色越接近黑色；右侧则为亮度最大值，画面色彩趋近于白色。纵坐标轴则表示特定亮度值位置的像素占比。当图像中的黑色像素过多或亮度较低时，波形会集中分布在左侧。如图 2-9 所示，绿色区域偏亮，蓝色区域则偏暗。这些信息为调整曝光和对比度提供了重要依据，有助于确保图像的最终质量。

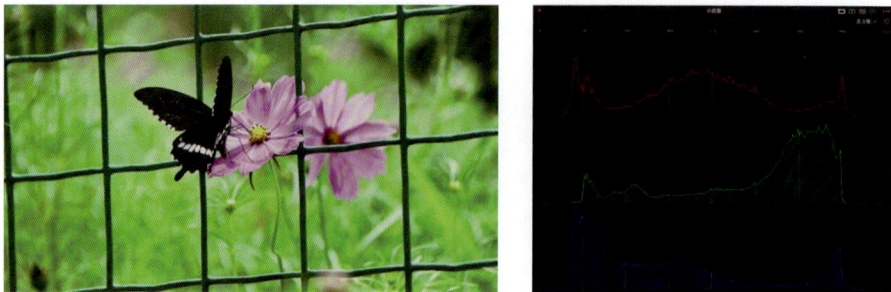

图 2-9　直方图示波器颜色分布情况

2.2 ▶ 色彩平衡

色彩平衡，作为图像处理与摄影艺术中的核心要素，旨在通过一系列精细的调整手段，使图像的色彩达到和谐、自然且富有表现力的状态。本节主要向读者介绍运用达芬奇对视频画面进行色彩平衡的方法。

2.2.1　曝光调整：参数优化

【效果对比】曝光调整是色彩处理的起点，结合技巧与美感。通过精细调节参数，我们能够捕捉光影的微妙变化，平衡亮度与对比，使图像层次分明、细节丰富。这一过程为后续色彩处理奠定了坚实基础，展现出图像的生动色彩与动态范围，是整个图像处理流程中的关键一步，原图与效果对比如图 2-10 所示。

图 2-10　原图与效果对比展示

下面介绍调整曝光参数的操作方法：

STEP 01 打开一个项目文件，进入达芬奇"剪辑"步骤面板，如图 2-11 所示。

STEP 02 在预览窗口中，可以查看打开的项目效果，如图 2-12 所示，画面视频过曝。

STEP 03 切换至"调色"步骤面板，在左上角单击"LUT 库"按钮，展开 LUT 滤镜面板，如图 2-13 所示，该面板中的滤镜样式可以帮助用户校正画面色彩。

STEP 04 在下方的选项面板中选择 DJI 选项，展开相应选项卡，在其中选择相应的滤镜样式，如图 2-14 所示。

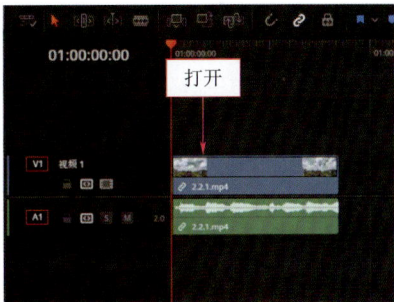
图 2-11　打开一个项目文件

图 2-12　查看打开的项目效果

图 2-13　单击"LUT 库"按钮

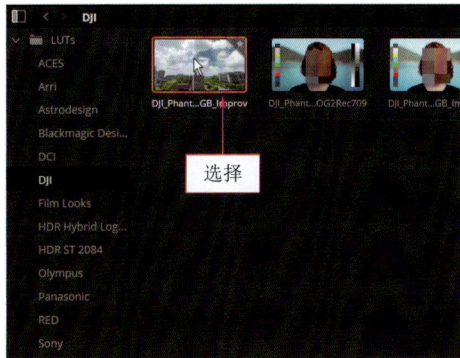
图 2-14　选择相应的滤镜样式

STEP 05 按住鼠标左键并拖动至预览窗口的图像画面上，释放鼠标左键即可将选择的滤镜样式添加至视频素材上，如图 2-15 所示。

STEP 06 执行操作后，即可在预览窗口中查看色彩校正后的效果，如图 2-16 所示，可以看到画面还是有着明显的过曝现象。

图 2-15　拖动滤镜样式

图 2-16　查看色彩校正后的效果

STEP 07 在时间线下方面板中单击"色轮"按钮 ⊙，展开"色轮"面板，如图 2-17 所示。

STEP 08 设置"亮部"参数为 0.74，如图 2-18 所示，即可降低白色亮度值，在预览窗口查看最终效果。

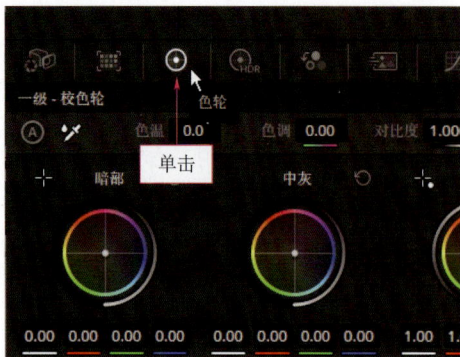

图 2-17　单击"色轮"按钮

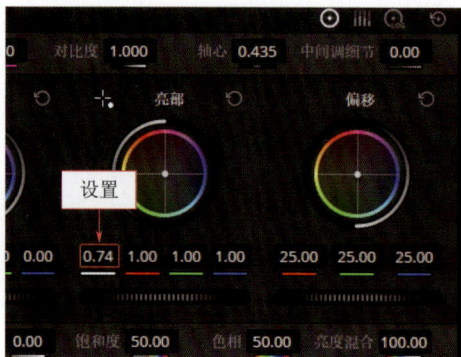

图 2-18　设置"亮部"参数

2.2.2　自动平衡：色彩提升

【效果对比】在视频素材处理中，确保色彩的准确性与自然性至关重要。自动平衡技术通过实时分析光照和色彩信息，智能调整画面的色彩分布，从而提升视觉质量并保持色彩一致性。在达芬奇 19 中，用户能够灵活运用"自动平衡"功能，进一步优化图像的色彩表现，原图与效果对比如图 2-19 所示。

图 2-19　原图与效果对比展示

下面介绍具体的操作方法：

STEP 01 打开一个项目文件，进入达芬奇"剪辑"步骤面板，如图 2-20 所示。

STEP 02 在预览窗口中可以查看打开的项目效果，如图 2-21 所示，画面昏暗，色彩黯淡。

STEP 03 切换至"调色"步骤面板，展开"色轮"面板，在面板的下方单击"自动平衡"按钮 Ⓐ，如图 2-22 所示，即可自动调整图像色彩平衡。

STEP 04 设置"饱和度"参数为 100.00，如图 2-23 所示，即可添加整体色度，在预览窗口中可以查看调整后的图像效果。

图 2-20　打开一个项目文件

图 2-21　查看打开的项目效果

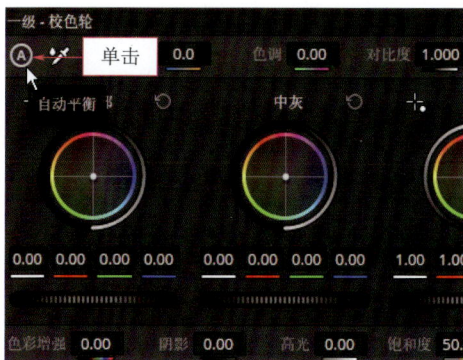

图 2-22　单击"自动平衡"按钮

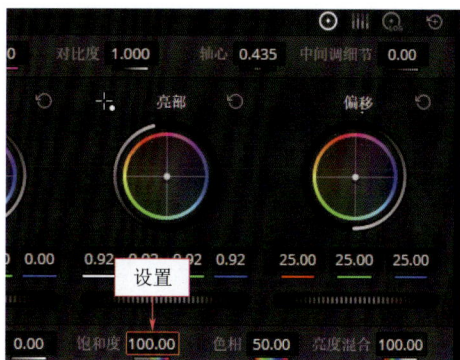

图 2-23　设置"饱和度"参数

2.2.3　镜头匹配：提升色彩一致性

【效果对比】达芬奇 19 具有镜头自动匹配功能，能够对两个片段进行色调分析，从而自动匹配效果更佳的视频片段。镜头匹配是每位调色师必须掌握的基础技能，同时也是调色过程中常遇到的挑战。对单独镜头的调色相对简单，但要实现整个视频的色调统一则较为复杂，这时镜头匹配功能便成为调色的得力助手，原图与效果对比如图 2-24 所示。

图 2-24　原图与效果对比展示

下面介绍镜头匹配调色的操作方法：

STEP 01 打开一个项目文件，进入达芬奇"剪辑"步骤面板，如图 2-25 所示。

图 2-25 　打开一个项目文件

STEP 02 在预览窗口中可以查看打开的项目效果，如图 2-26 所示，在第 2 个视频素材画面色彩已经调整完成，可以将其作为要匹配的目标片段。

图 2-26 　查看打开的项目效果

STEP 03 切换至"调色"步骤面板，在"片段"面板中，选择需要进行镜头匹配的第 1 个视频片段，如图 2-27 所示。

STEP 04 在第 2 个视频片段上，右击，弹出快捷菜单，选择"与此片段进行镜头匹配"选项，如图 2-28 所示。

图 2-27 　选择第 1 个视频片段　　　　图 2-28 　选择"与此片段进行镜头匹配"选项

STEP 05 ▶ 执行操作后，即可在预览窗口中预览第 1 段视频镜头匹配后的画面效果，如图 2-29 所示。

图 2-29　预览镜头匹配后的画面效果

STEP 06 ▶ 从视频画面中可以看到效果偏蓝，在"色轮"面板中，设置"中灰"参数均显示为 0.06，"亮部"参数显示 1.18、1.05、1.14、1.15，如图 2-30 所示，将整体画面提亮，即可在预览窗口中查看最终的画面效果。

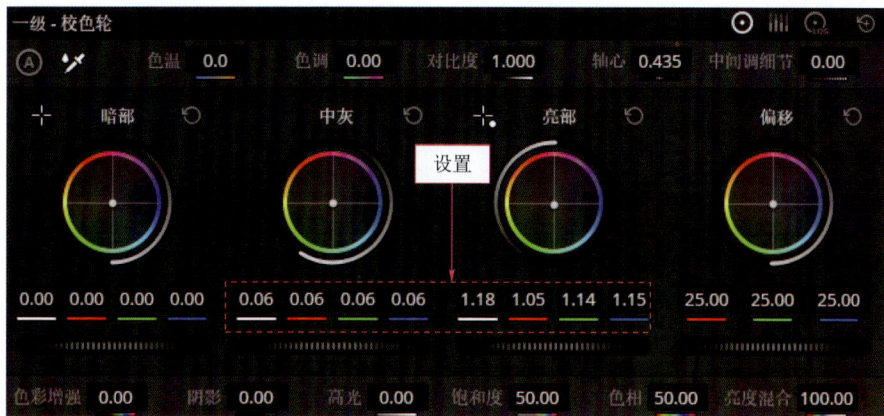

图 2-30　设置相应参数

温馨提醒

　　如果用户觉得镜头匹配后的色调无须修改，则省略步骤 6 所述操作；如果对镜头匹配后的色调不满意，则可参考步骤 6 所述操作，对视频画面色彩进行适当的调整。

2.3 色轮魔法

在深入探讨影视后期制作中色彩调整的奥秘后，我们即将踏入一个更为绚烂多彩的领域——"色轮魔法"。这一部分将带领我们解锁校色轮、校色条及 Log 色轮这三大调色工具的高级应用，它们不仅是调色师手中的魔法棒，更是让影像焕发新生、情感更加饱满的关键。

2.3.1 使用校色轮：功能概述

【效果对比】在达芬奇的"色轮"面板中，校色轮选项包含四个主要色轮，分别为暗部、中灰、亮部和偏移。这些色轮专门用于调整图像的不同区域：阴影部分、中间灰色部分、高光部分及色彩偏移。通过对这些区域的精细调整，可以显著改善图像的色彩表现，原图与效果对比如图 2-31 所示。

图 2-31　原图与效果对比展示

下面介绍使用校色轮调色的操作方法：

STEP 01 打开一个项目文件，进入达芬奇"剪辑"步骤面板，如图 2-32 所示。

STEP 02 在预览窗口中可以查看打开的项目效果，如图 2-33 所示，需要调亮画面，并调整整体色调。

图 2-32　打开一个项目文件

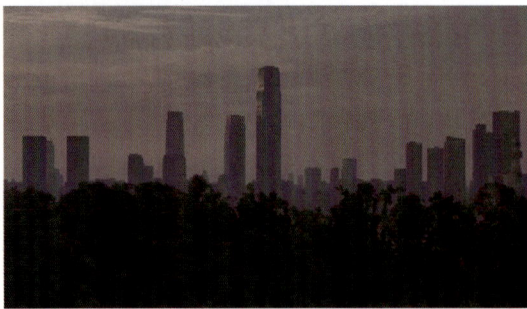

图 2-33　查看打开的项目效果

STEP 03 切换至"调色"步骤面板，展开"色轮"|"一级 - 校色轮"面板，将鼠标
移至"暗部"色轮下方的轮盘上，按住鼠标左键并向左拖动，直至色轮下方的参数均显示
为 −0.03，如图 2-34 所示，恢复暗部细节。

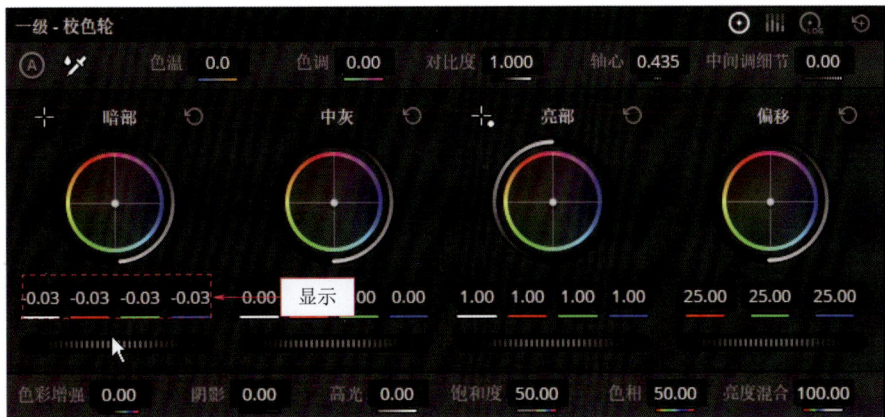

图 2-34　调整"暗部"色轮参数

STEP 04 设置"亮部"参数均为 1.12，设置"饱和度"参数为 100.00，如图 2-35 所示，
增加亮度，提升画面饱和度，使色彩更加突出，即可在预览窗口中查看最终效果。

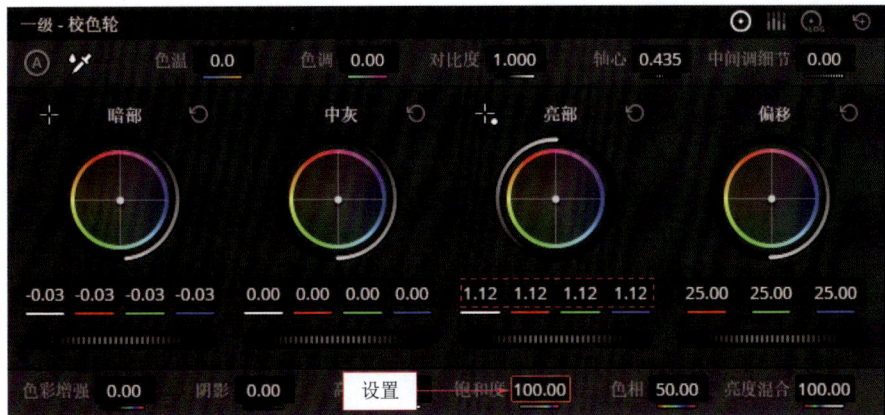

图 2-35　设置相应参数

2.3.2　使用校色条：调色方法

【效果对比】在达芬奇的"色轮"面板中，校色条选项包含四组色条，功能与校色轮相
同，并且两者之间存在联动关系。当用户调整色轮中的参数时，色条参数也会同步变化；反
之亦然，调整色条参数也会影响色轮的显示。这种灵活性使得调色过程更加直观和高效，原
图与效果对比如图 2-36 所示。

下面介绍使用校色条调色的操作方法：

STEP 01 打开一个项目文件，进入达芬奇"剪辑"步骤面板，如图 2-37 所示。

STEP 02 在预览窗口中可以查看打开的项目效果，如图 2-38 所示，需要将画面中的亮度调暗，并使画面偏天蓝色。

图 2-36 原图与效果对比展示

图 2-37 打开一个项目文件

图 2-38 查看打开的项目效果

STEP 03 切换至"调色"步骤面板，在"色轮"面板中，单击"校色条"按钮▥，如图 2-39 所示。

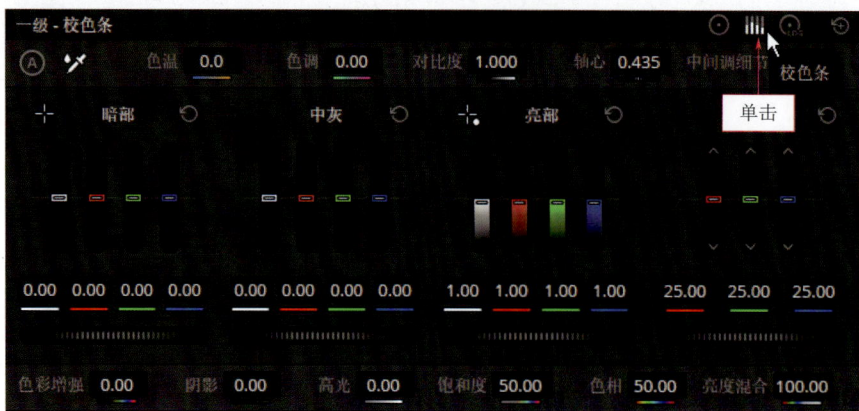

图 2-39 单击"校色条"按钮

STEP 04 将鼠标移至"暗部"色条下方的轮盘上，按住鼠标左键并向左拖动直至色轮下方的参数均显示为 –0.07，如图 2-40 所示，即可进行精确的色彩微调。

STEP 05 鼠标移至"亮部"色条下方的轮盘上，按住鼠标左键并向右拖动直至色轮下方的参数均显示为 1.05，提升画面亮度，设置"饱和度"参数为 80.80，如图 2-41 所示，提高饱和度可以使画面中的颜色更加鲜艳和生动，即可在预览窗口中查看最终效果。

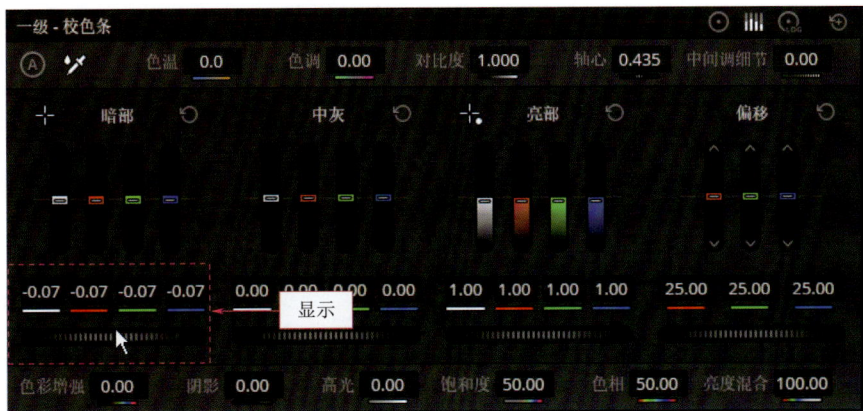

图 2-40　调整"暗部"色条参数

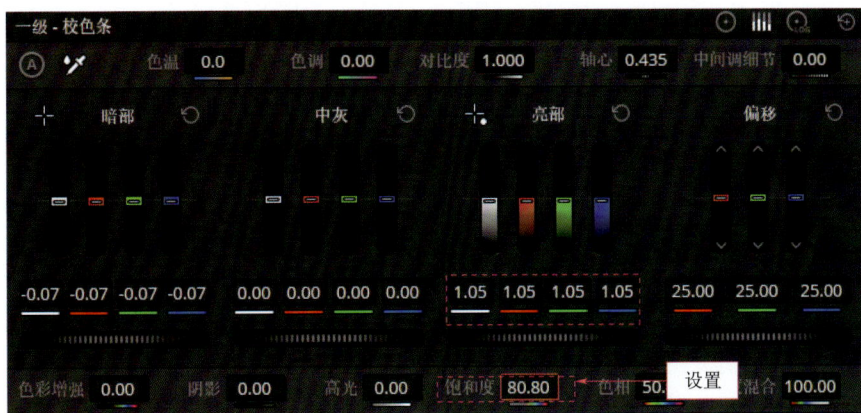

图 2-41　设置相应参数

温馨提醒

　　用户在调整参数时，如需恢复数据重新调整，可以单击每组色条（或色轮）右上角的恢复重置按钮，即可快速恢复素材的原始参数。

2.3.3 使用 Log 色轮：精确调色工具

【效果对比】Log 色轮以其保留图像中暗部和亮部细节的能力，为后期调色提供了更大的灵活性。在达芬奇的"色轮"面板中，Log 色轮选项包含四个色轮：阴影、中间调、高光和偏移。用户在使用 Log 色轮进行调色时，可以展开示波器面板以监测图像波形状况，结合示波器数据对素材进行精细调色处理。这种方法使调色师能够更加准确地把握每个色彩的表现。原图与效果对比如图 2-42 所示。

图 2-42　原图与效果对比展示

下面介绍使用 Log 色轮调色的操作方法：

STEP 01 打开一个项目文件，进入达芬奇"剪辑"步骤面板，如图 2-43 所示。

STEP 02 在预览窗口中可以查看打开的项目效果，如图 2-44 所示，需要将画面色彩和光线变得更有层次感。

图 2-43　打开一个项目文件

图 2-44　查看打开的项目效果

STEP 03 在"色轮"面板中，在右上角单击"Log 色轮"按钮 ，如图 2-45 所示。

STEP 04 切换至"一级 -Log 色轮"选项面板，首先将素材的阴影部分提升，将鼠标移至"阴影"色轮下方的轮盘上，按住鼠标左键并向右拖动直至色轮下方的参数均显示为 0.22，如图 2-46 所示，增加阴影区域的亮度。

STEP 05 调整高光部分的光线，按住"高光"色轮中心的圆圈并往红色区块方向拖动，直至参数分别显示为 −0.01、0.06、0.03，释放鼠标左键，可以增强图像中明亮区域的细节，避免过曝，使细节更加清晰，如图 2-47 所示。

图 2-45 单击"Log 色轮"按钮

图 2-46 调整"阴影"参数

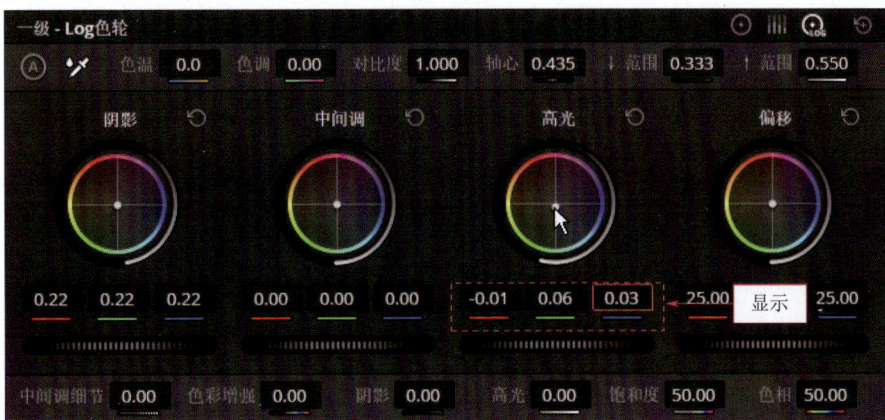

图 2-47 调整"高光"色轮参数

STEP 06 按住"中间调"色轮下方的轮盘并向右拖动，直至参数均显示为 0.03，如图 2-48 所示，即可增加细节。

STEP 07 执行操作后，单击"偏移"色轮中间的圆圈，并向上拖动，直至参数显示为 21.19、25.45、31.40，即可往蓝色方向调整，设置"饱和度"参数为 60.10，如图 2-49 所示，增加色彩鲜艳度，即可在预览窗口查看最终效果。

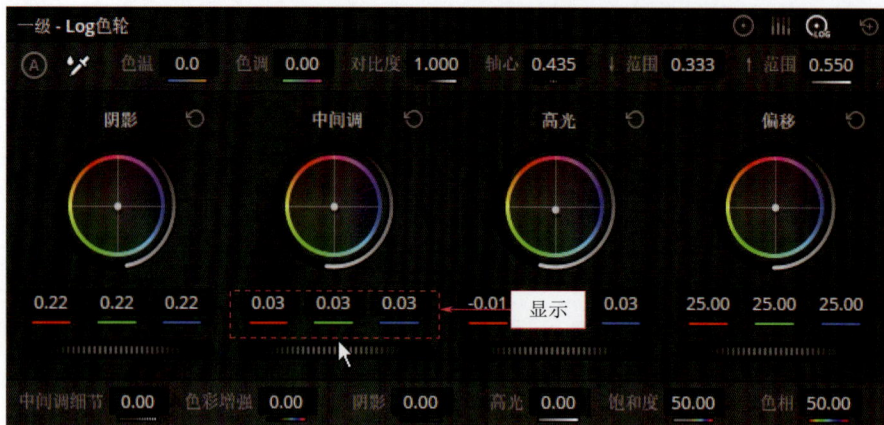

图 2-48　调整"中间调"色轮参数

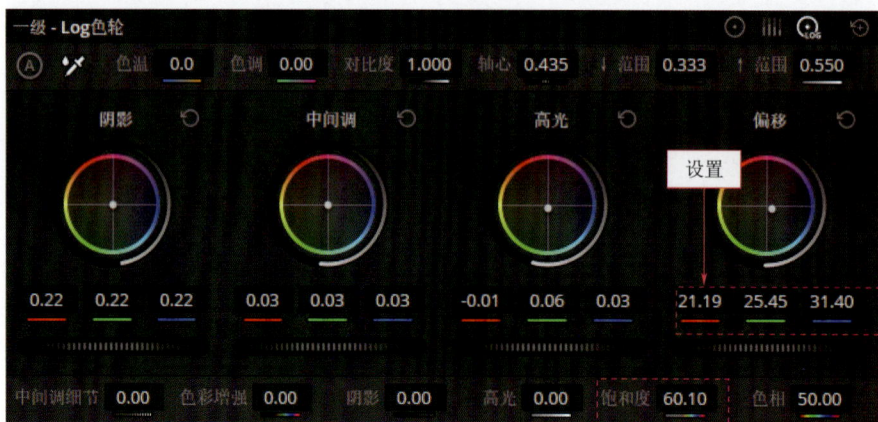

图 2-49　设置相应参数

2.4 ▶ RGB 调和

在"调色"步骤面板中，RGB 混合器非常的实用，在 RGB 混合器面板中，有红色输出、绿色输出及蓝色输出 3 组颜色通道，每组颜色通道都有 3 个滑块控制条，可以帮助用户针对图像画面中的某一个颜色进行准确调节时不影响画面中的其他颜色。RGB 混合器还具有为黑白的单色图像调整 RGB 比例参数的功能，并且在默认状态下会自动开启"保留亮度"功能，保持颜色通道调节时，亮度值不变，为用户后期调色提供了很大的创作空间。

2.4.1 红色输出：调控艺术

【效果对比】在 RGB 混合器中，对红色通道的微调至关重要。其默认设置为 1：0：0，通过增强红色输出，我们能够在保持绿蓝滑块数值不变的情况下，观察到示波器中绿蓝波形的等比例下降。这种精细的调整不仅展现了 RGB 色彩间复杂的相互作用，而且通过单一通道的微调，实现了整体色彩的和谐。这不仅丰富了图像的色彩层次，也体现了调色师对色彩的精准掌控，显著提升了视觉作品的整体质感，原图与效果对比如图 2-50 所示。

图 2-50 原图与效果对比展示

下面介绍具体的操作方法：

STEP 01 打开一个项目文件，进入达芬奇"剪辑"步骤面板，如图 2-51 所示。

STEP 02 在预览窗口中可以查看打开的项目效果，如图 2-52 所示，可以加重落日图像画面中的红色色调。

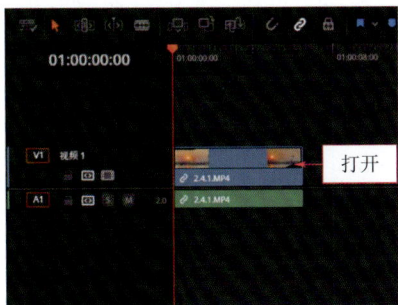

图 2-51 打开一个项目文件

图 2-52 查看打开的项目效果

STEP 03 切换至"调色"步骤面板，在示波器中查看图像波形状况，如图 2-53 所示，可以看到橙色、黄色及红色波形。

STEP 04 在时间线下方面板中单击"RGB 混合器"按钮，展开"RGB 混合器"面板，如图 2-54 所示。

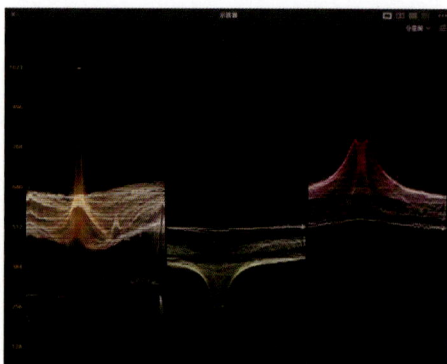

图 2-53　查看图像波形状况

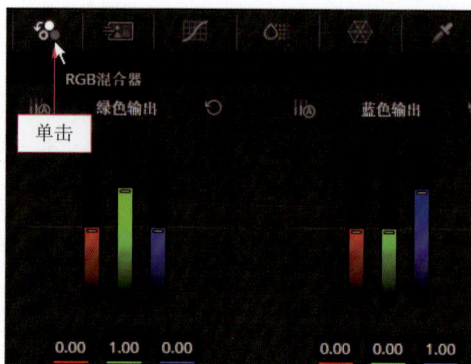

图 2-54　单击"RGB 混合器"按钮

STEP 05 将鼠标移至"红色输出"颜色通道红色控制条的滑块上，按住鼠标左键并向上拖动直至参数显示为 1.63，如图 2-55 所示，即可提升整体色彩为红色系。

STEP 06 在示波器中可以看到红色波形波峰上升后，橙色和黄色波形波峰基本没有变化，只是提升了亮度，如图 2-56 所示，在预览窗口中查看制作的视频效果。

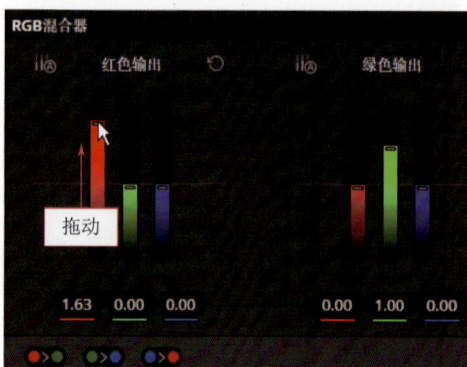

图 2-55　拖动红色参数

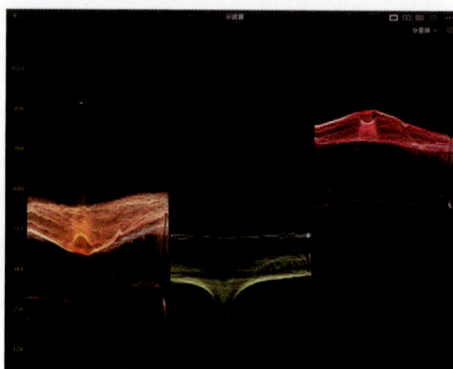

图 2-56　查看调整后的波形状况

2.4.2　绿色输出：精准调控

【效果对比】在 RGB 混合器里，绿色通道调控至关重要。默认比例 0：1：0，面对绿色过溢或需增强绿色的场景，绿色输出通道成为调节利器。通过微调其亮度、对比度和饱和度，图像中的绿色得以精准调控，实现自然过渡与色彩优化，展现专业色彩调控的艺术魅力，原图与效果对比如图 2-57 所示。

下面介绍具体的操作方法：

STEP 01 打开一个项目文件，进入达芬奇"剪辑"步骤面板，如图 2-58 所示。

STEP 02 在预览窗口中可以查看打开的项目效果，如图 2-59 所示，图像画面中绿色色彩的饱和度和曝光都比较低，可以稍微增加一些。

图 2-57　原图与效果对比展示

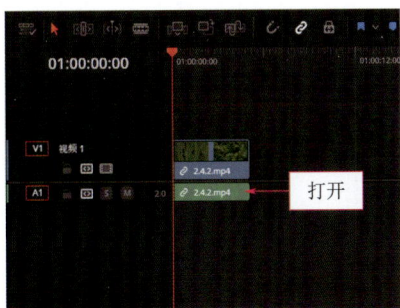

图 2-58　打开一个项目文件

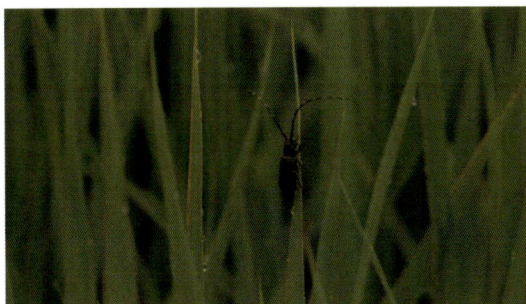

图 2-59　查看打开的项目效果

STEP 03 切换至"调色"步骤面板，在示波器中查看图像波形状况，如图 2-60 所示。

STEP 04 切换至"RGB 混合器"面板，将鼠标移至"绿色输出"颜色通道绿色控制条的滑块上，按住鼠标左键并向上拖动，直至参数显示为 1.24，如图 2-61 所示，增加绿色。

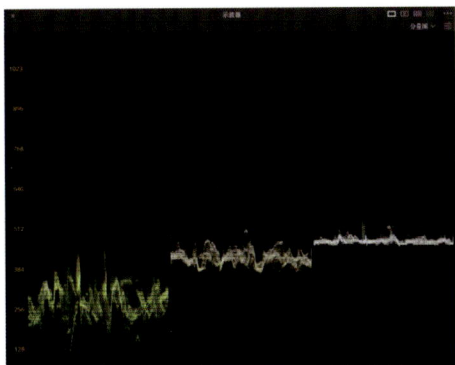

图 2-60　查看图像 RGB 波形状况

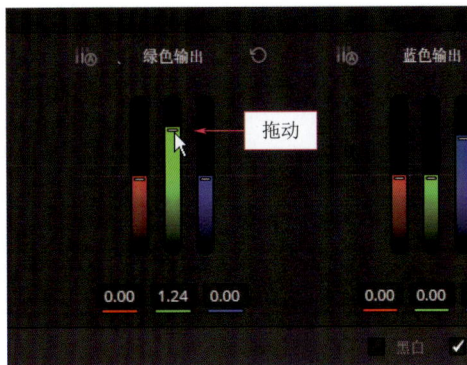

图 2-61　拖动滑块

STEP 05 执行操作后，在示波器中可以看到在增加绿色值后，黄色和白色的饱和度变高，如图 2-62 所示，在预览窗口中可以查看制作的视频效果。

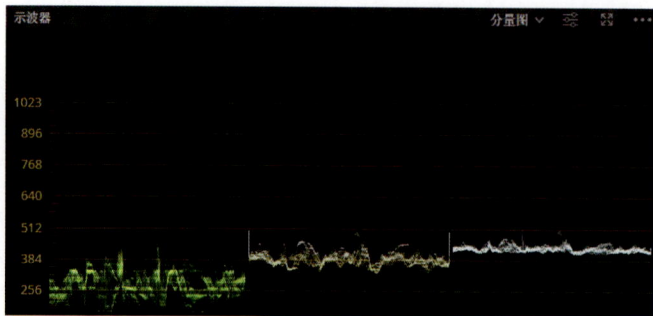

图 2-62　示波器波形状况

2.4.3　蓝色输出：色彩校正

【效果对比】蓝色通道在 RGB 混合器中扮演着调整自然色调的关键角色，其默认设置为 0：0：1，通过细致调整蓝色输出，可以有效地调整图像的整体色调，减少黄色调的过度饱和，实现色彩的和谐与平衡，原图与效果对比如图 2-63 所示。

图 2-63　原图与效果对比展示

下面介绍具体的操作方法：

STEP 01 打开一个项目文件，进入达芬奇"剪辑"步骤面板，如图 2-64 所示。

STEP 02 在预览窗口中可以查看打开的项目效果，如图 2-65 所示，图像画面有点儿偏黑，需要提高蓝色输出平衡图像画面色彩。

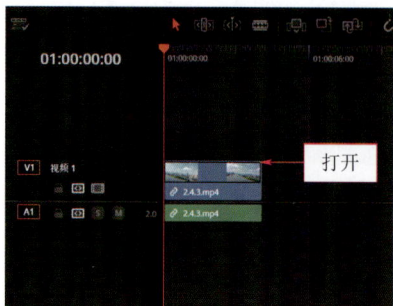

图 2-64　打开一个项目文件

图 2-65　查看打开的项目效果

STEP 03 切换至"调色"步骤面板，在示波器中查看图像波形状况，如图 2-66 所示，可以看到蓝色波形占比较大，且暗部和高光区域都比较平均，但是颜色饱和度不高。

STEP 04 切换至"RGB 混合器"面板，将鼠标移至"蓝色输出"颜色通道控制条的滑块上，按住鼠标左键并向上拖动，直至参数显示为 −0.38、−0.03、1.57，如图 2-67 所示，让整体色彩偏蓝色。

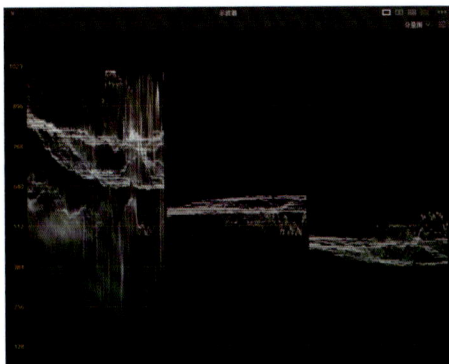

图 2-66　查看图像波形状况

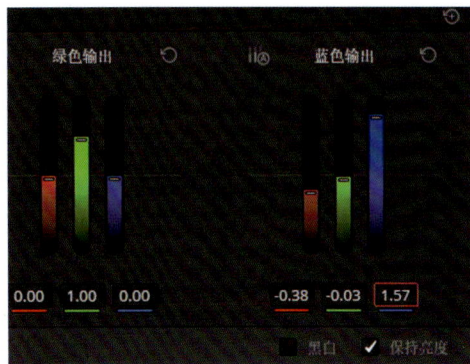

图 2-67　设置相应参数

STEP 05 执行操作后，在示波器中可以查看蓝色波形的涨幅状况，如图 2-68 所示。在预览窗口中可以查看制作的视频效果。

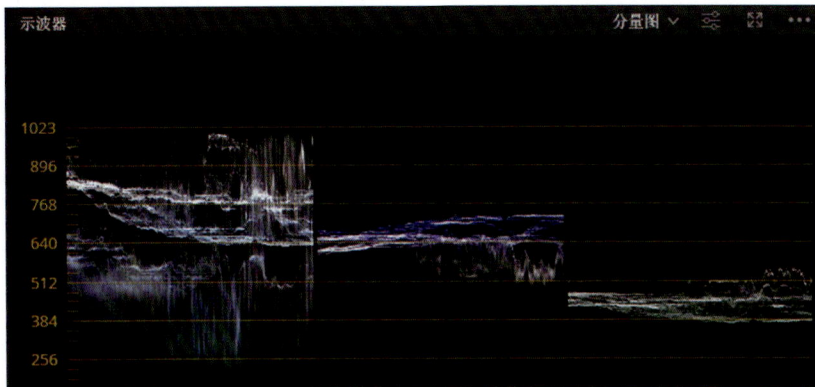

图 2-68　查看蓝色波形的涨幅状况

2.5 动态降噪

噪点是图像中的凸起粒子，是比较粗糙的部分像素，在感光度过高、曝光时间太长等情况下会使图像画面产生噪点，要想获得干净的图像画面，用户可用达芬奇中的降噪工具进行处理。

2.5.1　AI 降噪：影像优化

【效果对比】下面我们将揭开"AI 超级降噪：智能影像优化"的神秘面纱。这项技术运用尖端的人工智能算法，对视频画面进行深度学习和智能分析，有效去除噪点，同时保留图像细节，为观众带来更为纯净的视觉享受。接下来让我们一探究竟，看看 AI 如何将影像处理提升至新的高度，原图与效果对比如图 2-69 所示。

图 2-69　原图与效果对比展示

下面介绍影像优化的操作方法：

STEP 01 打开一个项目文件，进入达芬奇"剪辑"步骤面板，如图 2-70 所示。

STEP 02 在预览窗口中可以查看打开的项目效果，如图 2-71 所示，可以看到视频画面的噪点很多，需要给视频降噪，让画质更优质。

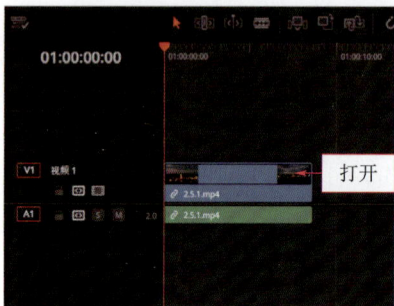

图 2-70　打开一个项目文件

图 2-71　查看打开的项目效果

STEP 03 切换至"调色"步骤面板，单击"运动特效"按钮，展开"运动特效"面板，在"空域降噪"选项区中单击"模式"右侧的下拉按钮，弹出下拉列表框，在其中可以选择"超级降噪"选项，如图 2-72 所示，

STEP 04 在 Noise Profile 选项区中，单击"分析"按钮，如图 2-73 所示。

STEP 05 在预览窗口中显示相应图标，并调整图标的位置大小，如图 2-74 所示。

STEP 06 设置"亮度"参数为 14.5，"色度"参数为 2.6，如图 2-75 所示，即可调整画面中的亮度和色度，让画面更鲜明。

图 2-72　选择"超级降噪"选项

图 2-73　单击"分析"按钮

图 2-74　调整图标的位置大小

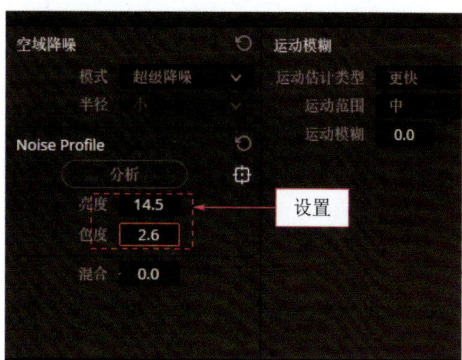

图 2-75　设置相应参数

STEP 07 在"节点"面板中选择编号为 01 的节点，右击，弹出快捷菜单选择"添加节点"|"添加串行节点"选项，如图 2-76 所示。

STEP 08 即可在"节点"面板中添加一个编号为 02 的串行节点，单击"模糊"按钮，展开"模糊"面板，向下拖动"半径"通道控制条上的滑块，直至参数均显示为 0.46，如图 2-77 所示，即可对画面进行模糊处理。

图 2-76　选择"添加节点"|
"添加串行节点"选项

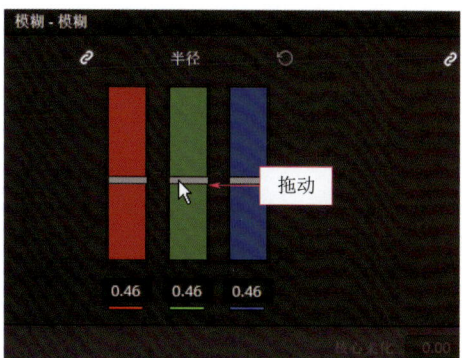

图 2-77　拖动"半径"滑块

STEP 09 单击"色轮"按钮 ，展开"一级 - 校色轮"面板，设置"亮部"参数均为 1.17，"饱和度"参数为 100.00，如图 2-78 所示，即可提升整体画面色彩。

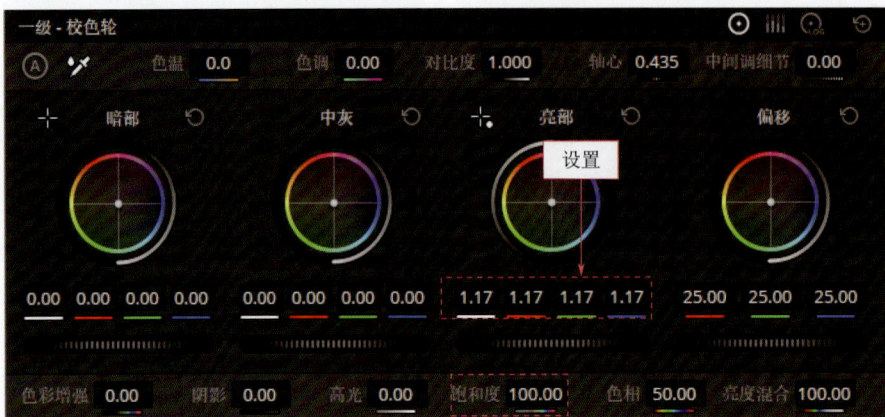

图 2-78　设置相应参数

2.5.2　时域降噪：提升清晰度

【效果对比】时域降噪主要根据时间帧进行降噪分析，调整"时域阈值"选项区下方的相应参数，在分析当前帧的噪点时，还会分析前后帧的噪点，对噪点进行统一处理，消除帧与帧之间的噪点，原图与效果对比如图 2-79 所示。

图 2-79　原图与效果对比展示

下面介绍时域降噪的操作方法：

STEP 01 打开一个项目文件，进入达芬奇"剪辑"步骤面板，如图 2-80 所示。

STEP 02 在预览窗口中可以查看打开的项目效果，如图 2-81 所示，可以看出画面中的噪点特别多。

STEP 03 切换至"调色"步骤面板，单击"运动特效"按钮 ，展开"运动特效"面板，如图 2-82 所示。

STEP 04 在"时域降噪"选项区中单击"帧数"右侧的下拉按钮，弹出下拉列表框，在其中可以选择 5 选项，如图 2-83 所示。

图 2-80　打开一个项目文件

图 2-81　查看打开的项目效果

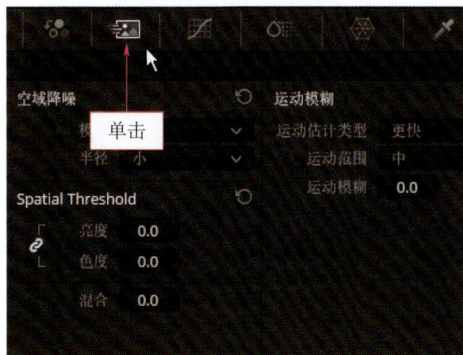

图 2-82　单击"运动特效"按钮

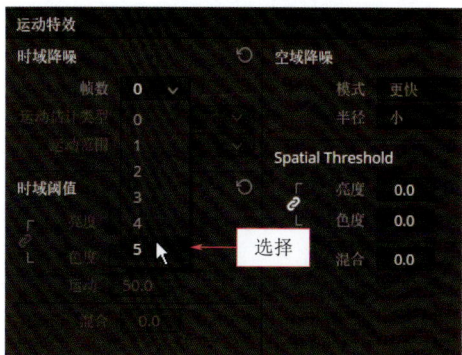

图 2-83　选择 5 选项

STEP 05 在"时域阈值"选项区中设置"亮度""色度"及"运动"参数均为 100.0，如图 2-84 所示，可以在预览窗口中查看时域降噪处理的效果还是有些噪点没有完全处理完成。

STEP 06 在 Spatial Threshold 选项区中，设置"亮度""色度"参数均为 27.0，如图 2-85 所示，可以帮助平衡图像的明暗和色彩，使图像看起来更加和谐。

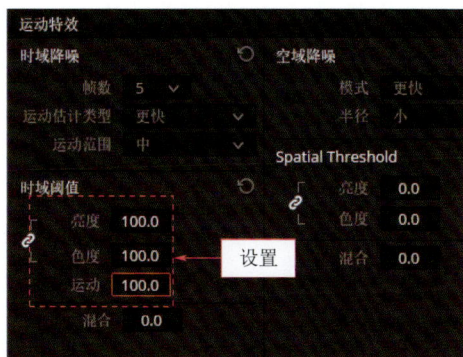

图 2-84　设置相应参数（1）

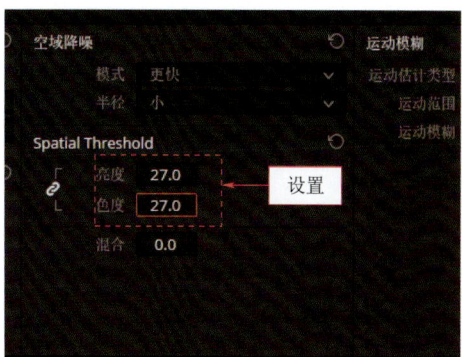

图 2-85　设置相应参数（2）

STEP 07 单击"色轮"按钮 ◉，展开"一级 - 校色轮"面板，设置"饱和度"参数为88.60，如图 2-86 所示，可以校正颜色偏差，在预览窗口中查看最终效果。

图 2-86 设置"饱和度"参数

温馨提醒

　　这里需要注意的是，"亮度"和"色度"为联动链接状态，当用户修改二者其中一个参数值时，另一个的参数也会修改为一样的参数值，只有单击 🔗 按钮，断开链接才能单独设置"亮度"和"色度"的参数值。

2.6 ▶ AI 新功能

　　在达芬奇 19 的最新版本中，AI 技术不仅被应用于音频处理，还在视频编辑中展现了强大的功能，特别是在色彩管理领域，通过智能化的色彩处理工具，达芬奇为用户提供了更多的编辑可能性，简化了复杂的操作过程。本节将详细介绍达芬奇 19 如何通过 AI 实现精准的色彩分离和色彩均衡，让视频制作更加高效和直观。

2.6.1　色彩分离：AI 智能调整

　　【效果对比】利用达芬奇 19 的 AI 技术，色彩分离变得前所未有的简单和精确。AI 自动识别并分离画面中的关键色彩，使得特定颜色的调整变得轻而易举。无论是电影还是商业广告，这一功能都能显著提升画面的视觉吸引力，原图与效果对比如图 2-87 所示。

　　下面介绍色彩分离的操作方法：

STEP 01 ▶ 打开一个项目文件，进入达芬奇"剪辑"步骤面板，如图 2-88 所示。

STEP 02 ▶ 在预览窗口中可以查看打开的项目效果，如图 2-89 所示，可以看到视频画面的标识色彩不够鲜明，我们可以通过色彩切割来改变自己想要的颜色。

图 2-87　原图与效果对比展示

图 2-88　打开一个项目文件

图 2-89　查看打开的项目效果

STEP 03 切换至"调色"步骤面板，展开"限定器"｜"限定器-HSL"面板，单击"拾取器"按钮 🖊️，如图 2-90 所示，单击"突出显示"按钮 ◐。

STEP 04 在预览窗口中按住鼠标左键，拖动光标选取文字区域，未被选取的区域画面呈灰色显示，如图 2-91 所示。

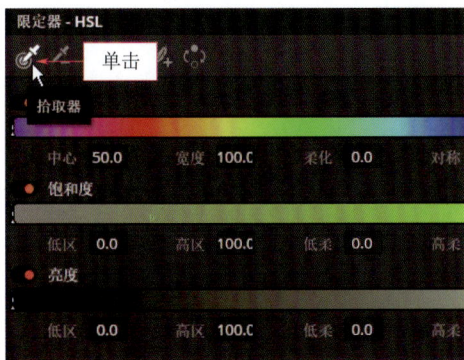

图 2-90　单击"拾取器"按钮

图 2-91　选取文字区域（1）

STEP 05 在"限定器-HSL"选项区中，单击"柔化加"按钮 ◢，如图 2-92 所示。未被选中的可以通过柔化加再次添加。

STEP 06 在预览窗口中按住鼠标左键，拖动光标选取需要的文字区域，如图 2-93 所示。

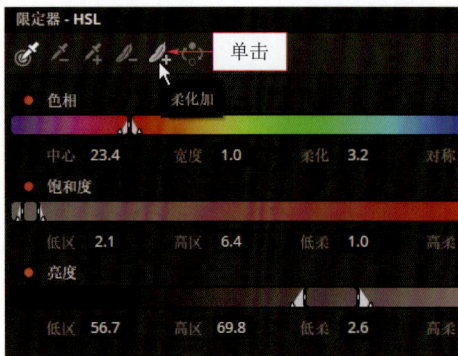

图 2-92　单击"柔化加"按钮

图 2-93　选取文字区域（2）

STEP 07 ▶ 在"节点"面板中添加一个编号为 02 的串行节点，如图 2-94 所示，用来应用色彩切割效果。

STEP 08 ▶ 单击"色彩切割"按钮 █，在"品红"选项区中单击"高光"按钮 █，设置"中心"参数为 1.00，"色相"参数为 −0.45，如图 2-95 所示，即可改变文字的色彩。

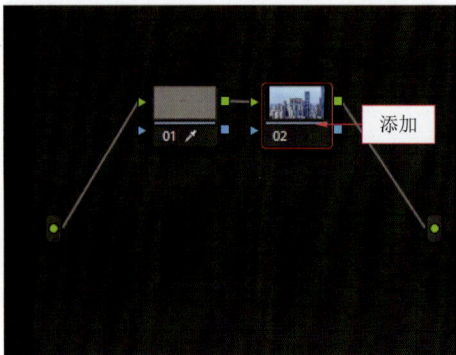

图 2-94　添加一个编号为 02 的串行节点

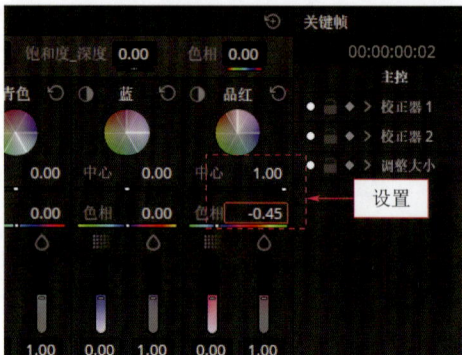

图 2-95　设置相应参数（1）

STEP 09 ▶ 设置"密度"参数为 1.00，"饱和度"参数为 2.00，如图 2-96 所示，提升色彩饱和度和对比度，可以增强画面的色彩表现力。

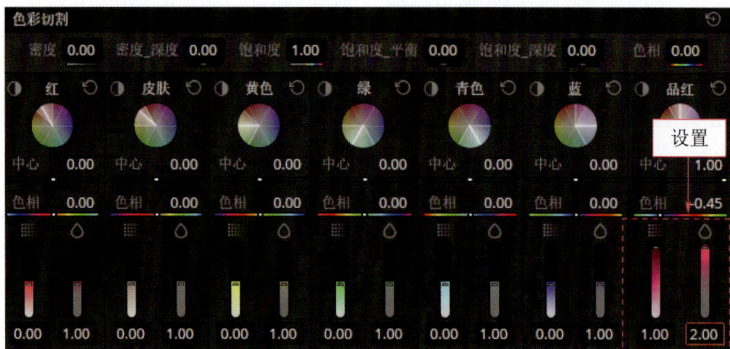

图 2-96　设置相应参数（2）

2.6.2 色彩均衡：自动化处理

【效果对比】色彩均衡是确保画面统一性和美感的关键。达芬奇 19 通过 AI 技术自动分析光线与色彩分布，精准调整色调、对比度和饱和度，轻松实现色彩均衡。这样不仅节省了调色时间，还保证了视频在不同场景下的视觉一致性，原图与效果对比如图 2-97 所示。

图 2-97　原图与效果对比展示

下面介绍色彩均衡的操作方法：

STEP 01 打开一个项目文件，进入达芬奇"剪辑"步骤面板，如图 2-98 所示。

STEP 02 在预览窗口中，可以查看打开的项目效果，如图 2-99 所示，可以看到视频色彩表现力欠佳。

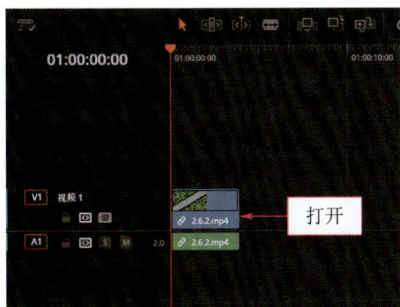

图 2-98　打开一个项目文件　　　　图 2-99　查看打开的项目效果

STEP 03 切换至"调色"步骤面板，单击"RGB 混合器"按钮 ，展开"RGB 混合器"面板，如图 2-100 所示。

STEP 04 在"绿色输出"选项区中，单击"自动归一化"按钮 ，如图 2-101 所示，即可自动调色，发现视频画面色彩饱和度还是有所欠缺。

STEP 05 切换至"曲线"面板，单击"色相 对 饱和度"按钮 ，如图 2-102 所示。

STEP 06 展开"色相 对 饱和度"面板，单击绿色色块，如图 2-103 所示。

图 2-100　单击"RGB 混合器"按钮

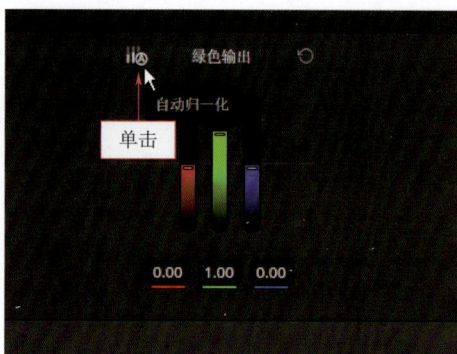

图 2-101　单击"自动归一化"按钮

图 2-102　单击"色相 对 饱和度"按钮

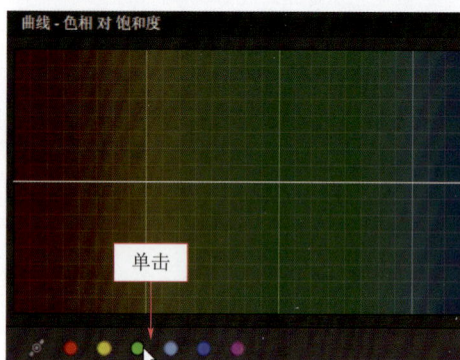

图 2-103　单击绿色色块

STEP 07 即可自动添加 3 个控制点，选中第 2 个控制点，并拖动至相应位置直至显示下方参数，分别为"输入色相"17.04，"饱和度"1.76，如图 2-104 所示，即可改变图像的整体色彩倾向，增强颜色的鲜艳度。

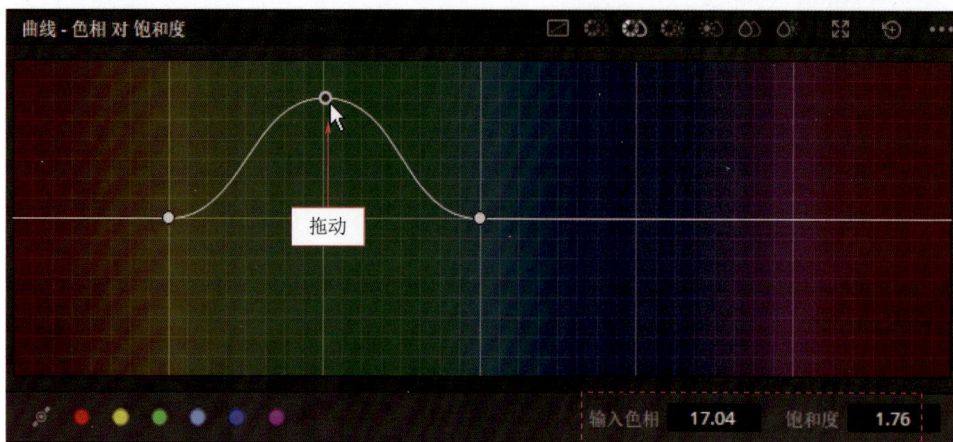

图 2-104　拖动参数

2.7 AI 辅助 HDR 调色

达芬奇 19 在 HDR 调色领域的突破性进展，得益于其 AI 辅助功能的深度集成。这些智能工具使得复杂的 HDR 调色流程变得更加简化和高效，确保每一个画面细节都能达到专业水准。通过 AI 驱动的校色轮和动态分区优化，达芬奇 19 为用户提供了精准的色彩控制和区域优化，实现了更自然、更平衡的 HDR 效果。

2.7.1 AI 校色轮：自动平衡

【效果对比】AI 驱动的校色轮，作为自动色彩平衡的创新工具，利用先进算法分析图像色彩分布，实现精准校正与平衡。它不仅能快速匹配目标色彩，还确保色彩过渡自然流畅，提升视觉体验。随着 AI 技术的不断成熟，校色轮将更加智能化，为创意产业带来更多可能，原图与效果对比如图 2-105 所示。

图 2-105 原图与效果对比展示

下面介绍色彩平衡的操作方法：

STEP 01 打开一个项目文件，进入达芬奇"剪辑"步骤面板，如图 2-106 所示。

STEP 02 在预览窗口中可以查看打开的项目效果，如图 2-107 所示，视频画面灰蒙蒙，不够清晰。

图 2-106 打开一个项目文件

图 2-107 查看打开的项目效果

STEP 03 切换至"调色"步骤面板，展开"色轮"|"一级 - 校色轮"面板，将鼠标移至"中灰"色轮下方的轮盘上，按住鼠标左键并向左拖动，直至色轮下方的参数均显示为 −0.20，如图 2-108 所示，降低画面灰色。

STEP 04 在"节点"面板中添加一个编号为 02 的串行节点，如图 2-109 所示。

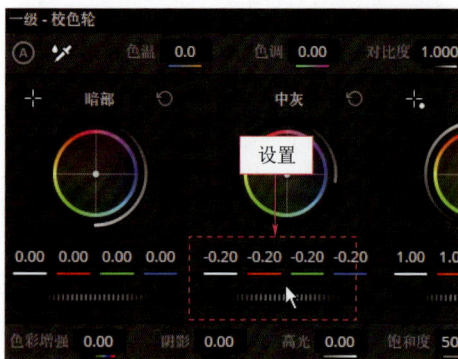

图 2-108　设置"中灰"参数

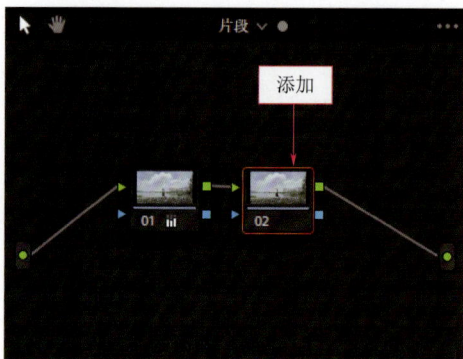

图 2-109　添加一个编号为 02 的串行节点

STEP 05 单击"HDR 调色"按钮 ⊕，如图 2-110 所示，即可默认选择"高动态范围 − 校色轮"选项。

STEP 06 在"高动态范围 - 校色轮"面板，单击相应按钮，如图 2-111 所示。

图 2-110　单击"HDR 调色"按钮

图 2-111　单击相应按钮

STEP 07 设置 Light 参数中的 X 为 0.03，Y 为 −0.04、"饱和度"参数为 0.92，如图 2-112 所示，提升整体画面。

STEP 08 设置"色调"参数为 6.44，如图 2-113 所示，即可改变画面色彩。

STEP 09 在预览窗口中查看"高动态范围 - 校色轮"的效果，如图 2-114 所示，画面色彩略微欠缺。

STEP 10 在"节点"面板中的 02 节点上右击，弹出快捷菜单，选择"添加节点"|"添加并行节点"选项，如图 2-115 所示。

图 2-112　设置相应参数

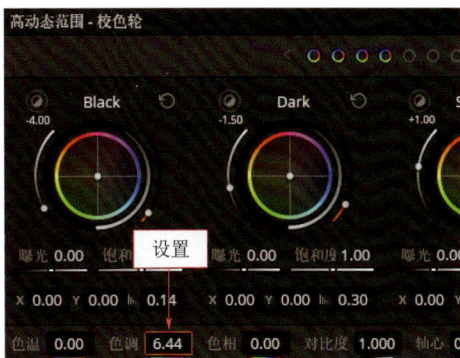

图 2-113　设置"色调"参数

图 2-114　查看"高动态范围 - 校色轮"的效果

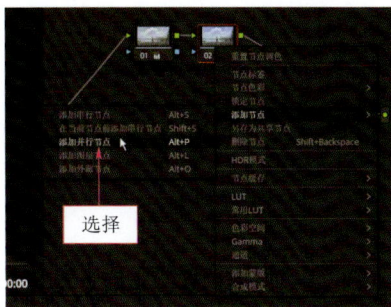

图 2-115　选择"添加并行节点"选项

STEP 11 展开"曲线"|"曲线 - 色相 对 饱和度"面板，单击绿色色块，即可自动添加 3 个控制点，选中第 2 个控制点，并拖动至相应位置直至显示下方参数，分别为"输入色相"16.52，"饱和度"1.87，如图 2-116 所示，微调色相并增加饱和度，使图像的色彩更具视觉冲击力，同时保持色彩的和谐性。

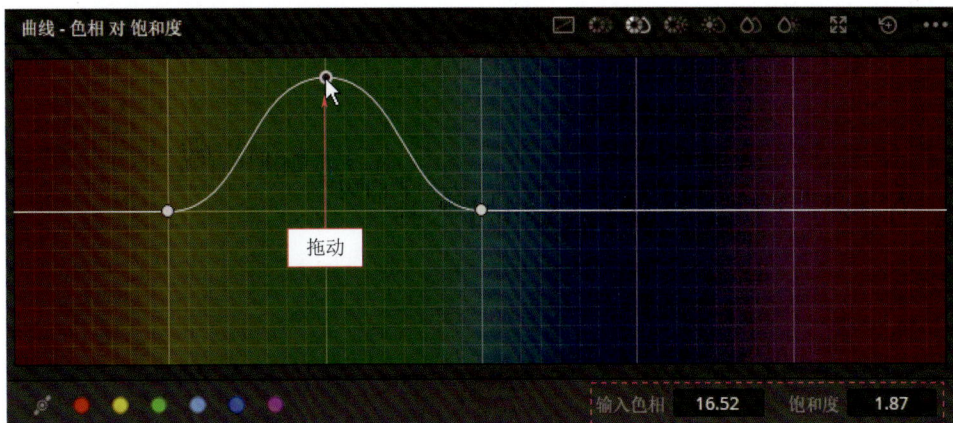

图 2-116　拖动滑块

2.7.2　增强分区图：动态优化

【效果对比】学完 AI 在色彩平衡方面的创新应用之后，我们现在转向 AI 增强的分区图应用，它通过动态分区优化进一步提升 HDR 图像处理的精细度。AI 的这一应用不仅提升了图像的局部细节，还增强了整体的视觉冲击力。下面让我们一探究竟，看看 AI 如何智能地优化图像的每一个分区，实现动态而精准的视觉效果，原图与效果对比如图 2-117 所示。

图 2-117　原图与效果对比展示

下面介绍动态分区优化的操作方法：

STEP 01 打开一个项目文件，进入达芬奇"剪辑"步骤面板，如图 2-118 所示。

STEP 02 在预览窗口中可以查看打开的项目效果，如图 2-119 所示，可以看到视频画面的灰度较高，色彩、明度都不够。

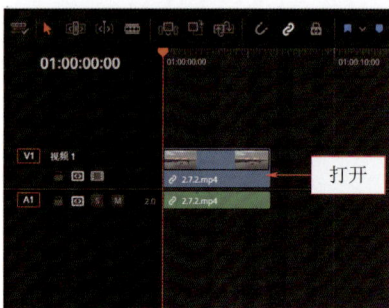

图 2-118　打开一个项目文件

图 2-119　查看打开的项目效果

STEP 03 切换至"调色"步骤面板，展开"HDR 调色"面板，单击"分区图"按钮 ⚞，如图 2-120 所示。

STEP 04 单击相应按钮 ⚫⚫⚫，弹出相应下拉列表，选择 Color Space|Rec.709 选项，如图 2-121 所示。

STEP 05 在"分区"选项区中单击 Dark 按钮 ◑◀，如图 2-122 所示，右边的时间线也会发生变化。

STEP 06 在"高动态范围 - 分区图"选项区中，拖动滑块直至"Min 范围"参数为 1.07、"衰减"参数为 0.03，如图 2-123 所示，实现更平滑的过渡。

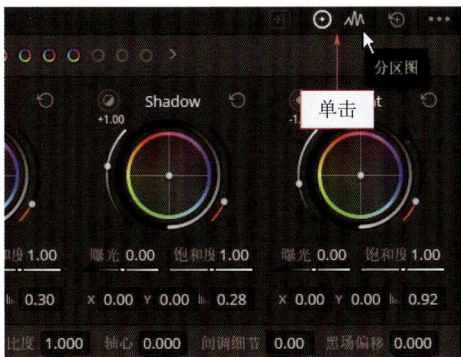

图 2-120　单击"分区图"按钮

图 2-121　选择相应选项

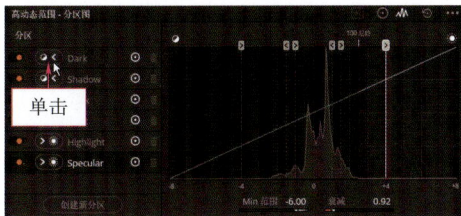

图 2-122　单击 Dark 按钮

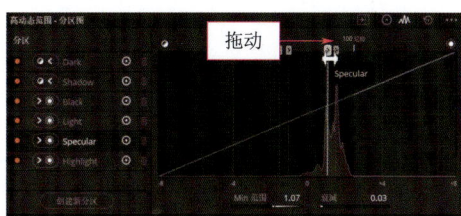

图 2-123　拖动滑块

STEP 07 在"节点"面板中添加一个编号为 02 的串行节点，如图 2-124 所示。

STEP 08 在"特效库"｜"素材库"选项卡的"Resolve FX 色彩"滤镜组中选择"色彩空间转换"滤镜，如图 2-125 所示。

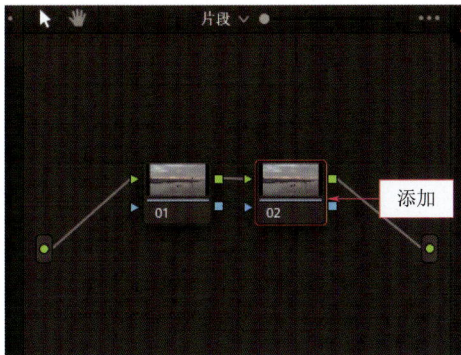

图 2-124　添加一个编号为 02 的串行节点

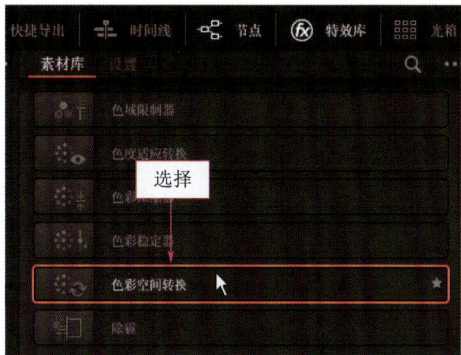

图 2-125　选择"色彩空间转换"滤镜

STEP 09 按住鼠标左键并将其拖动至"节点"面板的 02 节点上，释放鼠标左键，即可在调色提示区显示一个滤镜图标 **fx**，表示添加的滤镜，如图 2-126 所示。

STEP 10 切换至"特效库"|"设置"选项卡，展开"色彩空间转换"选项区，在"输入色彩空间"下拉列表框中选择相应选项，如图 2-127 所示，确保色彩在不同平台上的一致性。

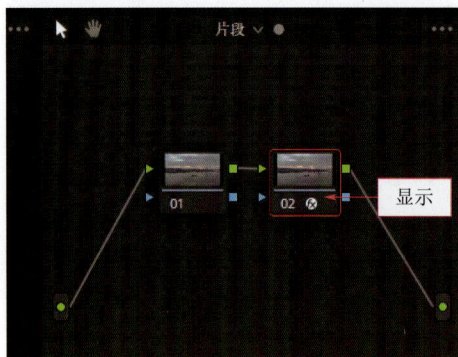

图 2-126　显示一个滤镜图标

图 2-127　选择相应选项（1）

STEP 11 在"输入 Gamma"下拉列表框中，选择相应选项，增强图像的细节表现，如图 2-128 所示，即可查看最终效果。

图 2-128　选择相应选项（2）

| 第 3 章 |

细节雕琢：
二级调色的精细调整

在视频制作过程中，一级调色通常被视为色彩校正的基础。然而，二级调色则是赋予作品生命力和情感深度的关键步骤。本章将深入探讨如何通过二级调色的精细调整，让你的视频在艺术表现上更上一层楼。

3.1 二级调色概览

在视频制作中，色彩不仅仅是画面的装饰，还是情感的载体和故事的灵魂。二级调色作为视频后期处理的关键环节，能够让我们深入挖掘和表达这些内在的丰富性。本节将介绍二级调色的深邃魅力，从基础概念到实际应用，一步步揭示如何通过色彩赋予作品以新的生命。

3.1.1 概念解析：什么是二级调色

随着我们深入探索视频制作的技术，我们来到了一个至关重要的环节——二级调色。在这一小节中，我们将揭开二级调色的神秘面纱，一探究竟。

什么是二级调色？它是一种高级技术，允许我们在一级调色的基础上进一步细化和区分画面中不同的色彩区域。通过二级调色，可以对特定对象或场景进行色彩增强，创造出更为丰富和立体的视觉效果。

在视频制作的广阔天地中，色彩不仅仅是视觉的盛宴，它还承载着情感的波动和故事的深度。一级调色为我们奠定了基础，确保了画面的基本协调与平衡。二级调色则是进入更深层次色彩调整的门户，它允许我们对视频的特定部分进行更为精细及个性化的处理。

二级调色是一个强大的工具，它赋予了视频制作者更多的创意自由和表达能力。通过本小节的学习，希望能够激发读者对色彩的深入理解，并鼓励读者在视频制作中探索二级调色的各种可能性。

3.1.2 情感表达：色彩的情绪传递

在深入探讨二级调色的艺术性和情感表达之前，让我们先回顾一下它在视频制作中的基础作用。正如我们所知，一级调色为视频打下了坚实的基础，确保了色彩的平衡与协调。然而，二级调色则是那支细腻的画笔，它在一级调色的基础上，进一步描绘出作品的灵魂与情感。

色彩的力量：色彩，作为视觉艺术的核心，它的力量不容小觑。在视频制作中，色彩不仅捕捉观众的目光，更触动他们的心灵。通过二级调色的细致调整，能够将这种力量转化为故事叙述的动力，让每一帧画面都充满生命力。

二级调色的艺术性：艺术是自由的表达，二级调色赋予艺术家无限的创意空间。它让调色师能够细致地打磨每一个色彩，创造出独特的视觉风格，从而强化场景的氛围，引导观众的情感走向。这种艺术性的追求，让色彩成为一种强有力的叙事工具。

情感表达的维度：情感是故事的灵魂，色彩是情感的语言。不同的色彩激发出不同的情感反应，二级调色通过这些色彩心理效应，为视频注入更多的情感深度，让观众在无形中与故事产生共鸣。

故事叙述的增强：在故事叙述中，二级调色可以作为一种强有力的视觉语言。通过色彩的变化和对比，调色师能够突出故事的关键元素，创造视觉焦点，甚至在不使用对话的情况下传达复杂的情节和角色内心的变化。

个性化的视觉风格：每个故事都是独一无二的，每个视频项目都有其独特的视觉需求。二级调色让调色师能够根据项目的具体需求，制定个性化的调色策略，从而增强作品的辨识度，加深观众的印象。

二级调色的意义超越了单纯的技术调整。它是艺术与情感表达的桥梁，是讲述故事和传递情感的重要工具。通过对二级调色的深入学习，我们希望读者能加深对其在艺术创作和情感表达中重要性的理解，并激发读者在实践中探索色彩的无限可能。

3.2 ▶ 曲线精修

在二级调色中，曲线精修是一项关键技术，能够实现对色彩的细致和精准调整。曲线工具通过调节图像中的不同亮度区域，帮助用户对画面的对比度、色彩和亮度进行细致的优化。这种技术不仅提升了视觉效果，也增强了影片的叙事和情感表达。本节将介绍曲线精修的具体操作方法。

3.2.1 曲线调节 1：自定义色彩调整

【效果对比】自定义色彩调控为用户提供了灵活调整画面的能力，使每个项目都能根据独特需求进行精准调色。不同于自动化或预设模式，自定义调色能够针对画面的细微之处进行调整，例如，提升特定场景的色彩饱和度或降低背景的冷色调，以突出人物情绪或情节发展。这种方法不仅赋予画面个性，更有效地传递故事中的情感变化，让观众沉浸在影片的视觉世界中，原图与效果对比如图 3-1 所示。

图 3-1　原图与效果对比展示

下面介绍使用自定义调色的操作方法：

STEP 01 ▶ 打开一个项目文件，进入达芬奇"剪辑"步骤面板，如图 3-2 所示，在预览窗口中，查看打开的项目效果，可以看到画面中的素材有点儿过曝，色彩也不够浓密。

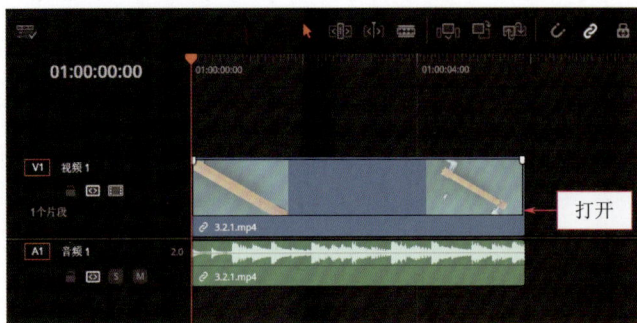

图 3-2　打开一个项目文件

STEP 02 展开"曲线"面板，在"曲线 - 自定义"编辑器中的合适位置处单击添加一个控制点，如图 3-3 所示。

STEP 03 按住鼠标左键向下拖动，同时观察预览窗口中画面色彩的变化，至合适位置后释放鼠标左键，如图 3-4 所示。

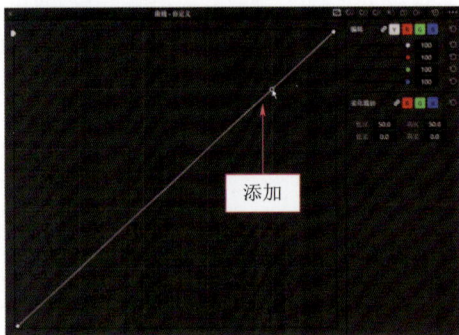

图 3-3　添加一个控制点

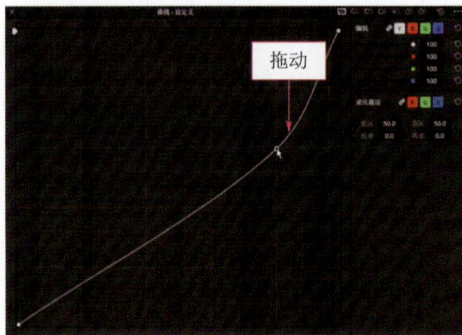

图 3-4　向下拖动控制点

STEP 04 执行操作后，预览窗口中显示效果，如图 3-5 所示，画面中的水不够蓝，需要微调一下暗部的亮度。

STEP 05 在编辑器左边的合适位置处继续添加一个控制点，并拖动至合适位置处，如图 3-6 所示，即可提升画面的细节表现力，在预览窗口中即可查看最终效果。

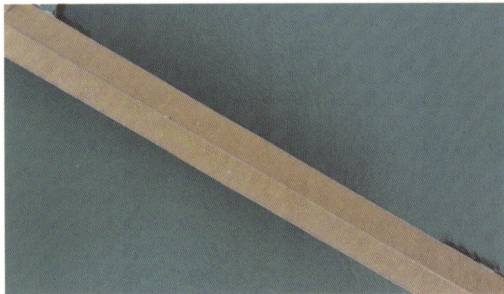

图 3-5　显示效果制点

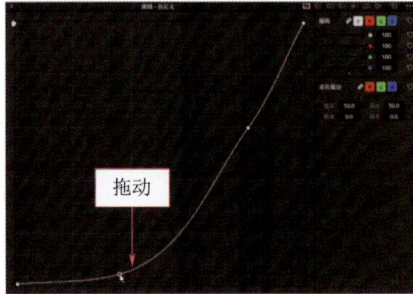

图 3-6　拖动第 2 个控

3.2.2　曲线调节 2：色相与饱和度对比

【效果对比】饱和度的微调不仅是一种技术手段，更是创意表达的重要方式。通过有意识地调整不同色相的饱和度，可以有效引导观众的注意力，强化场景氛围，甚至传达特定的情感与情绪，从而显著提升视觉效果，原图与效果对比如图 3-7 所示。

图 3-7　原图与效果对比展示

下面介绍使用色相 对 饱和度调色的操作方法：

STEP 01 打开一个项目文件，进入达芬奇"剪辑"步骤面板，如图 3-8 所示。

STEP 02 在预览窗口中可以查看打开的项目效果，如图 3-9 所示。画面色彩黯淡，天空的蓝色也不够突出。

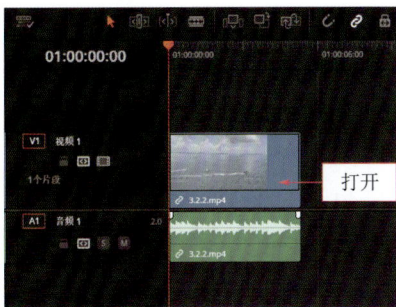

图 3-8　打开一个项目文件

图 3-9　查看打开的项目效果

STEP 03 切换至"调色"步骤面板，在"曲线"面板中单击"色相 对 饱和度"按钮 🎨，如图 3-10 所示。

STEP 04 展开"曲线 - 色相 对 饱和度"面板，在下方单击蓝色色块 🔵，如图 3-11 所示。

STEP 05 执行操作后，即可在编辑器中的曲线上添加 3 个控制点，选中第 2 个控制点，如图 3-12 所示。

STEP 06 长按鼠标左键并向上拖动选中的控制点至合适位置后释放鼠标左键，如图 3-13 所示。即可提高蓝色的饱和度，在预览窗口中可以查看使用色相对饱和度后的效果。

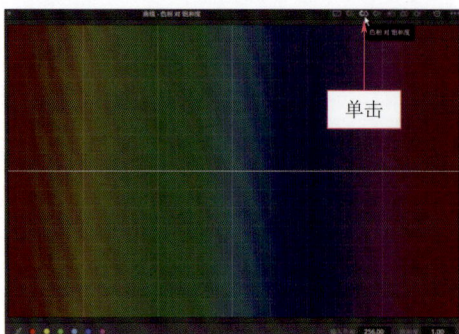

图 3-10　单击"色相 对 饱和度"按钮

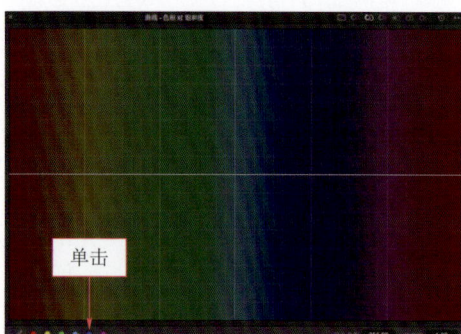

图 3-11　单击蓝色色块

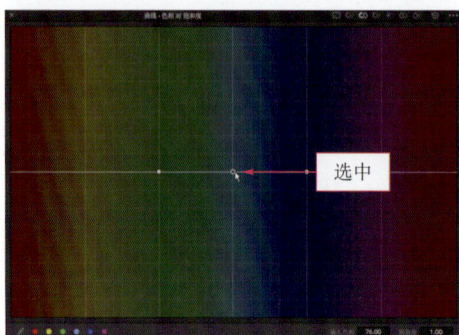

图 3-12　选中控制点

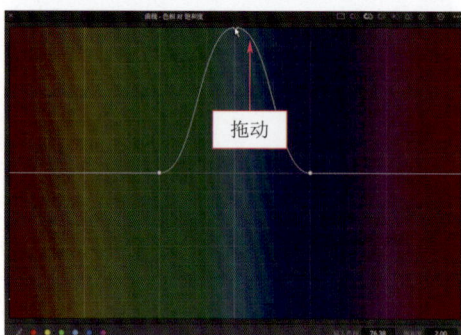

图 3-13　向上拖动控制点

3.2.3　曲线调节 3：亮度与饱和度对比

【效果对比】在"亮度调节"过程中，可以通过调整曲线来优化色彩平衡。水平曲线以上的调整有助于增加亮度，以下的调整则可以降低亮度。通过精准控制这些点，能够在不改变色相的情况下，实现画面的亮度与色彩的协调，从而提升整体的视觉效果，原图与效果如图 3-14 所示。

图 3-14　原图与效果对比展示

下面介绍具体的操作方法：

STEP 01 打开一个项目文件，进入达芬奇"剪辑"步骤面板，如图 3-15 所示。

STEP 02 在预览窗口中可以查看打开的项目效果，需要将画面中高光部分的饱和度提高，如图 3-16 所示。

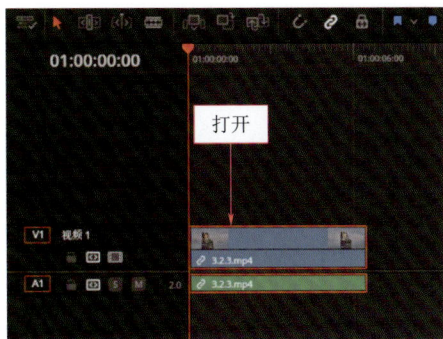

图 3-15　打开一个项目文件

图 3-16　查看打开的项目效果

STEP 03 切换至"调色"步骤面板，展开"曲线 - 亮度 对 饱和度"模式面板，在下方单击黑色色块，即可在编辑器中的曲线上添加 3 个控制点，如图 3-17 所示。

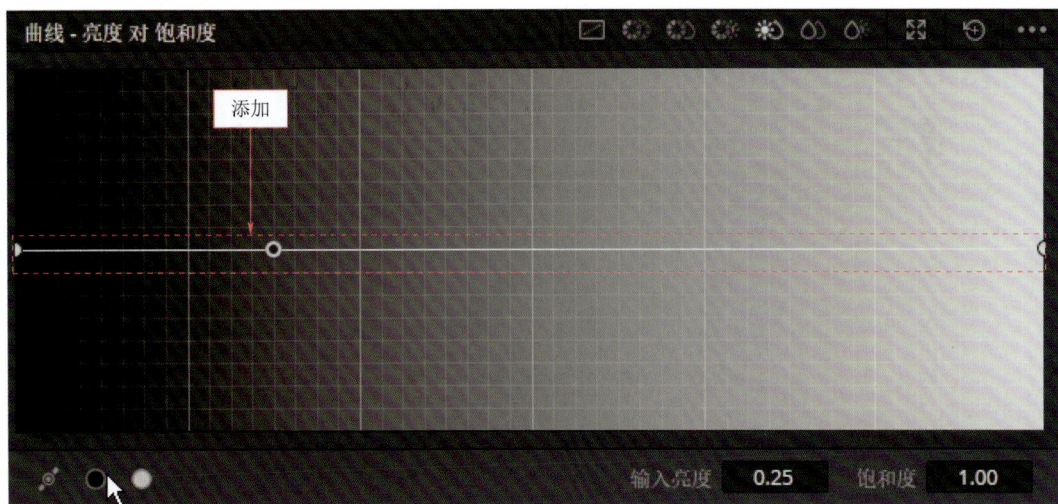

图 3-17　添加 3 个控制点

STEP 04 选中第 2 个控制点并向上拖动，直至下方面板中的"输入亮度"参数显示为 0.23、"饱和度"参数显示为 2.00，如图 3-18 所示，使色彩看起来更加丰富和生动，即可在预览窗口中查看提高饱和度后的效果。

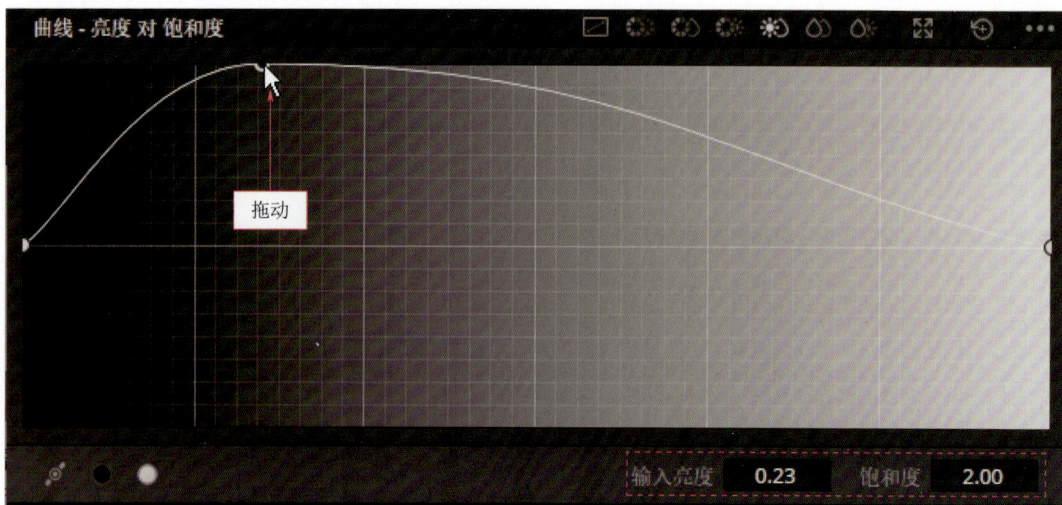

图 3-18　向上拖动控制点

3.2.4　曲线调节 4：饱和度与饱和度对比

【效果对比】在视频调色的旅程中，已探索多种色彩与亮度的调整技巧。此时，将聚焦于一种更为精细的调节方法——"饱和度对比"曲线模式。这一强大工具专门用于优化图像的饱和度层次，使得每个色彩更具层次感和表现力，从而提升整体视觉效果，原图与效果如图 3-19 所示。

图 3-19　原图与效果对比展示

下面介绍对饱和度调色的操作方法：

STEP 01 打开一个项目文件，进入达芬奇"剪辑"步骤面板，如图 3-20 所示。

STEP 02 在预览窗口中可以查看打开的项目效果，如图 3-21 所示，可以看出画面中的晚霞不够靓丽。

STEP 03 切换至"调色"步骤面板，展开"曲线 - 饱和度 对 饱和度"模式面板，在水平曲线的中间位置单击添加 1 个控制点，以此为分界点，左边为低饱和区，右边为高饱和区，如图 3-22 所示。

图 3-20　打开一个项目文件

图 3-21　查看打开的项目效果

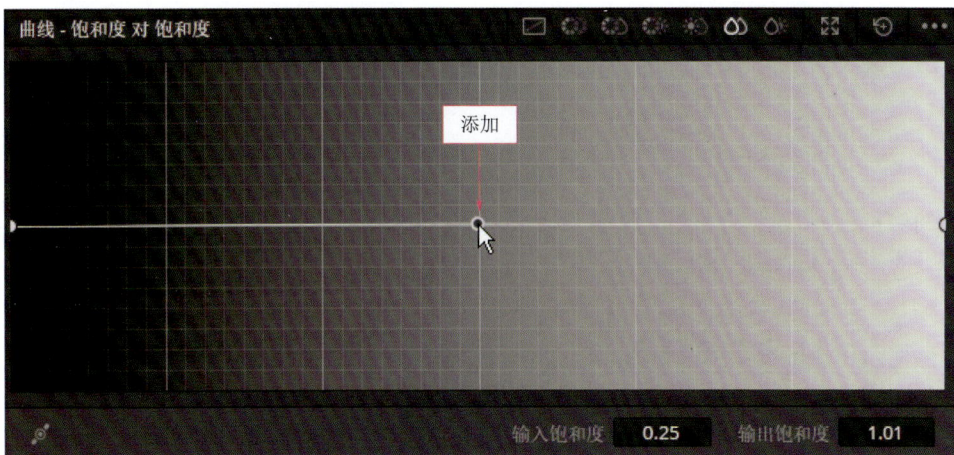

图 3-22　添加 1 个控制点

温馨提醒

　　在"曲线 - 饱和度 对 饱和度"面板编辑器的水平曲线上添加 1 个控制点作为分界点，方便用户在调节低饱和区时，不会影响到高饱和区的曲线。

STEP 04 在低饱和区的曲线线段上单击鼠标左键，再次添加 1 个控制点，如图 3-23 所示。

STEP 05 选中添加的控制点并向上拖动，直至下方面板中的"输入饱和度"参数显示为 0.08、"输出饱和度"参数显示为 2.00，如图 3-24 所示，即可增强画面的整体色彩层次感，使得色彩过渡更加自然和丰富，最后在预览窗口中可以查看最终效果。

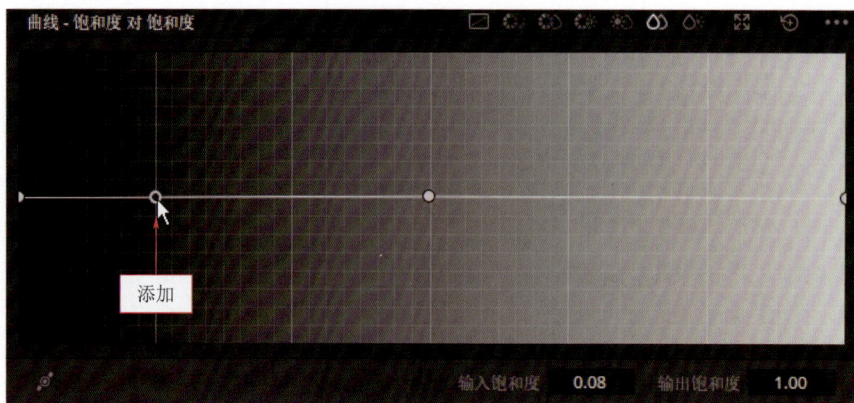

图 3-23　再次添加 1 个控制点

图 3-24　向上拖动控制点

3.3 ▶ 选区抠像

对素材图形进行抠像调色，是二级调色必学的一个环节。DaVinci Resolve 19 为用户提供了限定器功能面板，其中包含 4 种抠像操作模式，分别是 HSL、RGB、亮度及 3D 限定器，可以帮助用户对素材图像创建选区，把不同亮度、不同色调的部分画面分离出来，然后根据亮度、风格、色调等需求，对分离出来的部分画面进行有针对性的色彩调节。

3.3.1　HSL 模式：使用限定器调色

【效果对比】HSL 模式利用"拾取器"工具实现精确调色。通过在图像上使用"拾取器"工具进行色彩取样，HSL 限定器能够自动分析并选取具有相似色相、饱和度和亮度的区域。这种方法不仅简化了调色过程，还确保了颜色调整的准确性与一致性，从而使画面展现出更为和谐的色彩关系与丰富的视觉效果，原图与效果对比如图 3-25 所示。

图 3-25　原图与效果对比展示

下面介绍使用 HSL 限定器抠像调色的操作方法：

STEP 01 打开一个项目文件，进入达芬奇"剪辑"步骤面板，如图 3-26 所示。

STEP 02 在预览窗口中可以查看打开的项目效果，需要在不改变画面中其他部分的情况下，将地面颜色改为绿色背景，如图 3-27 所示。

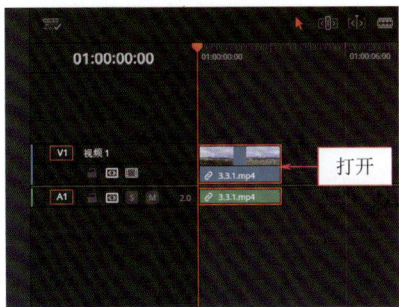

图 3-26　打开一个项目文件

图 3-27　查看打开的项目效果

STEP 03 切换至"调色"步骤面板，单击"限定器"按钮 ✦，如图 3-28 所示，展开"限定器-HSL"面板。

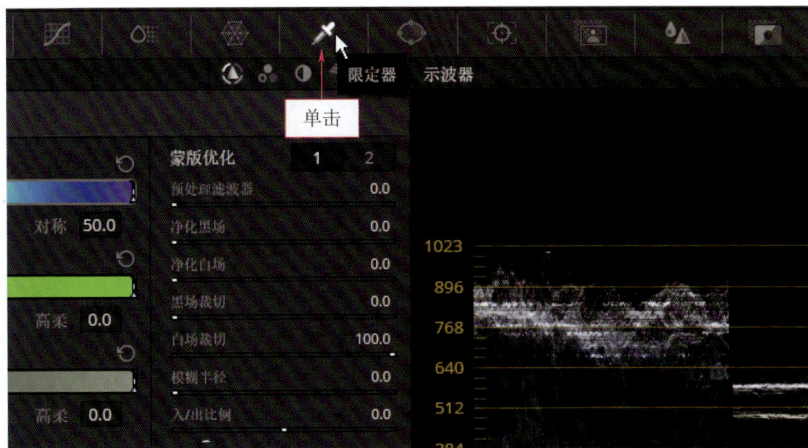

图 3-28　单击"限定器"按钮

STEP 04 在"限定器 -HSL"选项区中单击"拾取器"按钮，如图 3-29 所示。执行操作后，光标随即转换为滴管工具。

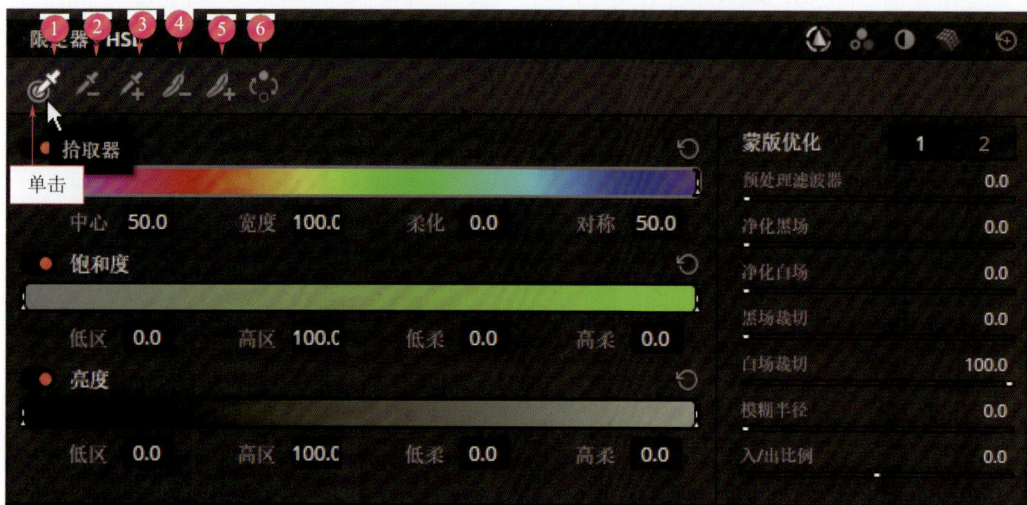

图 3-29　单击"拾取器"按钮

温馨提醒

在"选择范围"选项区中共有 6 个工具按钮，其作用如下。

❶ "拾取器"按钮：单击"拾取器"按钮，光标即可变为滴管工具，可以在预览窗口中的图像素材上单击或拖动光标，对相同颜色进行取样抠像。

❷ "拾取器减"按钮：其操作方法与"拾取器"工具一样，可以在预览窗口中的抠像上，通过单击或拖动光标减少抠像区域。

❸ "拾取器加"按钮：其操作方法与"拾取器"工具一样，可以在预览窗口中的抠像上，通过单击或拖动光标增加抠像区域。

❹ "柔化减"按钮：单击该按钮，在预览窗口中的抠像上，通过单击或拖动光标减弱抠像区域的边缘。

❺ "柔化加"按钮：单击该按钮，在预览窗口中的抠像上，通过单击或拖动光标优化抠像区域的边缘。

❻ "反向"按钮：单击该按钮，可以在预览窗口中反选未被选中的抠像区域。

STEP 05 移动光标至"检视器"面板，单击"突出显示"按钮，如图 3-30 所示。此按钮可以使被选取的抠像区域突出显示在画面中，未被选取的区域将会呈灰色显示。

STEP 06 在预览窗口中按住鼠标左键，拖动光标选取地面区域，未被选取的区域画面呈灰色显示，如图 3-31 所示。

图 3-30　单击"突出显示"按钮

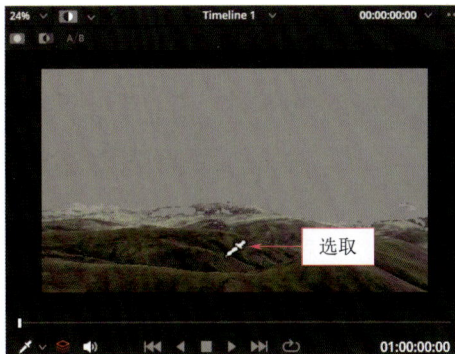

图 3-31　选取草地区域

STEP 07 在"限定器 -HSL"|"蒙版优化"面板中切换至 2 选项卡，设置"降噪"参数为 100.0，如图 3-32 所示，可以提升视频的整体画质，使得细节更加丰富，色彩更加真实。

STEP 08 设置"阴影"参数为 200.0，"中间调"参数为 145.0，如图 3-33 所示，可以增强图像的对比度，使得亮部更亮，暗部更暗，从而提升视觉冲击力。

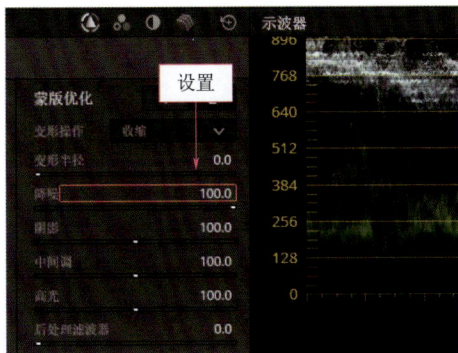

图 3-32　设置"降噪"参数

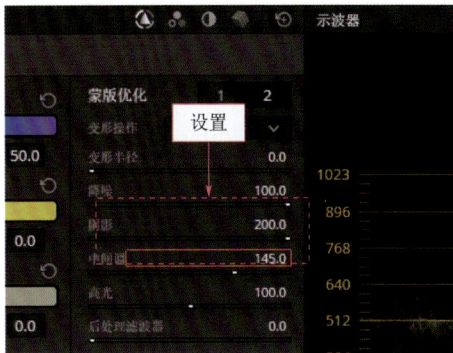

图 3-33　设置相应参数

STEP 09 执行操作后，展开"色轮"|"一级 - 校色轮"面板，单击"偏移"色轮中间的圆圈，按住鼠标左键并向绿色区块拖动，至合适位置后释放鼠标左键，调整偏移参数，如图 3-34 所示，即可将地面画面调成绿色系。

图 3-34　调整偏移参数

STEP 10 执行操作后，再次单击"突出显示"按钮 ，如图 3-35 所示，恢复未被选取的区域画面，查看最终效果。

图 3-35　单击"突出显示"按钮

3.3.2　RGB 选取：调色技术应用

【效果对比】通过 RGB 通道的精准选取与调节，能够独立控制红、绿、蓝三色的比例与强度，实现细致的色彩调整。这种技术不仅有效平衡了各色之间的关系，还可针对特定区域进行局部优化，赋予画面更丰富的视觉层次和细节表现，使整体色彩更加饱和、鲜明，原图与效果对比如图 3-36 所示。

图 3-36　原图与效果对比展示

下面介绍使用 RGB 限定器抠像调色的操作方法：

STEP 01 打开一个项目文件，进入达芬奇"剪辑"步骤面板，如图 3-37 所示。

STEP 02 在预览窗口中可以查看打开的项目效果，需要提高画面中天空的饱和度，如图 3-38 所示。

STEP 03 切换至"调色"步骤面板，展开"限定器"面板，单击 RGB 按钮 ，如图 3-39 所示，展开"限定器 -RGB"面板。

STEP 04 在"限定器-RGB"面板中单击"拾取器"按钮 ，如图 3-40 所示，执行操作后，光标随即转换为滴管工具。

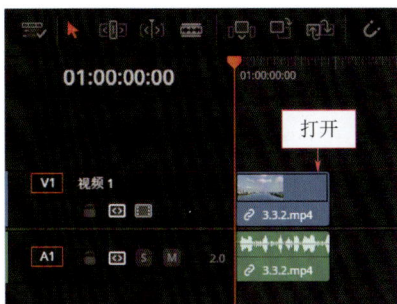

图 3-37　打开一个项目文件

图 3-38　查看打开的项目效果

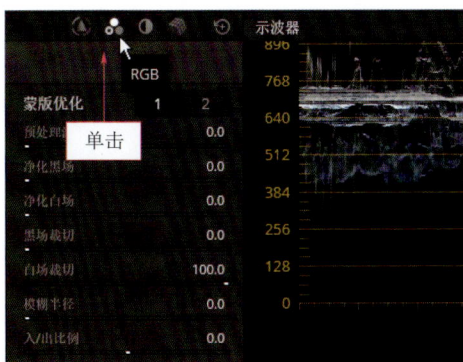

图 3-39　单击 RGB 按钮

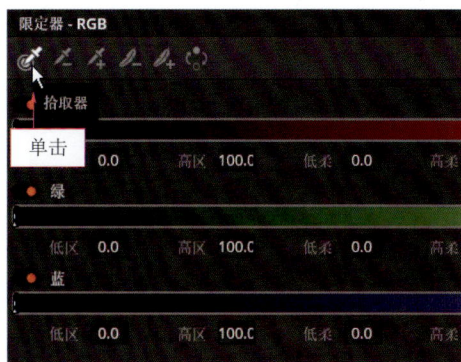

图 3-40　单击"拾取器"按钮

STEP 05 移动光标至"检视器"面板，单击"突出显示"按钮 ，如图 3-41 所示。

STEP 06 在预览窗口中按住鼠标左键的同时并拖动光标，选取天空区域画面，如图 3-42 所示，此时未被选取的区域画面呈灰色显示。

图 3-41　单击"突出显示"按钮

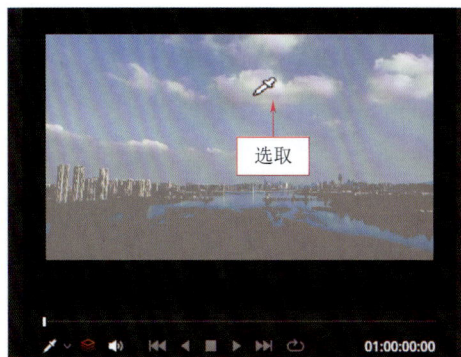

图 3-42　选取天空区域画面

STEP 07 完成抠像后，切换至"色轮"面板，在面板下方设置"饱和度"参数为 86.00，如图 3-43 所示，增强视觉吸引力，查看最终效果。

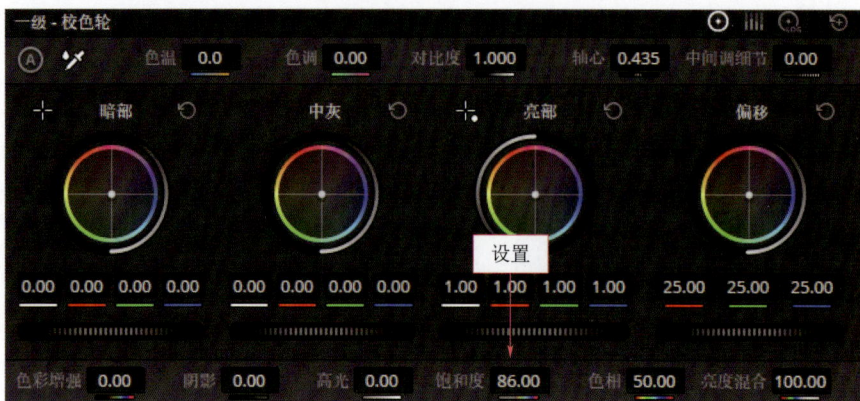

图 3-43　设置"饱和度"参数

3.3.3　光影提取：明暗重生

【效果对比】本节将探索如何通过提取光影细节，使用明暗选区技术重构画面的层次感。该方法能够精准捕捉光影变化，使画面焕然一新，展现出更加丰富的视觉效果，原图与效果对比如图 3-44 所示。

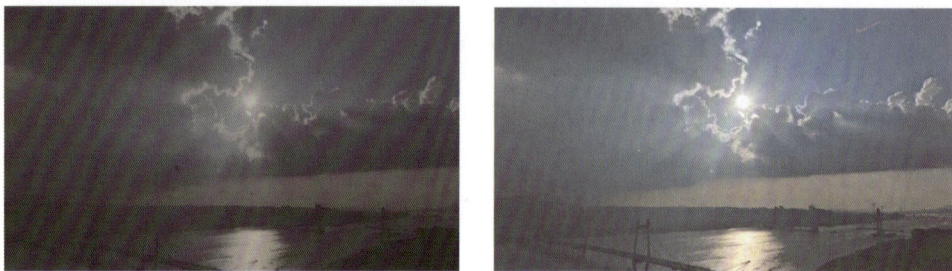

图 3-44　原图与效果对比展示

下面介绍使用亮度限定器抠像调色的操作方法：

STEP 01 打开一个项目文件，进入达芬奇"剪辑"步骤面板，如图 3-45 所示。

STEP 02 在预览窗口中可以查看打开的项目效果，需要提高画面中太阳的亮度，使画面中的明暗对比更加明显，如图 3-46 所示。

STEP 03 切换至"调色"步骤面板，展开"限定器"面板，单击"亮度"按钮 ⧉，如图 3-47 所示，展开"限定器 - 亮度"面板。

STEP 04 在"限定器 - 亮度"选项区中单击"拾取器"按钮 ✐，如图 3-48 所示。

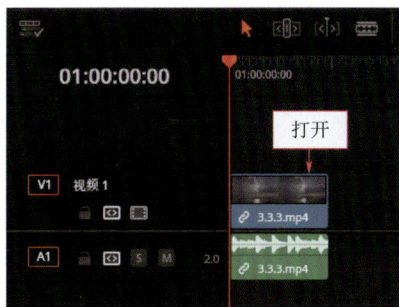

图 3-45　打开一个项目文件

图 3-46　查看打开的项目效果

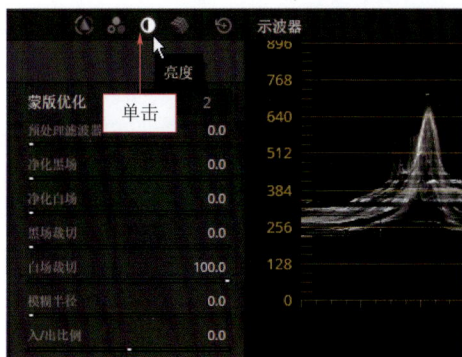

图 3-47　单击"亮度"按钮

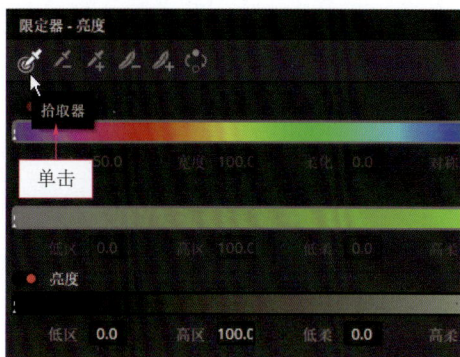

图 3-48　单击"拾取器"按钮

STEP 05 在"检视器"面板上方单击"突出显示"按钮 ◑，如图 3-49 所示。

STEP 06 在预览窗口中，单击选取画面中最亮的一处，同时相同亮度范围内的画面区域也会被选取，如图 3-50 所示。

图 3-49　单击"突出显示"按钮

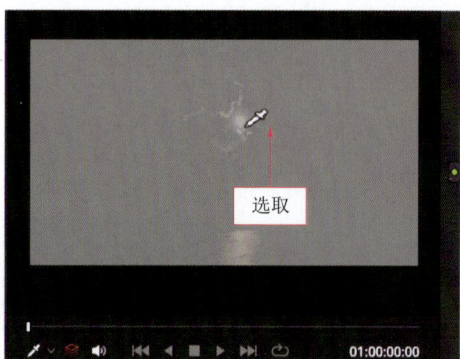

图 3-50　选取画面中最亮的一处

STEP 07 完成抠像后，切换至"色轮"|"一级 - 校色轮"面板，向右拖动"亮部"色轮下方的轮盘，直至参数均显示为 1.47，设置"中间调细节"参数为 100.00，如图 3-51 所示，可以使最终的输出更加专业和吸引人，提升观众的观看体验。

图 3-51　设置"中间调细节"参数

STEP 08 执行操作后，切换至"限定器"|"限定器 - 亮度"面板，单击"反向"按钮
，如图 3-52 所示，即可反向选取画面。

STEP 09 切换至"色轮"面板，设置"饱和度"参数为 100.00，如图 3-53 所示，可以
使图像中的暗部区域的颜色更加鲜艳和生动，让整体视觉效果更加吸引眼球。

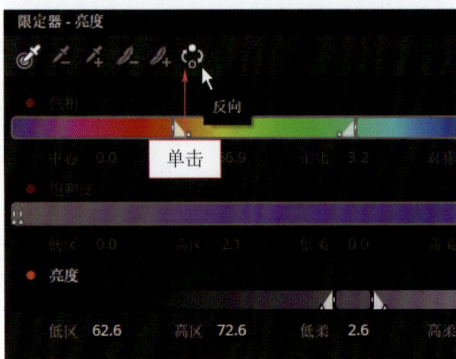

图 3-52　单击"反向"按钮

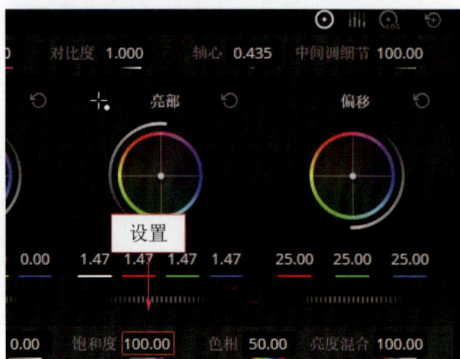

图 3-53　设置"饱和度"参数

STEP 10 执行操作后，切换至"限定器"|"限定器 - 亮度"面板，单击"拾取器减"按
钮，如图 3-54 所示，即可减少抠像区域。

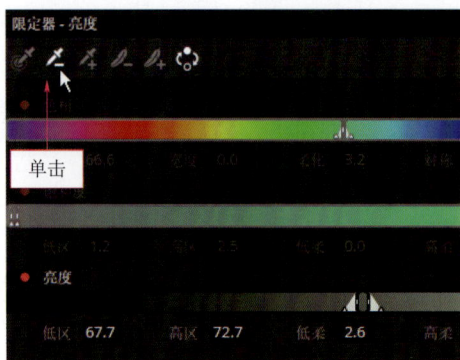

图 3-54　单击"拾取器减"按钮

STEP 11 ▶ 在预览窗口中单击，取消画面中的蒙版显示，如图 3-55 所示，在预览窗口查看最终效果。

图 3-55　取消画面中的蒙版显示

3.3.4　三维应用：3D 工具调色

【效果对比】通过引入三维空间的调色技术，3D 工具赋予画面更强的立体感与色彩层次。这种技术不仅能精准调整物体间的色彩关系，还能增强画面的空间感，使每个元素更加生动，富有深度。由此可以看出，整体视觉效果更加饱满，层次感更为突出，带来震撼的观感体验，原图与效果对比如图 3-56 所示。

图 3-56　原图与效果对比展示

下面介绍使用 3D 限定器抠像调色的操作方法：

STEP 01 ▶ 打开一个项目文件，进入达芬奇"剪辑"步骤面板，如图 3-57 所示。

STEP 02 ▶ 在预览窗口中可以查看打开的项目效果，如图 3-58 所示，天空颜色不够蓝，需要通过 3D 限定器把天空的颜色变成天蓝。

STEP 03 ▶ 执行操作后，切换至"调色"步骤面板，展开"限定器"面板，单击 3D 按钮，如图 3-59 所示。

STEP 04 在"限定器 -3D"选项区中单击"拾取器"按钮 ![icon]，在预览窗口中的图像画面上画一条线，如图 3-60 所示。

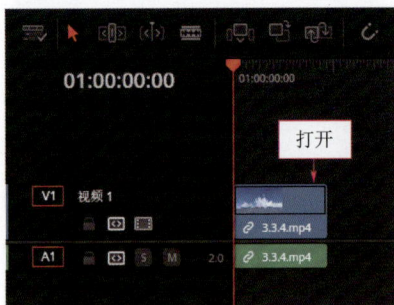

图 3-57　打开一个项目文件

图 3-58　查看打开的项目效果

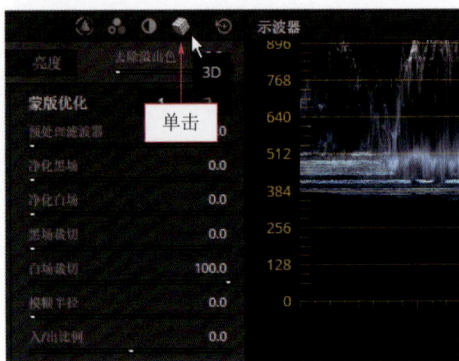

图 3-59　单击 3D 按钮

图 3-60　画一条线

STEP 05 执行操作后，即可将采集到的颜色显示在"限定器 -3D"面板中，创建色块选区，如图 3-61 所示。

STEP 06 在"检视器"面板上方，单击"突出显示"按钮 ![icon]，在预览窗口中查看被选取的区域画面，如图 3-62 所示。

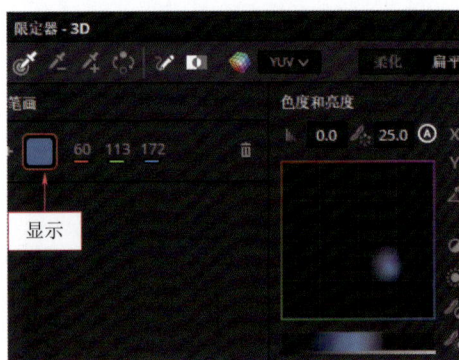

图 3-61　显示采集到的颜色

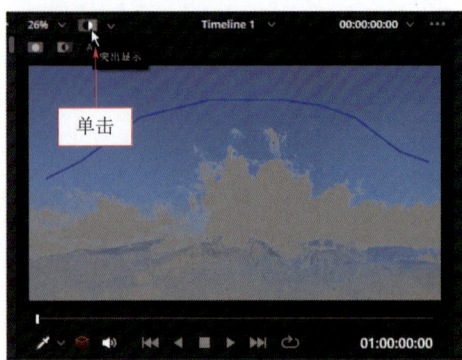

图 3-62　单击"突出显示"按钮

STEP 07 切换至"色轮"面板，设置"饱和度"参数为 77.60，如图 3-63 所示，即可调整画面的色彩饱和度，让天空变得更蓝一些。

STEP 08 执行操作后，切换至"限定器-3D"面板，单击"显示路径"按钮 ✎，如图 3-64 所示，即可关闭，再次单击"突出显示"按钮 ◑，即可关闭，返回"剪辑"步骤面板，在预览窗口中查看最终效果。

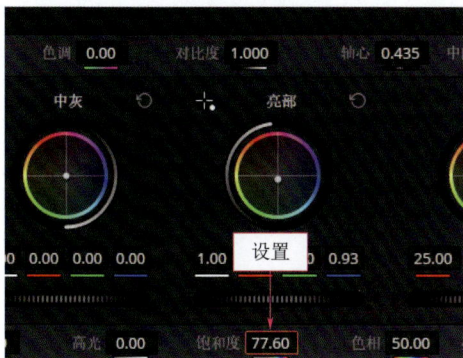

图 3-63　设置"饱和度"参数　　　　　图 3-64　单击"突出显示"按钮

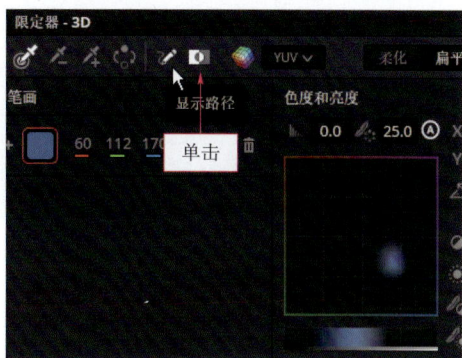

3.4 蒙版艺术

在视频调色艺术中，蒙版是一种强大的工具，它允许我们对画面的特定区域进行精细的调整。本节将深入探索蒙版艺术的各个方面。

3.4.1　窗口工具：面板功能介绍

在达芬奇"调色"步骤面板中，"限定器"面板的右边就是"窗口"面板，如图 3-65 所示，用户可以使用"四边形"工具、"圆形"工具、"多边形"工具、"曲线"工具及"渐变"工具在素材图像画面中绘制蒙版遮罩，对蒙版遮罩区域进行局部调色。

在面板的右侧有两个选项区，分别是"变换"选项区和"柔化"选项区。当用户绘制蒙版遮罩时，可以在这两个选项区中对遮罩的大小、宽高比、边缘柔化等参数进行微调，使需要调色的遮罩画面更加精准。

在"窗口"面板中，用户需要了解以下几个按钮的作用：

❶ 形状工具按钮 ▢四边形 ○圆形 ✎多边形 ✎曲线 ▦渐变：在"窗口"预设面板上方，有四边形、圆形、多边形、曲线及渐变 5 个形状工具按钮，单击任意一个形状工具按钮，即可在下方的"窗口"预设面板中新增一条相应的形状窗口。

❷ "删除"按钮 删除：在"窗口"预设面板中选择新增的形状窗口，单击"删除"

图 3-65 "窗口"面板

按钮，即可将形状窗口删除。

❸ "窗口激活"按钮▣：单击"窗口激活"按钮后，按钮四周会出现一个橘红色的边框▣，激活窗口后，即可在预览窗口中的图像画面上绘制蒙版遮罩，再次单击"窗口激活"按钮，即可关闭形状窗口。

❹ "反向"按钮▣：单击该按钮，可以反向选中素材图像上蒙版遮罩选区之外的画面区域。

❺ "遮罩"按钮▣：单击该按钮，可以将素材图像上的蒙版设置为遮罩，可以用于多个蒙版窗口进行布尔预算。

❻ "全部重置"按钮▣：单击该按钮，可以将图像上绘制的形状窗口全部清除重置。

3.4.2 形状调整：修改遮罩

【效果对比】通过"窗口"面板中的形状工具，可以在画面上绘制精准的选区。这不仅是技术操作，还为实现创意视觉提供了更多可能性。通过调整遮罩形状，调色师可以对特定区域进行局部优化，赋予画面更多层次感和细腻的视觉效果，原图与效果对比如图 3-66 所示。

图 3-66 原图与效果对比展示

下面介绍具体的操作方法：

STEP 01 打开一个项目文件，进入达芬奇"剪辑"步骤面板，如图 3-67 所示。

STEP 02 在预览窗口中可以查看打开的项目效果，如图 3-68 所示，可以将视频分为两个部分，一部分是河岸，属于阴影区域；另一部分是天空，属于明亮区域，画面中天空的颜色比较淡，光线比较黯淡，需要将明亮区域的饱和度调浓一些。

图 3-67 打开一个项目文件

图 3-68 查看打开的项目效果

STEP 03 切换至"调色"步骤面板，单击"窗口"按钮 ⬡，切换至"窗口"面板，如图 3-69 所示。

STEP 04 在"窗口"面板中单击多边形"窗口激活"按钮 ╱，如图 3-70 所示。

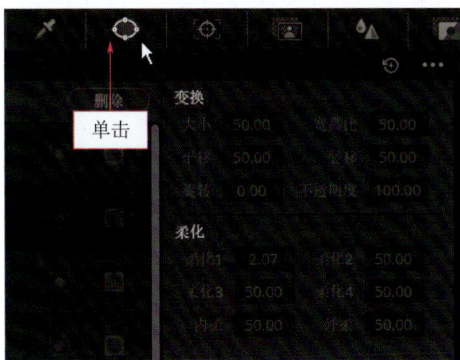

图 3-69 单击"窗口"按钮

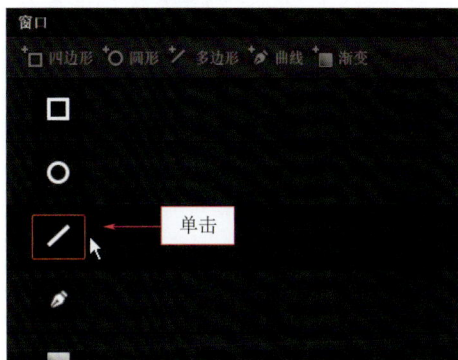

图 3-70 单击多边形"窗口激活"按钮

STEP 05 在预览窗口的图像上会出现一个矩形蒙版，如图 3-71 所示。

STEP 06 拖动蒙版四周的控制柄，调整蒙版的位置和形状大小，如图 3-72 所示。

STEP 07 执行操作后，展开"色轮"面板，设置"饱和度"参数为 100.00，如图 3-73 所示，增强画面的色彩效果。返回"剪辑"步骤面板，在预览窗口中查看最终效果。

图 3-71 出现一个矩形蒙版

图 3-72 调整蒙版的位置和形状大小

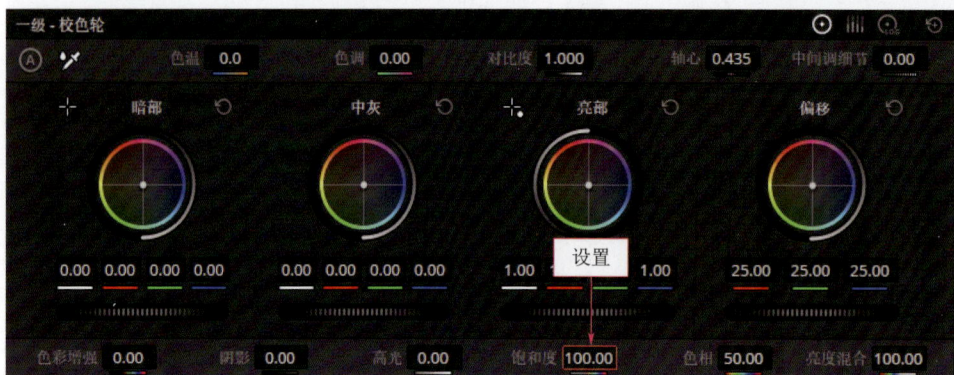

图 3-73 设置"饱和度"参数

3.5 Alpha 控制

一般来说，图片或视频都带有表示颜色信息的 RGB 通道和表示透明信息的 Alpha 通道。Alpha 通道由黑白图表示图片或视频的图像画面，其中白色代表图像中完全不透明的画面区域，黑色代表图像中完全透明的画面区域，灰色代表图像中半透明的画面区域。本节介绍使用 Alpha 通道控制调色区域的方法和技巧。

3.5.1 功能导览：键控面板

在 DaVinci Resolve 19 中，"键"指的是 Alpha 通道，用户可以在节点上绘制遮罩窗口或抠像选区来制作"键"，通过调整节点控制素材图像调色的区域。图 3-74 为达芬奇"键"面板。

"键"面板的各项功能按钮如下：

❶ 键类型：选择不同的节点类型，键类型会随之转变。

图 3-74 "键"面板

② "全部重置"按钮 ⊕：单击该按钮，将重置在"键"面板中的所有操作。

③ "蒙版 / 遮罩"按钮 ◉：单击该按钮，可以将反向键输入的抠像。

④ "键"按钮 ▣：单击该按钮，可以将键转换为遮罩。

⑤ 增益：在后方的文本框中将参数提高，可以使键输入的白点更白，降低文本框内的参数则相反，增益值不影响键的纯黑色。

⑥ 模糊半径：设置该参数，可以调整键输入的模糊度。

⑦ 偏移：设置该参数，可以调整键输入的整体亮度。

⑧ 模糊水平 / 垂直：设置该参数，可以在键输入上横向控制模糊的比例。

⑨ 键图示：直观显示键的图像，方便用户查看。

3.5.2 通道应用：使用 Alpha 通道

【效果对比】在 DaVinci Resolve 19 中，Alpha 通道主要用于控制画面的透明度，通过 Alpha 通道可以对画面中某些区域进行精准的透明度调节。这一技术可以结合其他工具，对图像的不同层次进行独立处理，赋予画面更多的视觉深度和层次感，原图与效果对比如图 3-75 所示。

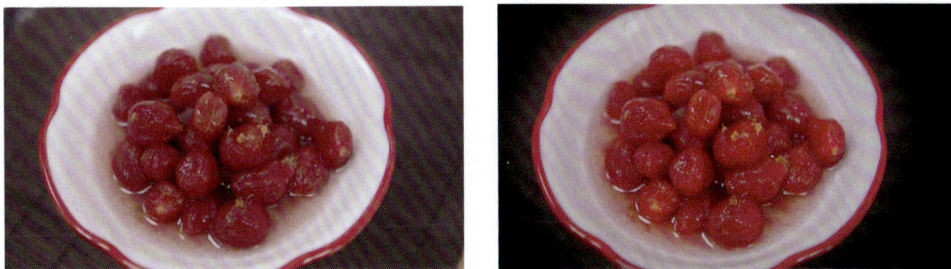

图 3-75 原图与效果对比展示

下面介绍使用 Alpha 通道的操作方法：

STEP 01 ▶ 打开一个项目文件，在预览窗口中可以查看打开的项目效果，如图 3-76 所示。

STEP 02 ▶ 切换至"调色"步骤面板，展开"窗口"面板，在"窗口"预设面板中单击圆形"窗口激活"按钮 ⚪，如图 3-77 所示。

图 3-76　查看打开的项目效果　　图 3-77　单击圆形"窗口激活"按钮

STEP 03 ▶ 在预览窗口中拖动圆形蒙版蓝色方框上的控制柄，调整蒙版大小和位置，如图 3-78 所示。

STEP 04 ▶ 拖动蒙版白色圆框上的控制柄，调整蒙版羽化区域，如图 3-79 所示。

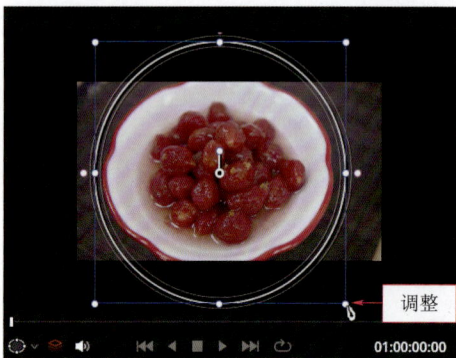

图 3-78　调整蒙版的大小和位置　　图 3-79　调整蒙版羽化区域

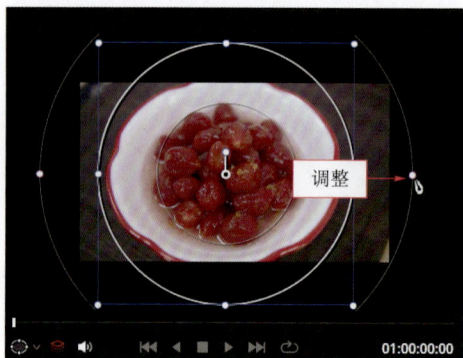

STEP 05 ▶ 窗口蒙版绘制完成后，在"节点"面板中将 01 节点上的"键输入" ▶ 与"源" ● 相连，如图 3-80 所示。

STEP 06 ▶ 在空白位置处右击，弹出快捷菜单，选择"添加 Alpha 输出"选项，如图 3-81 所示。

STEP 07 ▶ 在面板中添加一个"Alpha 最终输出"图标 ●，将 01 节点上的"键输出" ■ 与"Alpha 最终输出" ● 相连，如图 3-82 所示。

STEP 08 ▶ 执行操作后，在预览窗口中可以查看应用 Alpha 通道的初步效果，如图 3-83 所示。

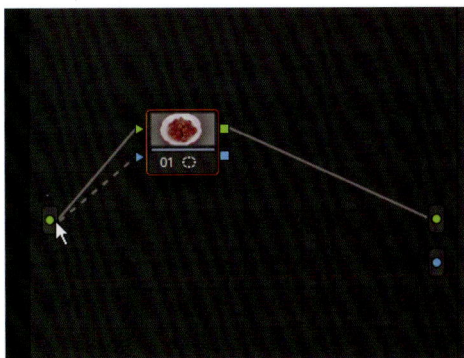

图 3-80　将"键输入"与"源"相连

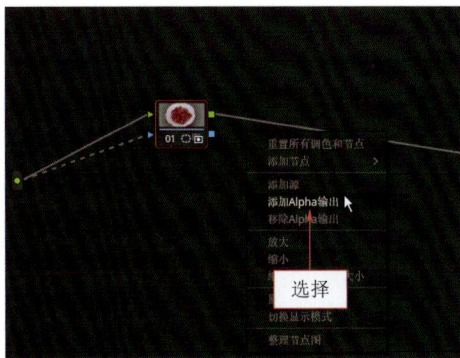

图 3-81　选择"添加 Alpha 输出"选项

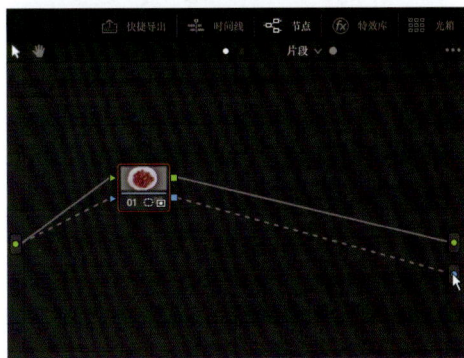

图 3-82　将"键输出"与"Alpha 最终
输出"相连

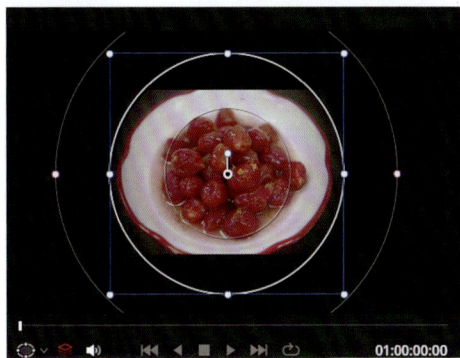

图 3-83　查看应用 Alpha 通道的初步效果

STEP 09 切换至"键"面板，在"键输出"下方设置"偏移"参数为 −0.124，如图 3-84 所示，即可调整选区位置。

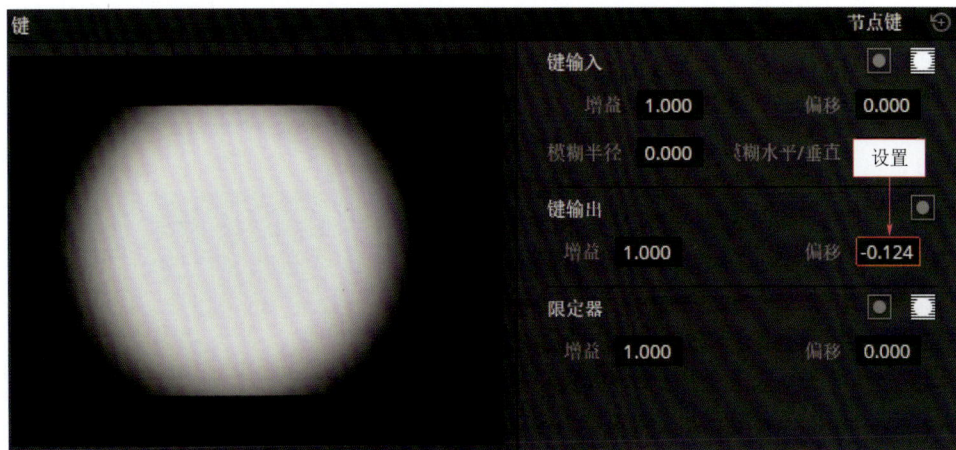

图 3-84　设置相应参数

STEP 10 切换至"色轮"面板，设置"饱和度"参数为 79.20，如图 3-85 所示，可以使图像看起来更加温和。

STEP 11 设置"中间调细节"参数为 100.00，如图 3-86 所示，可以使图像看起来更加清晰，细节更加突出。

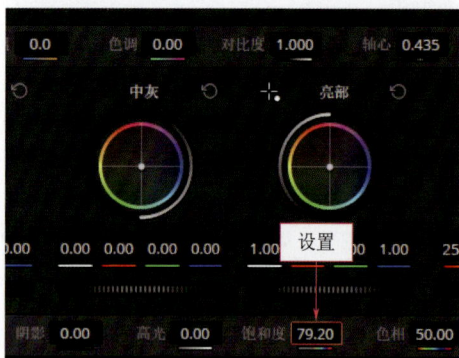

图 3-85　设置"饱和度"参数

图 3-86　设置"中间调细节"参数

3.6 影像虚化

在影像编辑中，虚化效果不仅用于创造艺术氛围，还能引导观众的视线，强调画面的重点。下面将详细介绍几种局部处理技巧，包括局部模糊、局部锐化及雾化效果的制作，每一小节都提供了独特的视角和方法，下面将介绍具体的方法。

3.6.1　区域模糊：局部虚化

【效果对比】局部模糊是一种常用的视觉手法，通过模糊非关键区域（如背景），可以有效突出画面中的主体，增强视觉聚焦效果。这不仅帮助观众集中注意力，还能为画面增添层次感和空间感，使主体更为突出和生动，原图与效果对比如图 3-87 所示。

图 3-87　原图与效果对比展示

下面介绍对视频局部进行模糊处理的操作方法：

STEP 01 ▶ 打开一个项目文件，进入达芬奇"剪辑"步骤面板，如图 3-88 所示。

STEP 02 ▶ 在预览窗口中可以查看打开的项目效果，对荷花周围进行模糊处理以突出荷花，如图 3-89 所示。

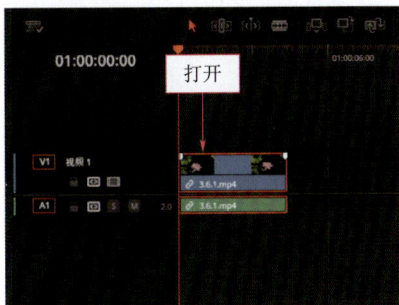

图 3-88　打开一个项目文件

图 3-89　查看打开的项目效果

STEP 03 ▶ 切换至"调色"步骤面板，在"窗口"预设面板中单击圆形"窗口激活"按钮 ⊙，如图 3-90 所示。

STEP 04 ▶ 在预览窗口中，创建一个圆形蒙版遮罩，选取荷花，如图 3-91 所示。

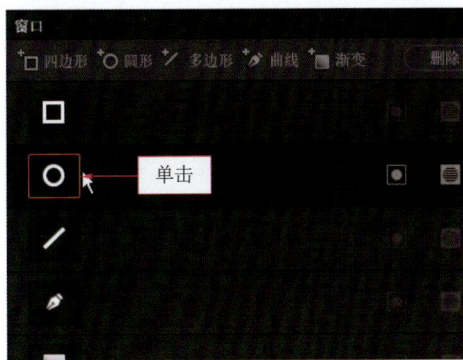

图 3-90　单击圆形"窗口激活"按钮

图 3-91　选取荷花

STEP 05 ▶ 在"窗口"预设面板中单击"反向"按钮 ◉，反向选取荷叶，如图 3-92 所示。

STEP 06 ▶ 在"柔化"选项区中，设置"柔化 1"参数为 4.51，柔化选区图像边缘，如图 3-93 所示。

STEP 07 ▶ 切换至"跟踪器"面板，在下方选中"交互模式"复选框，单击"插入"按钮 ▦，插入特征跟踪点，单击"正向跟踪"按钮 ▶，跟踪图像运动路径，如图 3-94 所示。

STEP 08 ▶ 单击"模糊"按钮 ◐，切换至"模糊"面板，如图 3-95 所示。

STEP 09 向上拖动"半径"通道控制条上的滑块，直至参数均显示为 1.27，如图 3-96 所示。即可完成对视频局部进行模糊处理的操作，切换至"剪辑"步骤面板，在预览窗口中查看制作效果。

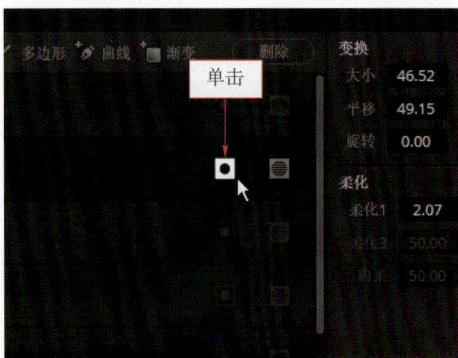

图 3-92　单击"反向"按钮

图 3-93　设置"柔化 1"参数

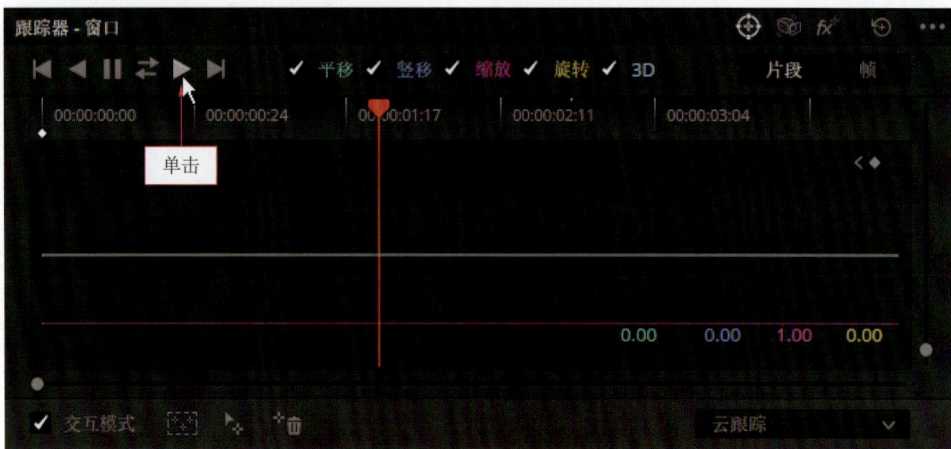

图 3-94　单击"正向跟踪"按钮

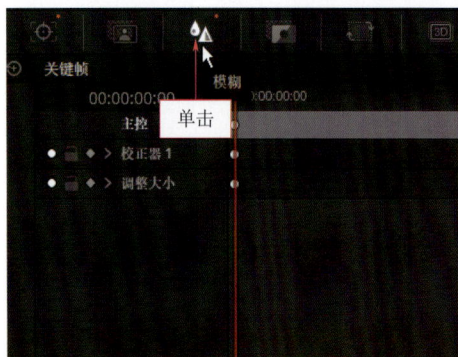

图 3-95　单击"模糊"按钮

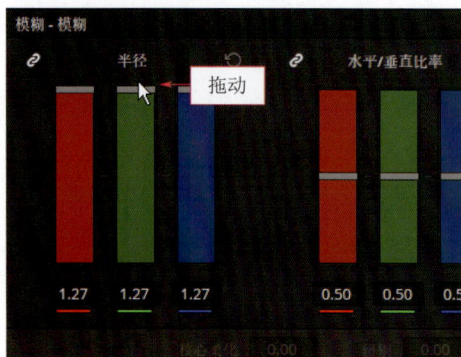

图 3-96　拖动控制条上的滑块

3.6.2 锐化效果：局部增强

【效果对比】与局部模糊相反，局部锐化技术用于增强视频中特定区域的细节和清晰度。这一技巧非常适合需要突出纹理、线条或特定元素的场景，如微距摄影中的精细纹理、建筑的清晰轮廓或运动场景中的关键动作，使这些细节更加生动、立体，原图与效果对比如图 3-97 所示。

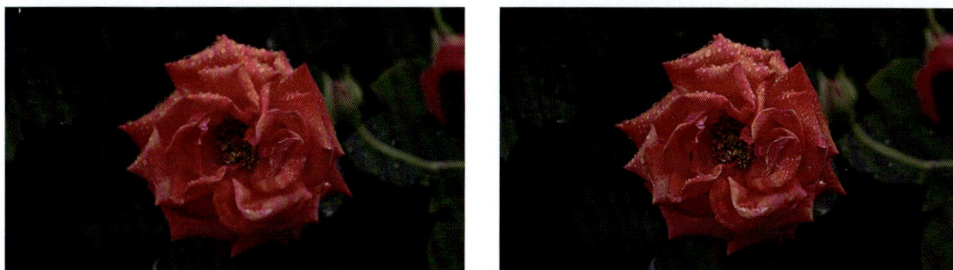

图 3-97　原图与效果对比展示

下面介绍对视频局部进行锐化处理的操作方法：

STEP 01 打开一个项目文件，进入达芬奇"剪辑"步骤面板，如图 3-98 所示。

STEP 02 在预览窗口中可以查看打开的项目效果，需要对画面中的花朵进行锐化处理，如图 3-99 所示。

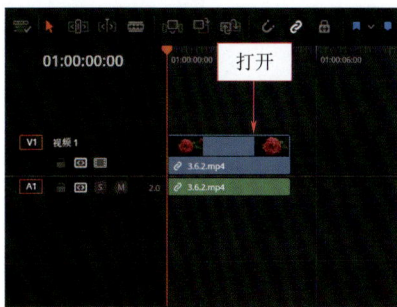

图 3-98　打开一个项目文件

图 3-99　查看打开的项目效果

STEP 03 切换至"调色"步骤面板，单击"限定器"按钮 ✐，切换至"限定器"面板，如图 3-100 所示。

STEP 04 在预览窗口中选取花朵并突出显示，如图 3-101 所示。

STEP 05 切换至"模糊"面板，单击"锐化"按钮 ▲，如图 3-102 所示。

STEP 06 切换至"模糊 - 锐化"面板，向下拖动"半径"通道控制条上的滑块，直至参数均显示为 0.33，如图 3-103 所示。即可完成对视频局部进行锐化处理的操作，切换至"剪辑"步骤面板，在预览窗口中查看制作效果。

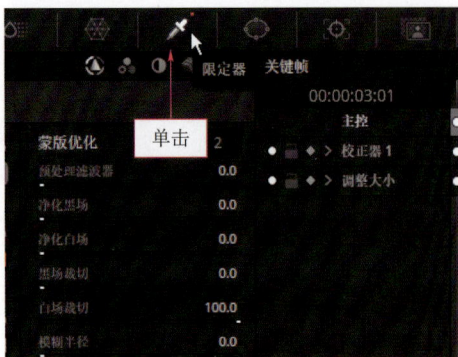

图 3-100　单击"限定器"按钮

图 3-101　选取花朵

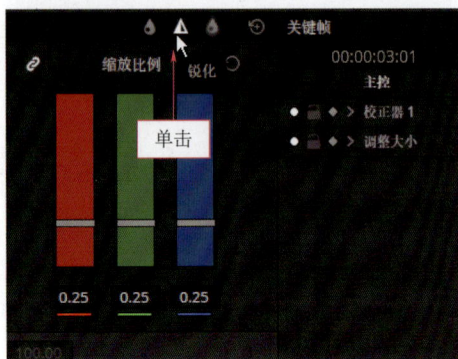

图 3-102　单击"锐化"按钮

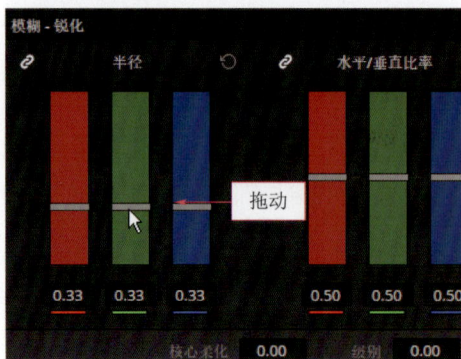

图 3-103　拖动控制条上的滑块

3.6.3　雾化处理：打造梦幻效果

【效果对比】雾化效果是一种通过添加柔和的、半透明的雾气或烟雾来覆盖视频画面的技术。它能够为影像增添一层梦幻般的滤镜，营造出神秘、浪漫或超现实的氛围。原图与效果对比如图 3-104 所示。

图 3-104　原图与效果对比展示

下面介绍对视频局部进行雾化处理的操作方法：

STEP 01 打开一个项目文件，在预览窗口中可以查看打开的项目效果，需要对图像画面制作出雾化朦胧的效果，如图 3-105 所示。

STEP 02 切换至"调色"步骤面板，展开"色轮"|"一级 - 校色轮"面板，设置"暗部"参数均为 −0.07，设置"中间调细节"参数为 76.50，设置"饱和度"参数为 85.80，如图 3-106 所示，即可提升整体色彩。

图 3-105　查看打开的项目效果

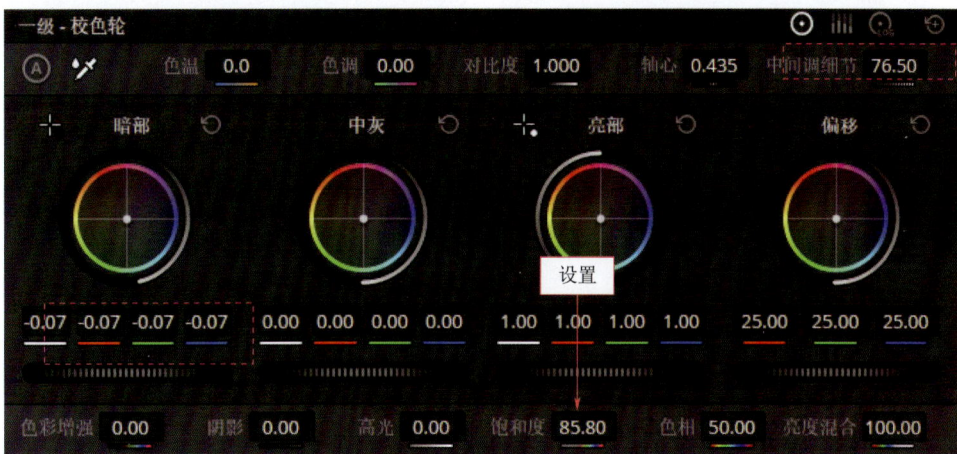

图 3-106　设置相应参数

STEP 03 执行操作后，单击"模糊"按钮，展开"模糊"面板，单击"雾化"按钮，如图 3-107 所示。

STEP 04 展开"模糊 - 雾化"面板，选中"混合"文本框，输入参数为 0.00，如图 3-108 所示。

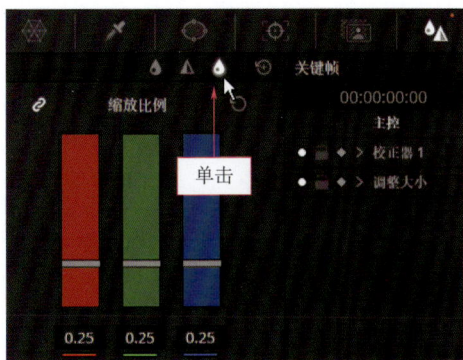

图 3-107　单击"雾化"按钮

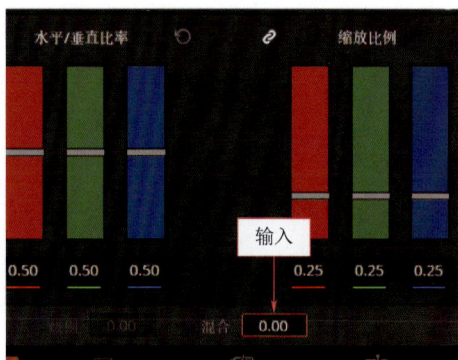

图 3-108　输入参数

STEP 05 单击"半径"通道左上角的"链接"按钮 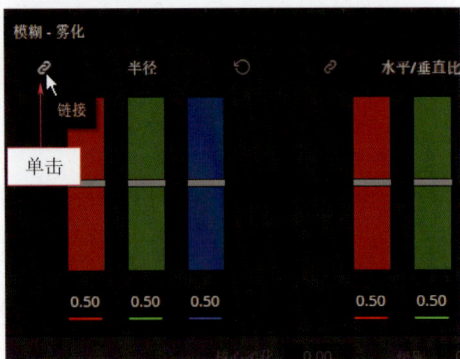，断开控制条的链接，如图 3-109 所示。

STEP 06 向下拖动"半径"通道控制条上的滑块，直至参数分别显示为 0.62、0.44、0.64，如图 3-110 所示。即可完成对视频局部进行雾化处理的操作，切换至"剪辑"步骤面板，最后在预览窗口中查看制作效果。

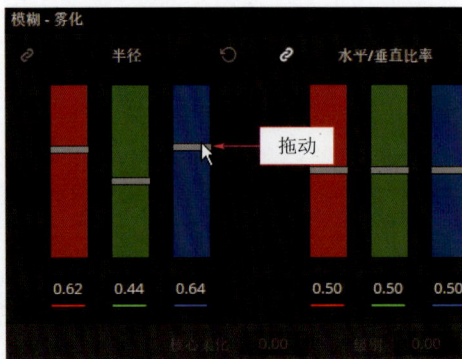

图 3-109　单击"链接"按钮　　　　图 3-110　拖动控制条上的滑块

第 4 章

节点调色：
抖音色彩与电影级风格创作

当我们谈论视觉艺术和色彩的魔法时，无法绕过的就是达芬奇调色软件中的节点技术。节点不仅是工具，更是艺术家手中的调色板，通过它们，我们能够为图像注入灵魂，塑造出一个个鲜活的画面。本节内容我们将深入探讨达芬奇调色的神奇所在，从基础节点的理解到高级技巧的运用，探索如何通过这些灵活多变的节点工具，创造出那些令人瞩目的抖音流行色彩和电影级风格。下面让我们开始这场色彩的冒险，一步步解锁调色的艺术。

4.1 节点概述

节点是视频调色中强大的工具，它通过将不同的调色步骤分成独立的部分，帮助大家更好地控制每个细节。在本节中我们将深入了解如何使用"节点"面板进行调色，逐步探索它的功能和操作方式。接下来，我们将学习如何打开"节点"面板，并快速掌握其主要功能，以提高调色工作的效率和精度。

4.1.1 启动面板：打开"节点"界面

【效果展示】打开"节点"面板，我们将迈出对视频进行深度色彩调整的第一步。这里节点不仅是技术的体现，更是创意的起点，每一个节点都可能是对作品的一次全新理解和诠释。下面让我们跟随指南，一步步开启调色之旅的大门，开始探索色彩的无限可能，效果如图 4-1 所示。

图 4-1 打开"节点"面板的效果展示

下面介绍打开"节点"面板的操作方法：

STEP 01 打开一个项目文件，进入达芬奇"剪辑"步骤面板，如图 4-2 所示。

STEP 02 在预览窗口中可以查看打开的项目效果，如图 4-3 所示。

STEP 03 切换至"调色"步骤面板，在右上角单击"节点"按钮，如图 4-4 所示。

STEP 04 执行操作后，即可打开"节点"面板，如图 4-5 所示。再次单击"节点"按钮，即可隐藏面板。

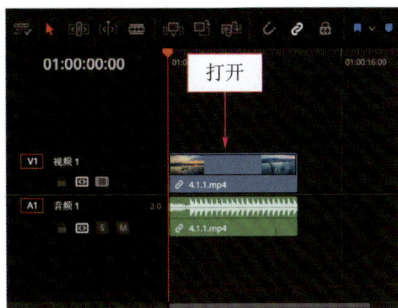

图 4-2　打开一个项目文件

图 4-3　查看打开的项目效果

图 4-4　单击"节点"按钮

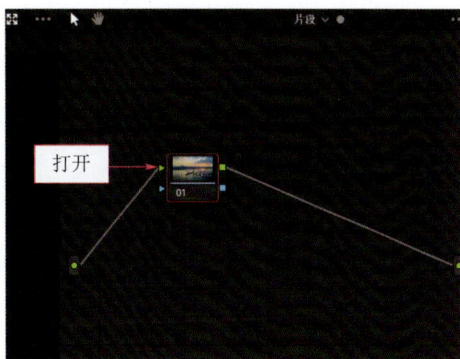

图 4-5　打开"节点"面板

4.1.2　功能介绍：了解面板各项功能

在达芬奇"节点"面板中，通过编辑节点可以实现合成图像，对一些合成经验少的读者而言，可能会觉得达芬奇的节点功能很复杂，下面通过一个节点网向大家介绍"节点"面板中的各个功能，如图 4-6 所示。

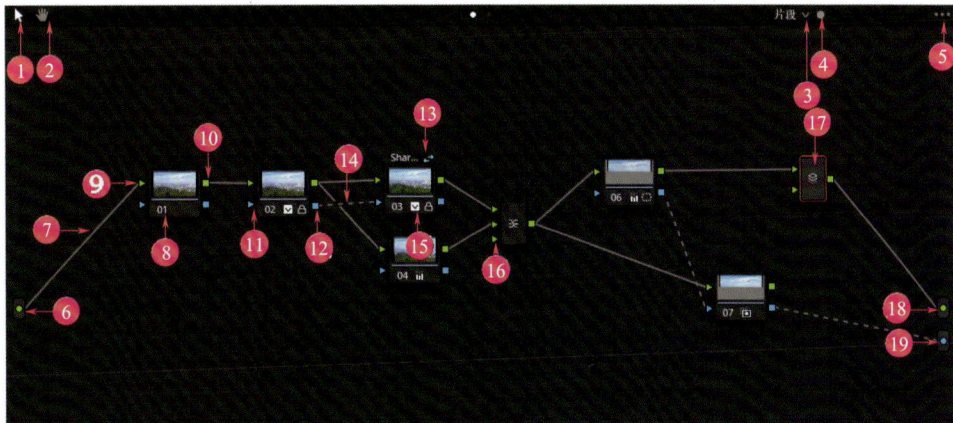

图 4-6　"节点"面板中的节点网示例图

在"节点"面板中，用户需要了解以下几个按钮的作用：

❶ "选择"工具 ：在"节点"面板中，默认状态下光标呈箭头形状 ，表示为"选择"工具，应用"选择"工具可以选择面板中的节点，并通过拖动的方式在面板中移动所选节点的位置。

❷ "平移"工具 ：选取"平移"工具，即可使面板中的光标呈手掌形状 ，按住鼠标左键后，光标呈抓手形状 ，此时上下左右拖动面板，即可对面板中所有的节点执行上下左右平移操作。

❸ 节点模式下拉菜单按钮 ：单击该按钮，弹出下拉菜单列表框，其中有两种节点模式：分别是"片段"和"时间线"，默认状态下为"片段"节点模式。在"片段"模式面板中调节的是当前素材片段的调色节点，而在"时间线"模式面板中调节的则是"时间线"面板中所有素材片段的调色节点。

❹ 缩放滑块 ：通过左右拖动滑块调节面板中节点显示的大小。

❺ 快捷设置按钮 ：单击该按钮后会弹出一个快捷菜单列表，在其中可以选择相应的选项来设置"节点"面板。

❻ "源"图标 ：在"节点"面板中，"源"图标是一个绿色的标记，表示素材片段的源头，从"源"向节点传递素材片段的 RGB 信息。

❼ RGB 信息连接线：RGB 信息连接线以实线显示，是两个节点间接收信息的枢纽，可以将上一个节点的 RGB 信息传递给下一个节点。

❽ 节点编号 ：在"节点"面板中，每一个节点都有一个编号，主要根据节点添加的先后顺序来编号，但节点编号不一定是固定的。例如，当用户删除 02 节点后，03 节点的编号可能会更改为 02。

❾ "RGB 输入"图标 ：在"节点"面板中，每个节点的左侧都有一个绿色的三角形图标，该图标即是"RGB 输入"图标，表示素材 RGB 信息的输入。

❿ "RGB 输出"图标 ：在"节点"面板中，每个节点的右侧都有一个绿色的方块图标，该图标即是"RGB 输出"图标，表示素材 RGB 信息的输出。

⓫ "键输入"图标 ：在"节点"面板中，每个节点的左侧都有一个蓝色的三角形图标，该图标即是"键输入"图标，表示素材 Alpha 信息的输入。

⓬ "键输出"图标 ：在"节点"面板中，每个节点的右侧都有一个蓝色的方块图标，该图标即是"键输出"图标，表示素材 Alpha 信息的输出。

⓭ 共享节点：在节点上右击，弹出快捷菜单，选择"另存为共享节点"选项，即可将选择的节点设置为共享节点，在共享节点上方会有一个共享节点标签 Shar... ，并且节点图标上会出现一个锁定图标 ，该节点的调色信息即可共享给其他片段，当用户调整共享节点的调色信息时，其他被共享的片段也会随之改变。

⓮ Alpha 信息连接线：Alpha 信息连接线以虚线显示，连接"键输入"图标与"键输出"图标，在两个节点中传递 Alpha 通道信息。

⑮ 调色提示图标█：当用户在选择的节点上进行调色处理后，在节点编号的右边会出现相应的调色提示图标。

⑯ "图层混合器"节点：在达芬奇"节点"面板中，不支持多个节点同时连接一个 RGB 输入图标，因此，当用户需要进行多个节点叠加调色时，需要添加并行混合器或图层混合器节点进行重组输出。"图层混合器"节点在叠加调色时，会按上下顺序优先选择连接最低输入图标的那个节点，并进行信息分配。

⑰ "并行混合器"节点：当用户在现有的校正器节点上添加并行节点时，添加的并行节点会出现在现有节点的下方，"并行混合器"节点会显示在校正器节点和并行节点的输出位置。"并行混合器"节点和"图层混合器"节点一样，支持多个输入连接图标和一个输出连接图标，但其作用与"图层混合器"节点不同，"并行混合器"节点主要是将并列的多个节点的调色信息汇总后输出。

⑱ "RGB 最终输出"图标█：在"节点"面板中，"RGB 最终输出"图标是一个绿色的标记，当用户完成调色后，需要通过连接该图标才能将片段的 RGB 信息进行最终输出。

⑲ "Alpha 最终输出"图标█：在"节点"面板中，"Alpha 最终输出"图标是一个蓝色的标记，当用户完成调色后，需要连接该图标才能将片段的 Alpha 通道信息进行最终输出。

4.2 AI 调色技术创新

AI 技术的进步带来了调色处理的变革。在本节中，我们将探讨如何利用 AI 实现精确的色彩调整、亮度调节和色彩空间转换等创新技术，这些方法使调色工作更加高效和精准。通过智能化的工具，创作者能够快速实现理想的视觉效果，提升作品的整体质量。

4.2.1 AI 色彩扭曲艺术：重塑色相与饱和度

【效果对比】在达芬奇 19 中，AI 色彩扭曲功能使调色变得更加简单直观。它能够精准调整画面的色相和饱和度，帮助用户更好地控制色彩，突出画面重点。通过智能分析和调整，用户可以快速重塑画面色彩，使影片更加生动且富有感染力，原图与效果对比如图 4-7 所示。

图 4-7　原图与效果对比展示

下面介绍 AI 色彩扭曲艺术的操作方法：

STEP 01 打开一个项目文件，进入"剪辑"步骤面板，如图 4-8 所示。

STEP 02 在预览窗口中可以查看打开的项目效果，如图 4-9 所示，画面色彩黯淡。

图 4-8　打开一个项目文件

图 4-9　查看打开的项目效果

STEP 03 在"节点"面板中选中 01 节点，右击，弹出快捷菜单，选择"添加节点"|"添加并行节点"选项，如图 4-10 所示。

STEP 04 即可在 01 节点的下方添加一个编号为 02 的并行节点，如图 4-11 所示。

图 4-10　选择"添加并行节点"选项

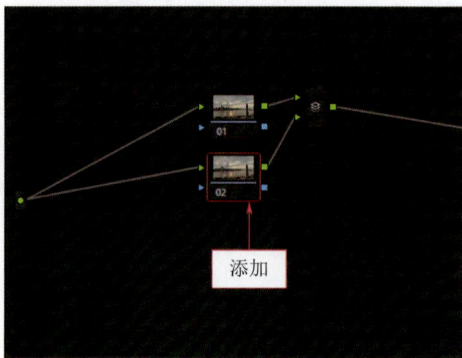

图 4-11　添加 02 的并行节点

STEP 05 展开"色彩扭曲器"面板，单击"色相 - 饱和度"按钮 ▓，如图 4-12 所示。

STEP 06 展开"色彩扭曲器 - 色相 - 饱和度"面板，设置相应参数为 16，如图 4-13 所示，即可展示 16 格。

STEP 07 拖动节点至相应位置，如图 4-14 所示。

STEP 08 用与以上相同的方法，拖动相应节点至相应位置，如图 4-15 所示，即可改变画面颜色。

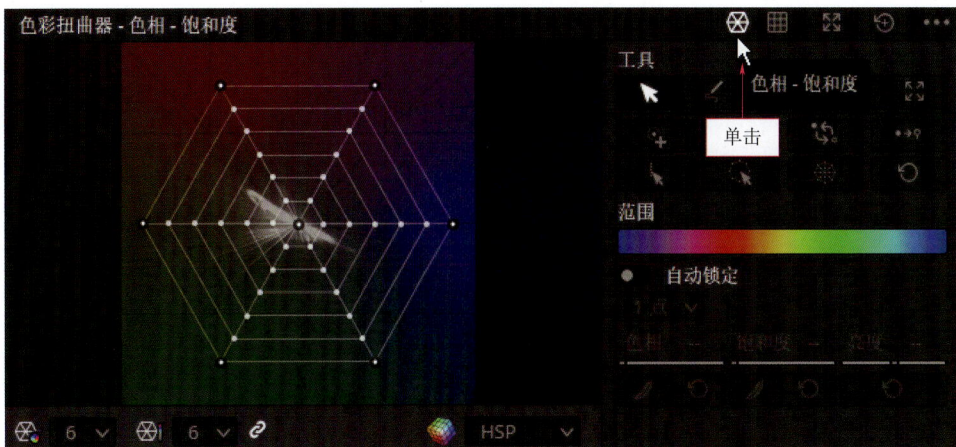

图 4-12　单击"色相 - 饱和度"按钮

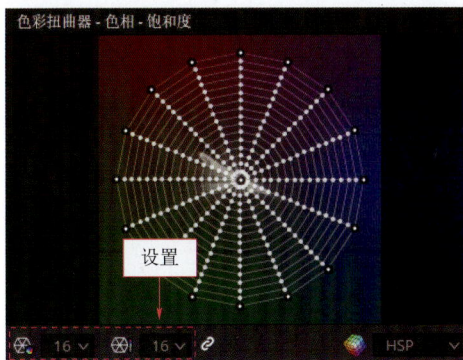

图 4-13　设置相应参数

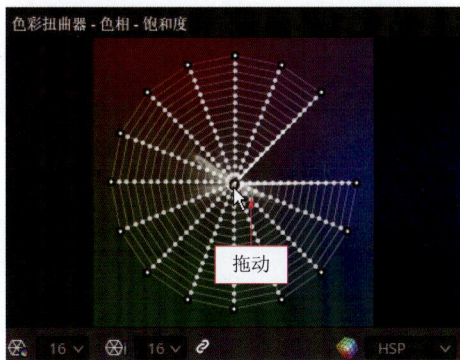

图 4-14　拖动控制点至相应位置（1）

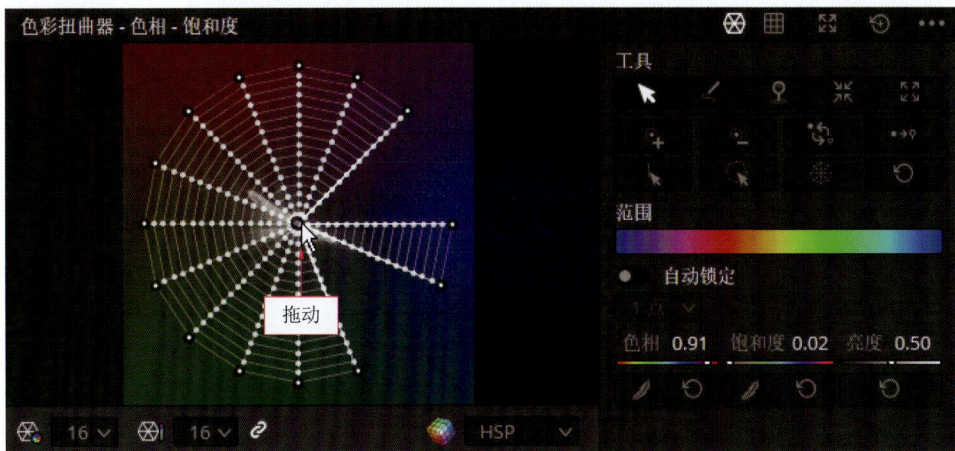

图 4-15　拖动控制点至相应位置（2）

STEP 09 在"工具"选项区中单击"选择所有／固定所有或取消选择所有／取消固定所有"按钮 ，如图 4-16 所示，左侧的网格都被选中。

STEP 10 在"范围"选项区中设置"饱和度"参数为 +0.22，如图 4-17 所示，提升画面色彩，使画面色彩更加饱满。

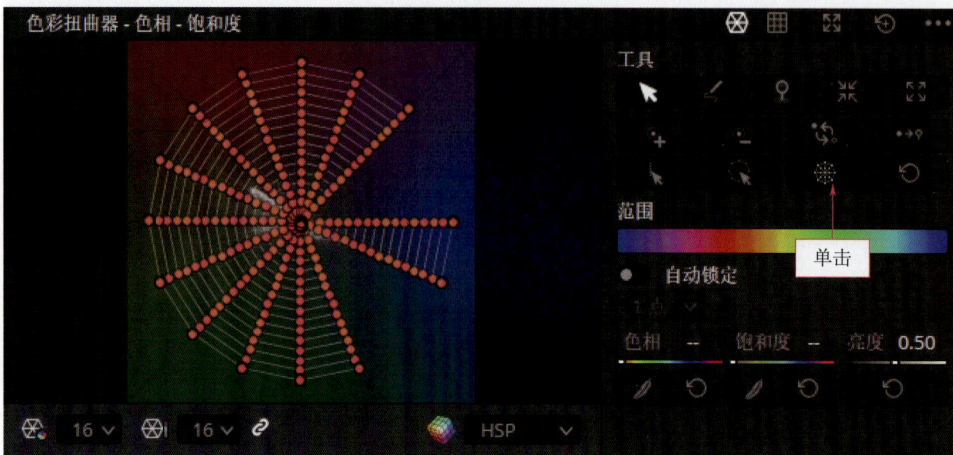

图 4-16　单击相应按钮

图 4-17　设置"饱和度"参数

4.2.2　智能亮度调节：控制色相与亮度

【效果对比】在进行智能亮度调节时，用户首先进入色彩扭曲器的设置面板。单击"色相 - 亮度"按钮，进入调节界面。在这个界面中，用户可以灵活调整"色相 - 亮度"，以精准控制图像的色彩和亮度表现。无论是提升画面的亮度还是优化整体色彩表现，智能算法的加持都能够帮助实现更加细致的效果，原图与效果对比如图 4-18 所示。

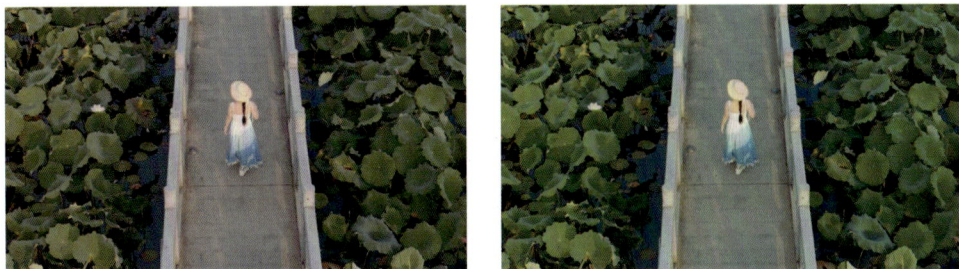

图 4-18　原图与效果对比展示

下面介绍智能亮度调节的操作方法：

STEP 01 ▶ 打开一个项目文件，进入达芬奇"剪辑"步骤面板，如图 4-19 所示。

STEP 02 ▶ 在预览窗口中可以查看打开的项目效果，如图 4-20 所示，色彩有点儿黯淡无光。

STEP 03 ▶ 在"节点"面板中选中 01 节点，右击，弹出快捷菜单，选择"添加节点"|"添加图层节点"选项，如图 4-21 所示。

STEP 04 ▶ 展开"色彩扭曲器"面板，单击"色相 - 亮度"按钮▦，如图 4-22 所示。

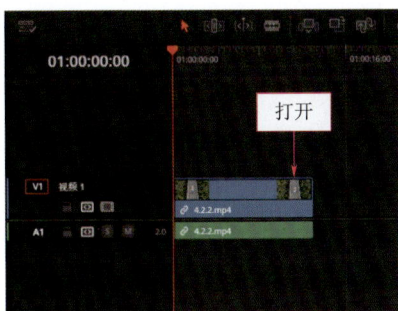

图 4-19　打开一个项目文件

图 4-20　选择编号为 01 的节点

图 4-21　选择"添加图层节点"选项

图 4-22　单击"色相 - 亮度"按钮

STEP 05 展开"色彩扭曲器 - 色相 - 亮度"面板，选中相应节点，如图 4-23 所示。

STEP 06 在"网格 1"选项区中设置"色度"参数为 −0.23，如图 4-24 所示，增强色彩细节。

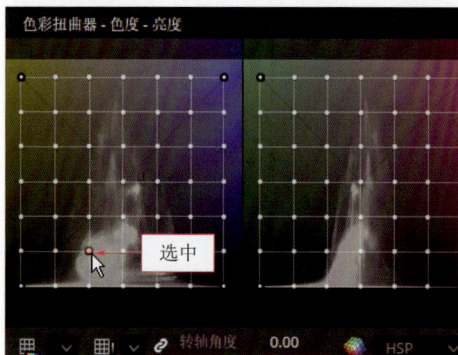

图 4-23　选中相应节点（1）

图 4-24　设置"色度"参数（1）

STEP 07 展开"色彩扭曲器 - 色相 - 亮度"面板，选中相应节点，如图 4-25 所示。

STEP 08 在"网格 2"选项区中设置"色度"参数为 −0.24，如图 4-26 所示，丰富色彩层次。

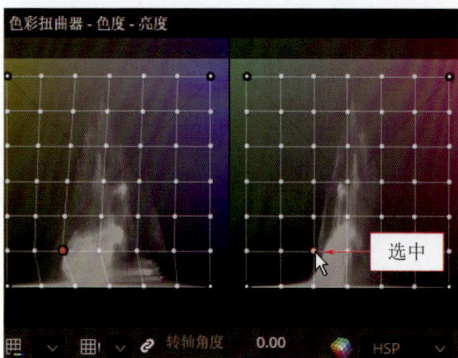

图 4-25　选中相应节点（2）

图 4-26　设置"色度"参数（2）

4.2.3　Log 素材更新：色彩空间转换应用

【效果对比】在 Log 素材处理中，应用色彩空间转换功能可改善画质。首先，进入"剪辑"面板，添加串行节点，选择"色彩空间转换"滤镜。设置输入和输出的色彩空间及 Gamma 后，查看预览效果以优化画质，原图与效果对比如图 4-27 所示。

下面介绍 Log 素材更新的操作方法：

STEP 01 打开一个项目文件，进入达芬奇"剪辑"步骤面板，如图 4-28 所示。

STEP 02 在预览窗口中可以查看打开的项目效果，如图 4-29 所示，画面缺乏生动感。

图 4-27　原图与效果对比展示

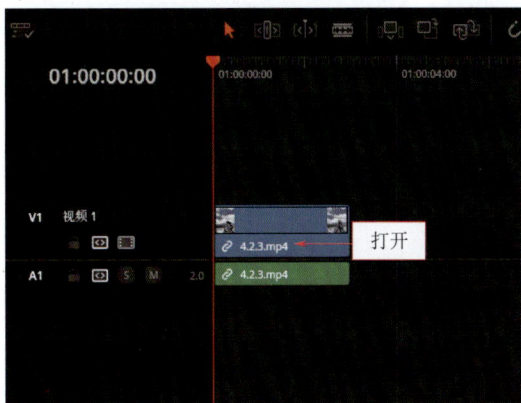

图 4-28　打开一个项目文件

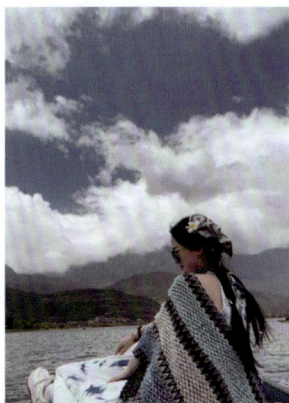

图 4-29　查看打开的项目效果

STEP 03 在"节点"面板中添加一个 02 的串行节点，如图 4-30 所示。

STEP 04 在"特效库"|"素材库"选项卡的"Resolve FX 色彩"滤镜组中选择"色彩空间转换"滤镜，如图 4-31 所示。

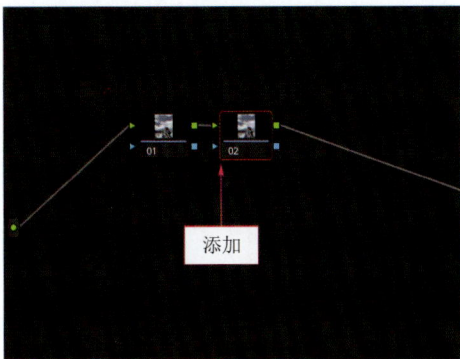

图 4-30　添加一个 02 的串行节点

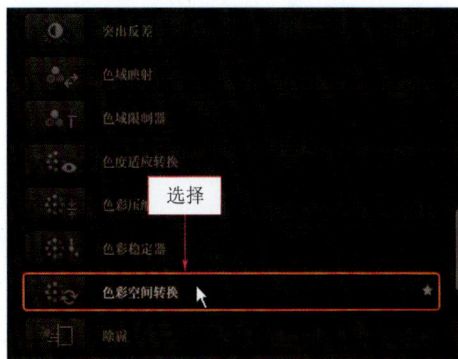

图 4-31　选择"色彩空间转换"滤镜

STEP 05 按住鼠标左键并将其拖动至"节点"面板的 02 节点上，释放鼠标左键，即可在调色提示区显示一个滤镜图标 ，表示添加的滤镜，如图 4-32 所示。

STEP 06 切换至"特效库"|"设置"选项卡，展开"色彩空间转换"选项区，在"输入色彩空间"下拉列表框中选择相应选项，如图 4-33 所示，这里是找到自己拍摄的参数。

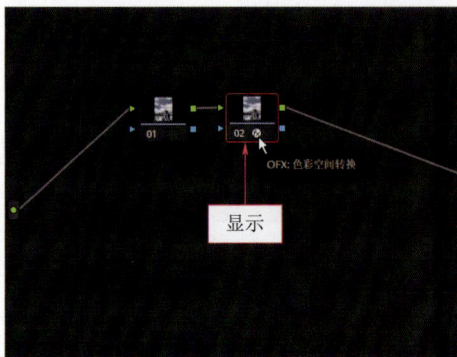

图 4-32　显示一个滤镜图标

图 4-33　选择相应选项（1）

STEP 07 在"输入 Gamma"下拉列表框中选择相应选项，如图 4-34 所示，确保素材的亮度和对比度与原始拍摄设置一致，避免图像偏灰或亮度异常。

STEP 08 用与上相同的方法，为剩下的"输出色彩空间""输出 Gamma"选择相应选项，如图 4-35 所示，确保素材在不同设备上保持色彩一致性和正确的亮度对比，避免色彩失真或亮度异常，在预览窗口中查看画面效果。

图 4-34　选择相应选项（2）

图 4-35　选择相应选项（3）

4.3 抖音风格色彩处理

本节介绍了如何运用不同技术实现抖音风格的色彩效果。通过透明抠像技术，可以去除素材背景；亮度增强处理将提升画面的亮度；肤色均衡技术优化人物的肤色；而清新色彩技法则营造轻盈的色彩氛围。这些技术将帮助读者的视频更具吸引力和风格。

4.3.1 透明抠像：背景处理技术

【效果对比】在处理素材时，透明抠像技术用于将背景透明化，方便后期叠加其他图像或视频内容。通过精确的背景去除，素材可以无缝融入不同场景，提升制作效果。效果如图 4-36 所示。

图 4-36　效果展示

下面介绍透明抠像的操作方法：

STEP 01 打开一个项目文件，进入达芬奇"剪辑"步骤面板，如图 4-37 所示。

STEP 02 在"时间线"面板中，V1 轨道上的素材为背景素材，双击，在预览窗口中可以查看背景素材画面效果，如图 4-38 所示。

图 4-37　打开一个项目文件　　　　图 4-38　查看背景素材画面效果

STEP 03 在"时间线"面板中，V2 轨道上的素材为待处理的蒙版素材，双击，在预览窗口中可以查看蒙版素材画面效果，如图 4-39 所示。

STEP 04 切换至"调色"步骤面板，单击"窗口"按钮 ⬢，在"窗口"预设面板中单击曲线"窗口激活"按钮 ✎，如图 4-40 所示。

图 4-39　查看蒙版素材画面效果

图 4-40　单击曲线"窗口激活"按钮

STEP 05 在预览窗口的图像上绘制一个窗口蒙版，如图 4-41 所示。

STEP 06 在"节点"面板的空白位置处右击，弹出快捷菜单，选择"添加 Alpha 输出"选项，如图 4-42 所示。

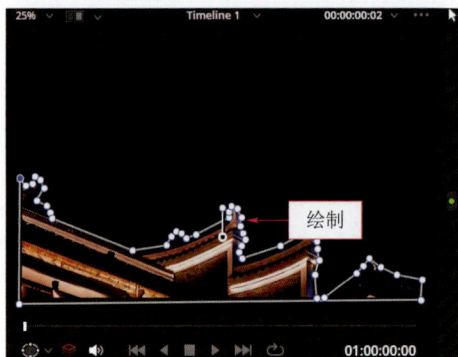

图 4-41　绘制一个窗口蒙版

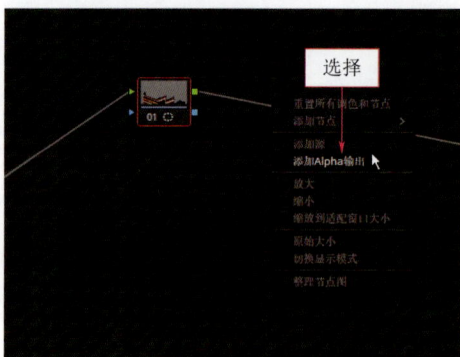

图 4-42　选择"添加 Alpha 输出"选项

STEP 07 在"节点"面板右侧即可添加一个"Alpha 最终输出"图标 ●，如图 4-43 所示。

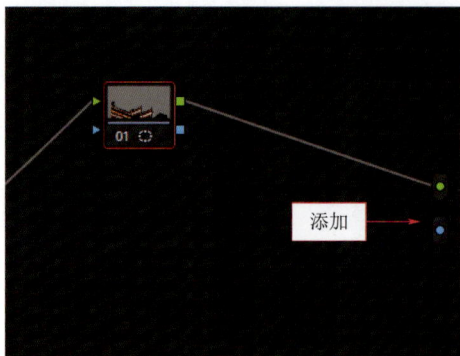

图 4-43　添加一个"Alpha 输出"图标

STEP 08 连接 01 节点的"键输出"图标■与面板右侧的"Alpha 最终输出"图标◉，如图 4-44 所示，查看素材抠像透明处理的最终效果。

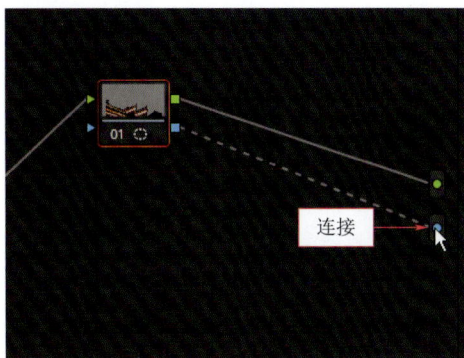

图 4-44　连接"Alpha 最终输出"

4.3.2　亮度提升：增强画面明亮度

【效果对比】亮度增强处理可以有效提升素材的画面亮度，使图像更加清晰鲜明，改善整体视觉效果，适用于暗光或曝光不足的场景，原图与效果对比如图 4-45 所示。

图 4-45　原图与效果对比展示

下面介绍亮度提升的操作方法：

STEP 01 打开一个项目文件，进入达芬奇"剪辑"步骤面板，在预览窗口中可以查看打开的项目效果，如图 4-46 所示，画面暗淡无光泽。

STEP 02 切换至"调色"步骤面板，在"节点"面板中添加一个编号为 02 的串行节点，如图 4-47 所示。

STEP 03 在 02 节点上右击，弹出快捷菜单，选择"添加节点"|"添加图层节点"选项，如图 4-48 所示。

STEP 04 执行操作后，即可在"节点"面板中添加一个"图层混合器"和一个编号为 03 的图层节点，如图 4-49 所示。

图 4-46　查看打开的项目效果

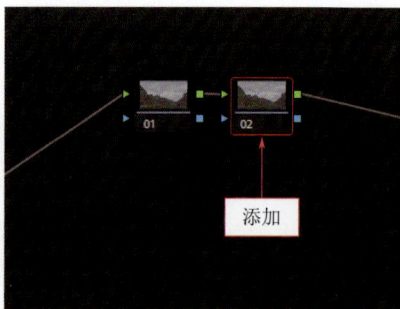

图 4-47　添加 02 串行节点

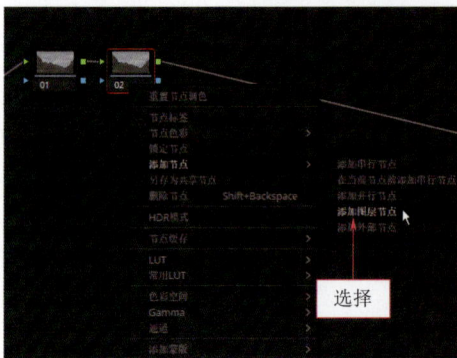

图 4-48　选择"添加图层节点"选项

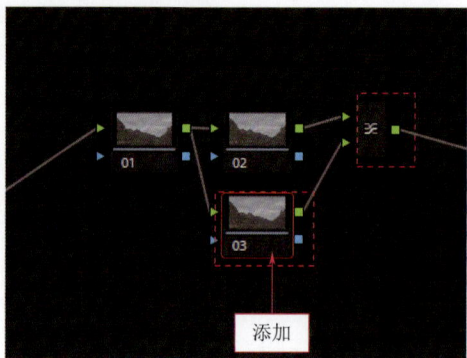

图 4-49　添加相应节点

STEP 05 选择 03 节点，展开"色轮"面板，向右拖动"亮部"色轮下方的轮盘，直至参数均显示为 1.09，如图 4-50 所示，提升画面亮度。

STEP 06 用与上相同的操作方法，选中"偏移"色轮中心的白色圆圈并往青蓝色方向拖动，直至参数显示为 22.24、24.03、30.50，如图 4-51 所示，使画面偏蓝色。

图 4-50　拖动"亮部"色轮下方的轮盘

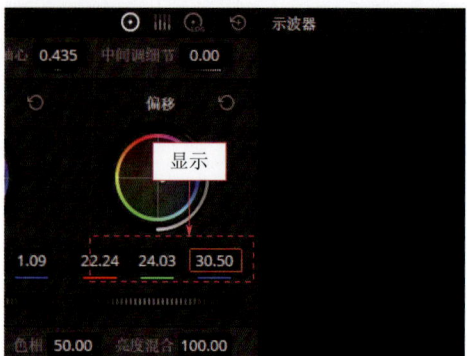

图 4-51　拖动"偏移"色轮中心的圆圈

STEP 07 在"节点"面板中，选择"图层混合器"选项，右击，弹出快捷菜单，选择"合成模式"|"强光"选项，如图 4-52 所示。

STEP 08 展开"色轮"面板，设置"饱和度"参数为 61.60，如图 4-53 所示，提升画面质感，在预览窗口中即可查看视频画面效果。

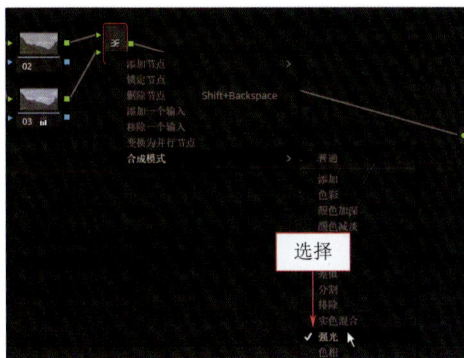

图 4-52　选择"强光"选项

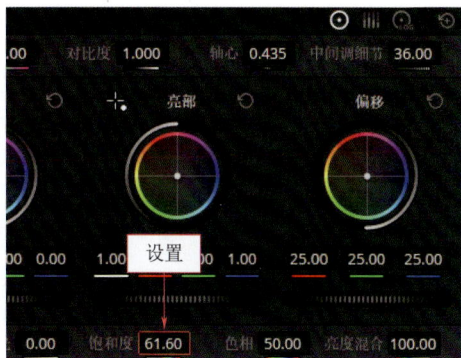

图 4-53　设置"饱和度"参数

4.3.3　肤色优化：提升人物皮肤质感

【效果对比】在本节中我们将重点分析肤色优化的技术与方法，旨在提升人物皮肤的细腻度。通过精准调整色调与对比度，不仅可以消除皮肤瑕疵，还能增强自然美感，使肤色更加均匀且富有活力，从而提升整体画面的视觉效果与表现力，原图与效果对比如图 4-54 所示。

图 4-54　原图与效果对比展示

下面介绍肤色优化的操作方法：

STEP 01 打开一个项目文件，进入达芬奇"剪辑"步骤面板，在预览窗口中可以查看打开的项目效果，画面中的人物肤色偏黄，偏暗，需要还原画面中人物的肤色，如图 4-55所示。

STEP 02 切换至"调色"步骤面板，展开"色轮"面板，向右拖动"亮部"色轮下方的轮盘，直至参数均显示为 1.10，如图 4-56 所示，增强画面的明亮度。

图 4-55　查看打开的项目效果　　　　　图 4-56　拖动"亮部"色轮下方的轮盘

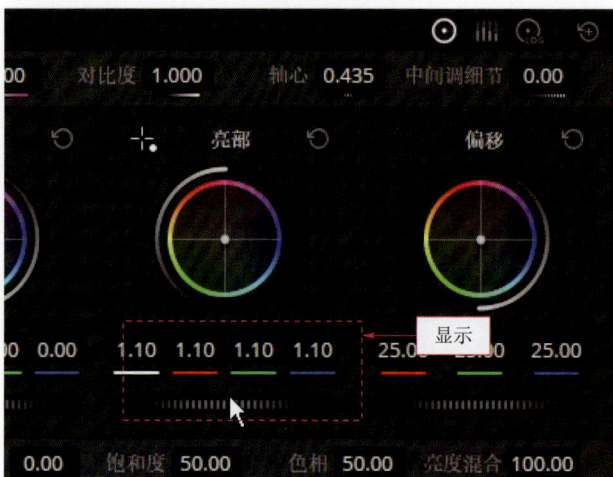

STEP 03 在"节点"面板中添加一个编号为 02 的串行节点，如图 4-57 所示。

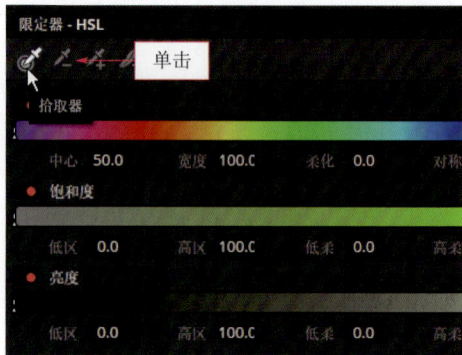

STEP 04 展开"限定器"面板，在面板中单击"拾取器"按钮 ，如图 4-58 所示。

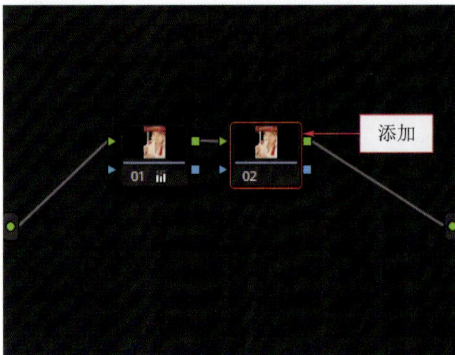

图 4-57　添加一个编号为 02 的串行节点　　　图 4-58　单击"拾取器"按钮

STEP 05 在"检视器"面板上方，单击"突出显示"按钮 ，如图 4-59 所示。

STEP 06 在预览窗口中按住鼠标左键，拖动光标选取人物皮肤，如图 4-60 所示。

STEP 07 在"蒙版优化 2"面板中，设置"阴影""中间调""高光"参数均为 100.0，如图 4-61 所示，即可提亮人物的肤色。

STEP 08 展开"色轮"面板，设置"中间调细节"参数为 −100.00，如图 4-62 所示，即可均衡人物的肤色。

图 4-59　单击"突出显示"按钮

图 4-60　选取人物皮肤

图 4-61　设置相应参数

图 4-62 ·设置"中间调细节"参数

4.3.4　清新色调：营造轻盈氛围

【效果对比】通过优化色彩与亮度，打造轻盈透亮的画面效果，营造明快清新的氛围，原图与效果对比如图 4-63 所示。

图 4-63　原图与效果对比展示

下面介绍清新色调的操作方法：

STEP 01 ▶ 打开一个项目文件，进入达芬奇"剪辑"步骤面板，在预览窗口中可以查看打开的项目效果，如图 4-64 所示，画面灰蒙蒙，需要调整亮度及饱和度，对视频进行调色处理。

STEP 02 切换至"调色"步骤面板，在"节点"面板中选择编号为 01 的节点，如图 4-65 所示，可以看到 01 节点没有任何调色。

图 4-64　查看打开的项目效果

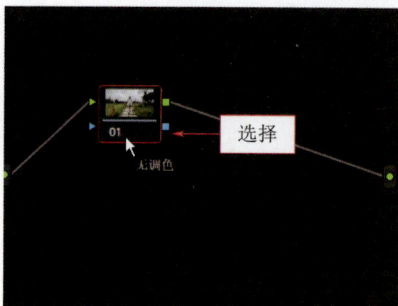
图 4-65　选择编号为 01 的节点

STEP 03 展开"色轮"面板，设置"暗部"参数均显示为 −0.02、"亮部"参数均显示为 1.04，如图 4-66 所示，即可整体提亮。

图 4-66　设置相应参数（1）

STEP 04 执行操作后，在"节点"面板中添加一个 02 的串行节点，如图 4-67 所示。

STEP 05 展开"曲线"|"曲线 - 亮度 对 饱和度"面板，添加一个节点，并拖动至相应位置，直至下方面板中"输入亮度"参数显示为 0.17、"饱和度"参数显示为 1.50，如图 4-68 所示。

STEP 06 即可调整画面亮度。执行操作后，在"节点"面板中添加一个 03 的图层节点和并行混合器，如图 4-69 所示。

STEP 07 展开"色彩切割"面板，在"皮肤"选项区中设置"密度"参数为 −1.00、"饱和度"参数为 0.62，如图 4-70 所示，调整人物肤色。

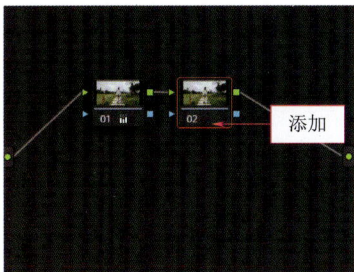

图 4-67　添加一个 02 的串行节点

图 4-68　设置相应参数（2）

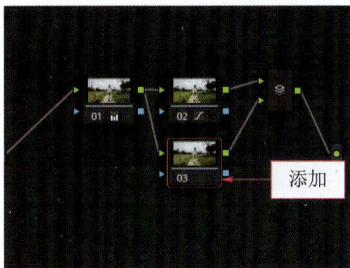

图 4-69　添加相应节点

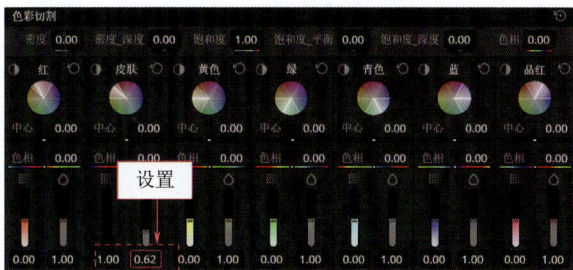

图 4-70　设置相应参数（3）

STEP 08 在"节点"面板中添加一个编号为 05 的串行节点，如图 4-71 所示。

STEP 09 在"一级 - 校色轮"面板中，设置"色温"参数为 –110.0，"色调"参数为 –12.00，如图 4-72 所示，调整画面的整体色彩，在预览窗口中即可查看效果。

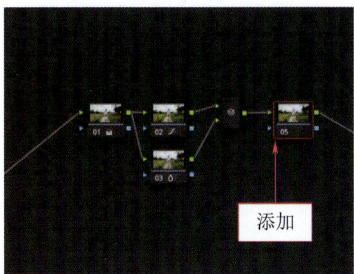

图 4-71　添加 05 串行节点

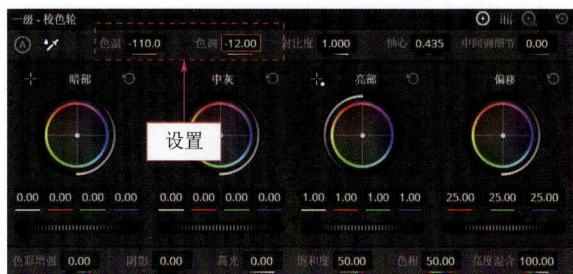

图 4-72　设置"色温"和"色调"参数

4.4 AI 提升电影效果

在本节中我们将探讨如何利用 AI 提升电影效果，着重于胶片风格和背景虚化。胶片风格创造独特的色彩氛围，而背景虚化则实现自然散焦，突出主体。两者结合，将增强影片的艺术性与深度。

4.4.1 胶片风格：打造电影色彩氛围

【效果对比】展示了如何利用 AI 技术重现经典胶片效果，为视频赋予电影级的色彩氛围。这种技术使你能够轻松实现复古的胶片风格，提升画面的质感和视觉冲击力，原图与效果对比如图 4-73 所示。

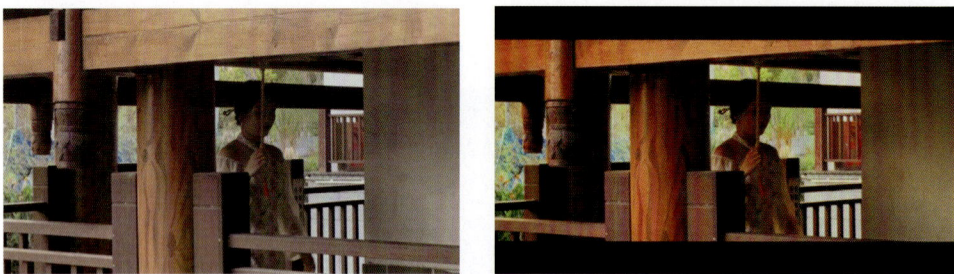

图 4-73　原图与效果对比展示

下面介绍胶片风格的操作方法：

STEP 01 打开一个项目文件，进入达芬奇"剪辑"步骤面板，如图 4-74 所示。

STEP 02 在预览窗口中可以查看打开的项目效果，如图 4-75 所示，画面色彩黯淡。

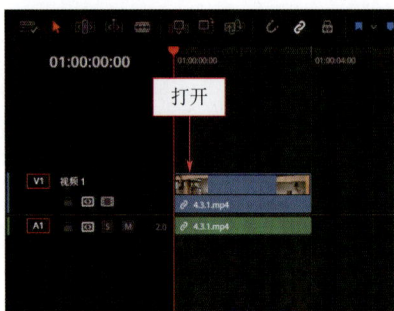

图 4-74　打开一个项目文件　　　　图 4-75　查看打开的项目效果

STEP 03 在"节点"面板中添加一个编号为 02 的串行节点，并将"色彩空间转换"滤镜，添加在 02 串行节点，如图 4-76 所示。

STEP 04 切换至"设置"选项卡，展开"色彩空间转换"选项区，在"输入色彩空间"下拉列表框中选择相应选项，如图 4-77 所示，这里是找到自己拍摄的参数。

STEP 05 在"节点"面板中添加一个编号为 03 的串行节点，如图 4-78 所示。

STEP 06 在"特效库"|"素材库"选项卡的"Resolve FX 胶片模拟"滤镜组中选择"胶片外观创作器"滤镜，如图 4-79 所示。

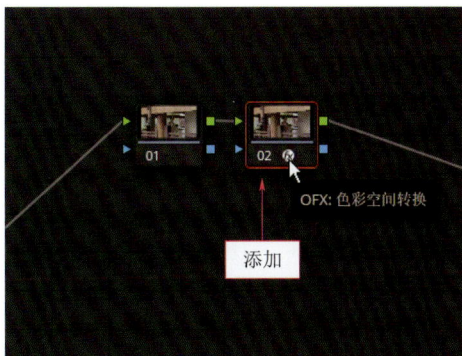

图 4-76　添加"色彩空间转换"滤镜

图 4-77　选择相应选项

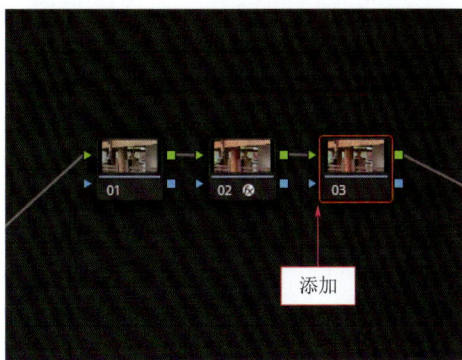

图 4-78　添加一个编号为 03 的串行节点

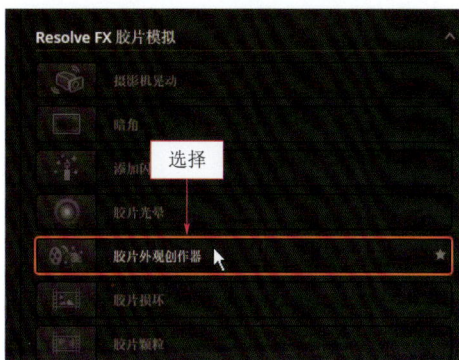

图 4-79　选择"胶片外观创作器"滤镜

STEP 07 按住鼠标左键并将其拖动至"节点"面板的 03 节点上，释放鼠标左键，即可在调色提示区显示一个滤镜图标 ，表示添加的滤镜，如图 4-80 所示。

STEP 08 切换至"设置"选项卡，展开"胶片外观创作器"选项区，在"预设"下拉列表框中，选择"电影感"选项，如图 4-81 所示。

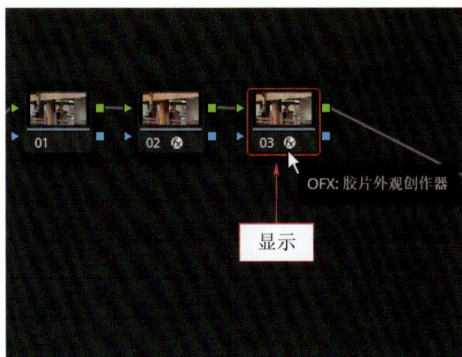

图 4-80　显示一个滤镜图标

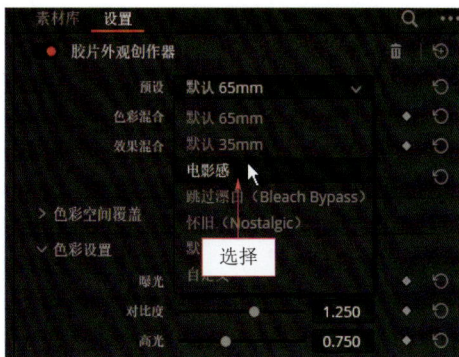

图 4-81　选择"电影感"选项

STEP 09 设置"肤色偏向"参数为 −1.000，"减色法饱和度"参数为 1.789，如图 4-82 所示，调整画面中人物肤色的色调，并降低色彩强度。

STEP 10 展开"暗角"面板，设置"数量""大小"参数均为 1.000，如图 4-83 所示，暗角的效果会均匀地应用于画面周围。

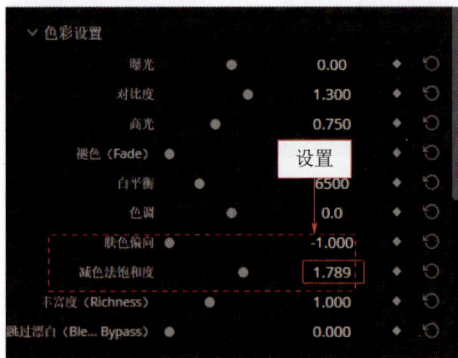

图 4-82　设置相应参数（1）　　　　图 4-83　设置相应参数（2）

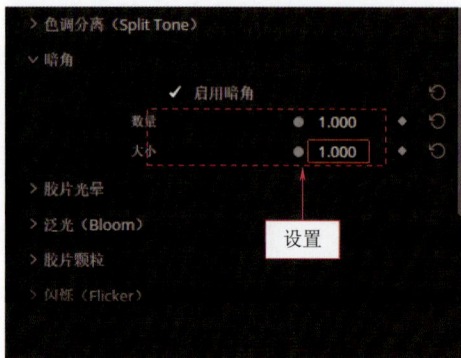

4.4.2　背景虚化：实现自然散焦效果

【效果对比】通过使用"散焦背景"滤镜，能够自动识别和处理视频中的背景，创建自然的虚化效果，原图与效果对比如图 4-84 所示。

图 4-84　原图与效果对比展示

下面介绍背景虚化的操作方法：

STEP 01 打开一个项目文件，进入达芬奇"剪辑"步骤面板，如图 4-85 所示。

STEP 02 在预览窗口中可以查看打开的项目效果，如图 4-86 所示。

STEP 03 即可在 01 节点上添加一个编号为 02 的串行节点，如图 4-87 所示。

STEP 04 切换至"特效库"|"素材库"选项区，在"Resolve FX 色彩"选项卡中选择"色彩空间转换"滤镜特效，如图 4-88 所示，并添加至 02 的串行节点上。

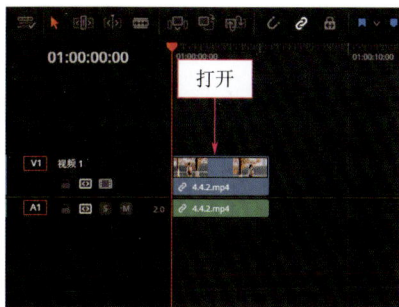

图 4-85　打开一个项目文件

图 4-86　查看打开的项目效果

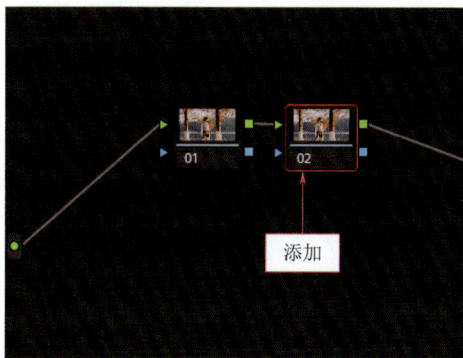

图 4-87　添加一个编号为 02 的并行节点

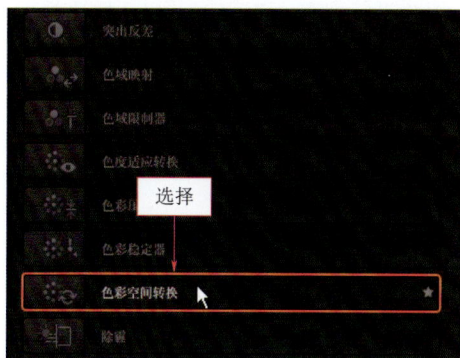

图 4-88　选择"色彩空间转换"滤镜

STEP 05 切换至"设置"|"色彩空间转换"选项区，设置"输入色彩空间"为 Blackmagic Design Video Gen 5，设置"输入 Gamma"为 Gamma 2.6，如图 4-89 所示，设置色彩空间。

STEP 06 即可在 02 节点上添加一个编号为 03 的串行节点，并添加"胶片外观创作器"滤镜特效，如图 4-90 所示。

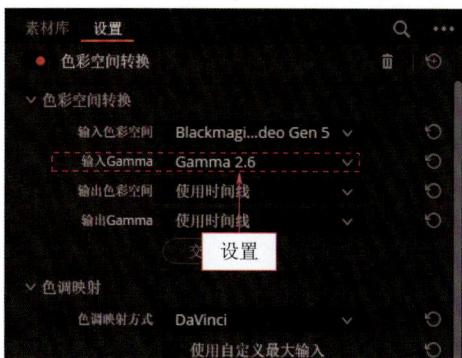

图 4-89　设置"输入 Gamma"为
Gamma 2.6

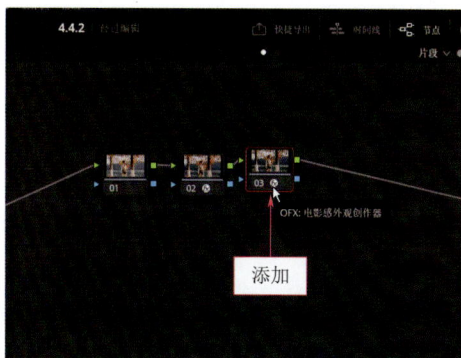

图 4-90　添加"电影感外观创作器"滤镜

STEP 07 切换至"设置"|"色彩设置"选项区，设置"曝光"参数为 0.05，如图 4-91 所示，微微提升亮度。

STEP 08 即可在 03 节点上添加一个编号为 04 的串行节点，如图 4-92 所示。

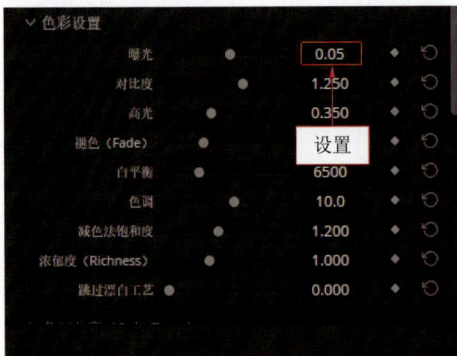

图 4-91 设置"曝光"参数

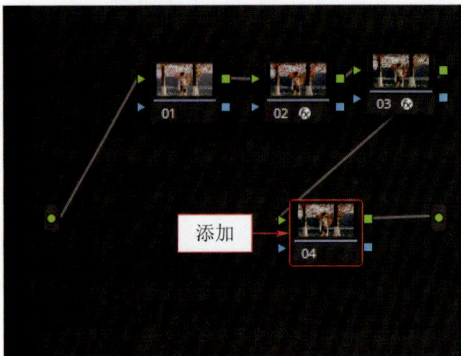

图 4-92 添加一个编号为 04 的并行节点

STEP 09 切换至"特效库"|"素材库"选项区，在"Resolve FX 风格化"选项卡中，选择"散焦背景"滤镜特效，如图 4-93 所示。

STEP 10 按住鼠标左键并将其拖动至"节点"面板的 04 节点上，释放鼠标左键，即可在调色提示区显示一个滤镜图标 ⊗，表示添加的滤镜特效，如图 4-94 所示。

图 4-93 选择"散焦背景"滤镜

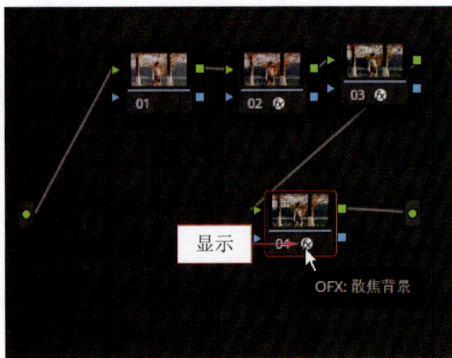

图 4-94 显示一个滤镜图标

STEP 11 展开"神奇遮罩"面板，单击"人体遮罩"按钮 🖼，如图 4-95 所示。

STEP 12 在预览窗口中选择需要绘制的人物并画一条线，如图 4-96 所示，并单击"突出显示"按钮，可以查看绘制的人物。

STEP 13 在"质量"选项区中选择"更好"选项，再单击"正面跟踪"按钮 ▶，如图 4-97 所示，进行跟踪。

STEP 14 完成后切换至"设置"选项区，设置"模糊"参数为 0.826，如图 4-98 所示，制作背景模糊效果。

图 4-95　单击"人体遮罩"按钮

图 4-96　画一条线

图 4-97　单击"正面跟踪"按钮

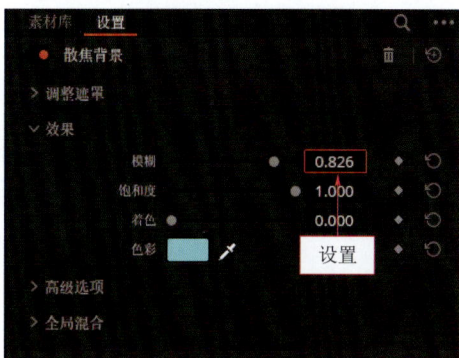

图 4-98　设置"模糊"参数

LUT 魅力：
运用 LUT 工具的色彩变换

在第 5 章，我们将一同领略 LUT 在视频制作中的独特魅力。在这个色彩与情感交织的世界里，LUT 不仅是技术的革新，更是艺术创作的催化剂。它以其灵活多变的色彩风格，为视频作品披上了一层神秘而诱人的外衣。本章我们将携手探索达芬奇调色软件中的 LUT 工具，解锁色彩变换的无限潜能，共同见证视频画面如何在 LUT 的魔法下焕发新生。

5.1 ▶LUT 应用

LUT 在视频调色中是一种高效的工具，可以快速应用预设的色彩效果，让画面更具风格。在达芬奇 19 中，我们可以通过"节点"功能轻松集成 LUT，并从 LUT 库中高效调用各种滤镜。接下来将介绍如何在"节点"中添加 LUT，并深入探索 LUT 库，以便直接应用各种色彩效果，提升调色效率和视觉效果。

5.1.1 节点集成：添加 LUT

【效果展示】深入探索 LUT 应用，节点集成是关键。节点助力 LUT 灵活应用。接下来，揭秘如何在节点中添加 LUT，快速转换色彩风格，一起探索节点 LUT 集成的奥秘！原图与效果对比如图 5-1 所示。

图 5-1　原图与效果对比展示

下面介绍在节点中添加 LUT 的操作方法：

STEP 01 打开一个项目文件，进入达芬奇"剪辑"步骤面板，在预览窗口中可以查看打开的项目效果，如图 5-2 所示，可以看出视频画面色彩比较暗淡，这里可以用 LUT 将画面恢复之前的色彩。

图 5-2　查看打开的项目效果

STEP 02 ▶ 切换至"调色"步骤面板，展开"节点"面板，选中 01 节点，如图 5-3 所示。

STEP 03 ▶ 右击，弹出快捷菜单，选择 LUT I DJI 下的相应选项，如图 5-4 所示，即可改变图像的亮度和色彩，在预览窗口中可以查看应用滤镜后的项目效果。

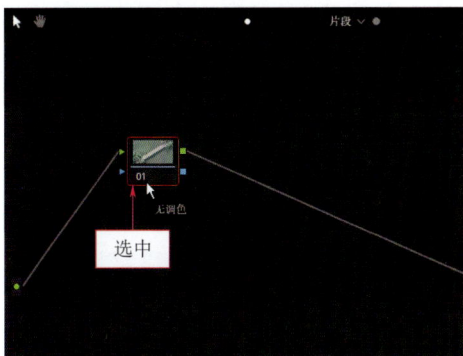

图 5-3　选中 01 节点

图 5-4　选择相应选项

5.1.2　LUT 库：高效调用

【效果对比】在 DaVinci Resolve 19 中，"LUT 库"面板不仅可调节图像亮度，还能改变色彩色相，使用户能轻松直接调用 LUT 胶片滤镜进行快速调色，原图与效果对比如图 5-5 所示。

图 5-5　原图与效果对比展示

下面介绍直接调用 LUT 滤镜的操作方法：

STEP 01 ▶ 打开一个项目文件，在预览窗口中可以查看打开的项目效果，如图 5-6 所示，色彩不鲜明。

STEP 02 ▶ 切换至"调色"步骤面板，在左上角单击"LUT 库"按钮，如图 5-7 所示。

STEP 03 ▶ 执行操作后，展开"LUT 库"面板，在下方的选项面板中选择 Sony 选项，展开相应面板，如图 5-8 所示。

STEP 04 ▶ 执行操作后，选择第 2 个滤镜样式，如图 5-9 所示。

图 5-6　查看打开的项目效果

图 5-7　单击"LUT 库"按钮

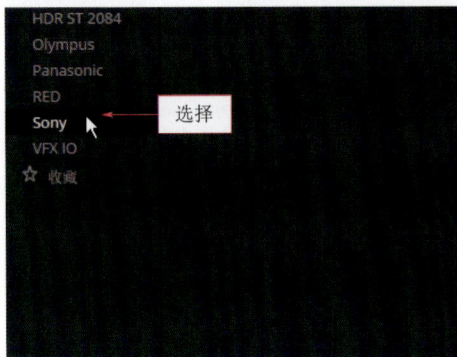

图 5-8　选择 Sony 选项

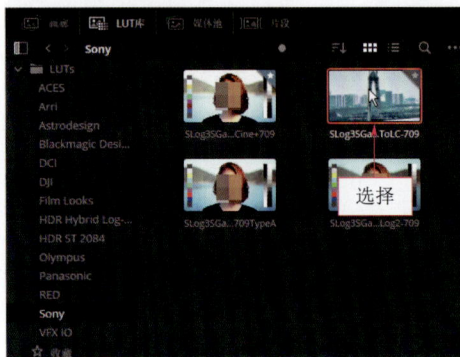

图 5-9　选择第 2 个滤镜样式

STEP 05 按住鼠标左键并拖动至预览窗口的图像画面上，如图 5-10 所示，释放鼠标左键即可将选择的滤镜样式添加至视频素材上，提高图像中的饱和度。

图 5-10　拖动滤镜样式

5.2 风格化调色

风格化调色，顾名思义，是指通过特定的色彩与光影处理方式，为图像或影片赋予独特的视觉风格。这种风格可能与影片的题材、年代背景、情感氛围等紧密相关，如复古电影色调、清新自然风、冷峻科幻感等。掌握风格化调色，关键在于理解色彩与情感、氛围之间的内在联系，并灵活运用调色工具来实现这一目标。

5.2.1 色彩增强：艳丽效果

【效果对比】色彩增强技术通过提升饱和度、调整对比度和优化亮度，让图像色彩更加鲜明。它常用于摄影后期，以增强视觉吸引力。简单几步操作，即可让照片色彩丰富，过渡自然，层次分明，原图与效果对比如图 5-11 所示。

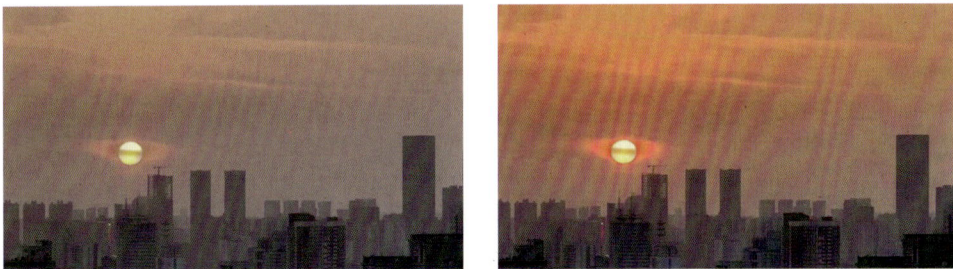

图 5-11　原图与效果对比展示

下面介绍使用色彩增强技术的操作方法：

STEP 01 打开一个项目文件，在预览窗口中可以查看打开的项目效果，如图 5-12 所示，可以看到画面有些昏暗。

STEP 02 切换至"调色"步骤面板，展开"一级 - 校色轮"面板，向右拖动"亮部"色轮下方的轮盘，直至参数均显示为 1.03，如图 5-13 所示，增强图像高光区域。

图 5-12　查看打开的项目效果　　　　图 5-13　拖动"亮部"色轮轮盘

STEP 03 向左拖动"暗部"色轮下方的轮盘，直至参数均显示为 −0.03，如图 5-14 所示，稍微降低图像阴影部分。

STEP 04 在"节点"面板中选中 01 节点，右击，弹出快捷菜单，选择"添加节点"|"添加串行节点"选项，如图 5-15 所示，即可添加一个编号为 02 的节点。

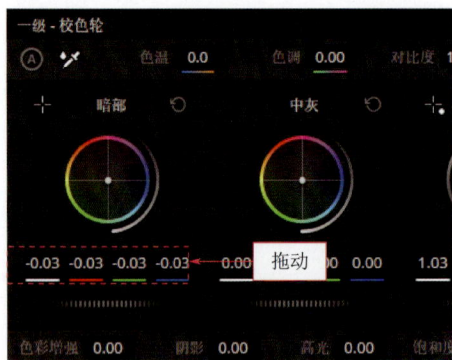

图 5-14　拖动"暗部"色轮轮盘　　　　图 5-15　选择"添加串行节点"选项

STEP 05 在"曲线 - 亮度 对 饱和度"面板中，在水平曲线上单击添加一个控制点，选中添加的控制点并向上拖动，直至下方面板中的"输入亮度"参数显示为 0.17、"饱和度"参数显示为 1.98，如图 5-16 所示，即可在预览窗口中查看制作的图像效果。

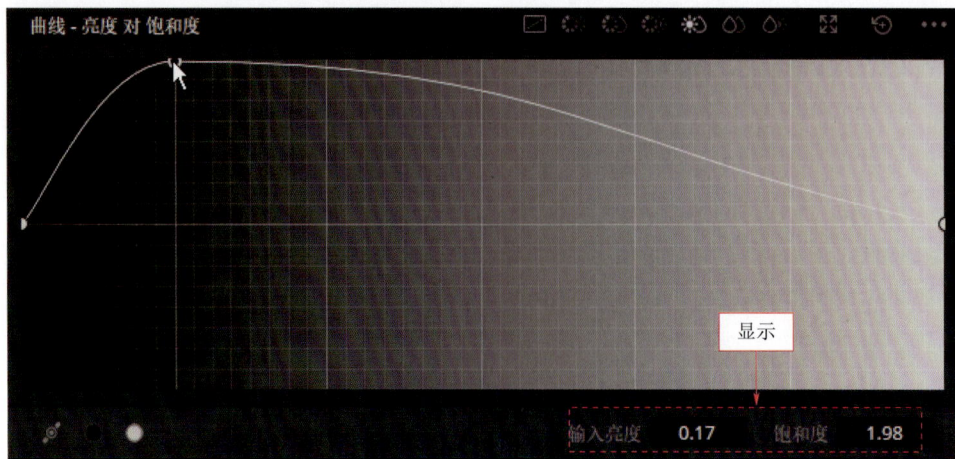

图 5-16　设置"曲线 - 亮度 对 饱和度"参数

5.2.2　胶片反差：增加颗粒

【效果对比】胶片反差模拟滤镜通过模拟卤化银颗粒的光敏性，提升图像对比度，复现传统胶片的质感和层次，调整颗粒可控制反差，实现多样视觉风格。原图与效果对比如图 5-17 所示。

图 5-17　原图与效果对比展示

下面介绍制作胶片反差模拟的操作方法：

STEP 01 打开一个项目文件，在预览窗口中可以查看打开的项目效果，如图 5-18 所示，画面亮度不够清晰。

STEP 02 切换至"调色"步骤面板，展开"一级 - 校色轮"面板，设置"亮部"色轮下方的参数均显示为 1.12，如图 5-19 所示，突出图像的亮部细节。

图 5-18　查看打开的项目效果

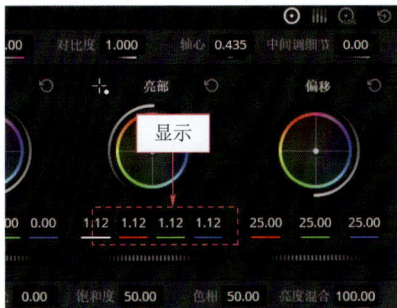

图 5-19　设置"亮部"参数

STEP 03 设置"暗部"色轮下方的参数均显示为 −0.04，如图 5-20 所示，增加图像阴影。

STEP 04 在"节点"面板中添加一个编号为 02 的串行节点，如图 5-21 所示。

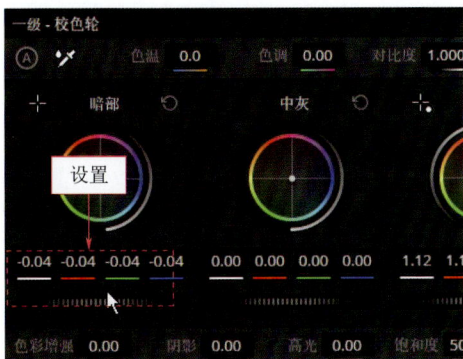

图 5-20　设置"暗部"参数

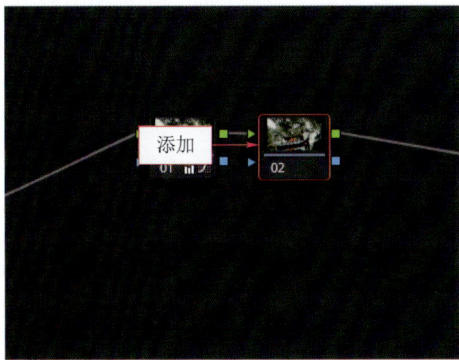

图 5-21　添加一个编号为 02 的串行节点

141

STEP 05 展开"一级 - 校色轮"面板，设置"中间调细节"参数为 100.00，如图 5-22 所示，丰富画面的纹理。

STEP 06 在预览窗口中单击"突出显示"按钮 🪄，如图 5-23 所示。

图 5-22　设置"中间调细节"参数

图 5-23　单击"突出显示"按钮

STEP 07 展开"曲线 - 饱和度对饱和度"面板，在曲线上添加一个控制点，并拖动控制点至合适位置，直至"输入亮度"参数为 0.08、"饱和度"参数为 1.96，如图 5-24 所示，提升画面的色彩和亮度。切换至"剪辑"步骤面板，查看制作的图像效果。

图 5-24　拖动控制点

5.2.3　时代影像：老影像效果

【效果对比】通过调整色彩和对比度、添加颗粒和划痕，可以重现老胶片的质感效果。配合暖色调或冷色调的应用，影像不仅带有浓厚的年代感，还能让观众感受到仿佛穿越回过去的视觉体验，原图与效果对比如图 5-25 所示。

图 5-25　原图与效果对比展示

下面介绍制作"老影像"艺术效果的操作方法：

STEP 01 打开一个项目文件，在预览窗口中可以查看打开的项目效果，如图 5-26 所示，用这个视频为大家做一个时代感的复古影像。

STEP 02 切换至"调色"步骤面板，展开"色轮"面板，设置"色温"参数为 1 740.0，改变画面色彩为暖色系，设置"暗部"参数均为 −0.02，如图 5-27 所示，降低画面暗调。

图 5-26　查看打开的项目效果

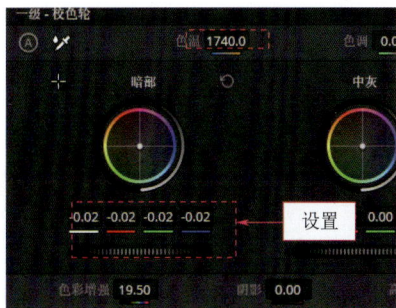

图 5-27　设置"暗部"参数

STEP 03 设置"饱和度"参数为 79.00，如图 5-28 所示，增加色彩的鲜艳度。

STEP 04 在"节点"面板中添加一个编号为 02 的串行节点，如图 5-29 所示。

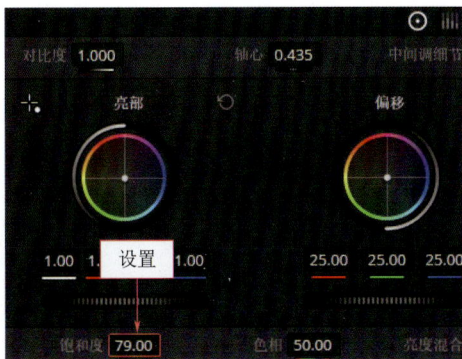

图 5-28　设置"饱和度"参数

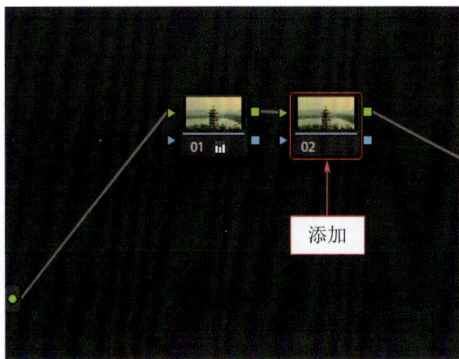

图 5-29　添加一个编号为 02 的串行节点

STEP 05 展开“窗口”面板，在“窗口”预设面板中单击圆形“窗口激活”按钮，如图 5-30 所示。

STEP 06 在预览窗口中拖动圆形蒙版蓝色方框上的控制柄，调整蒙版的大小和位置，如图 5-31 所示。

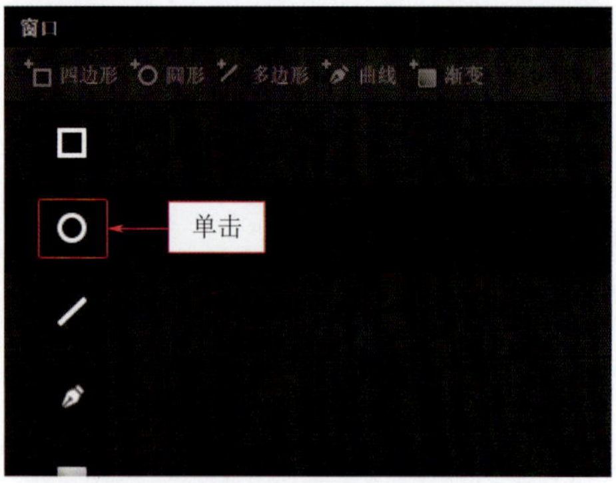

图 5-30　单击圆形“窗口激活”按钮

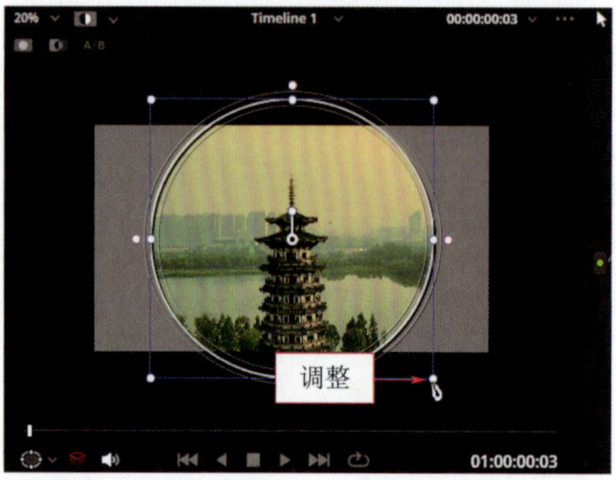

图 5-31　调整蒙版的大小和位置

STEP 07 拖动蒙版白色圆框上的控制柄，调整蒙版羽化区域，如图 5-32 所示。

STEP 08 在“窗口”预设面板中单击圆形“反向”按钮，如图 5-33 所示。

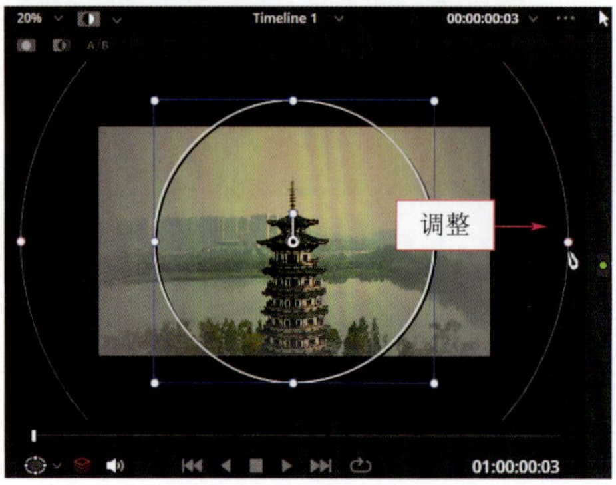

图 5-32　调整蒙版羽化区域

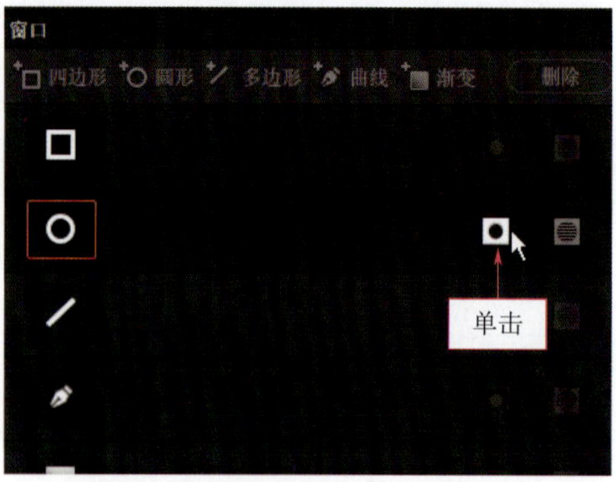

图 5-33　单击圆形“反向”按钮

STEP 09 展开“曲线 - 自定义”面板，在曲线上添加一个控制点，并向下拖动添加的控制点，至合适位置后释放鼠标左键，降低周围画面的色彩，如图 5-34 所示，切换至“剪辑”步骤面板，查看制作的“老影像”图像效果。

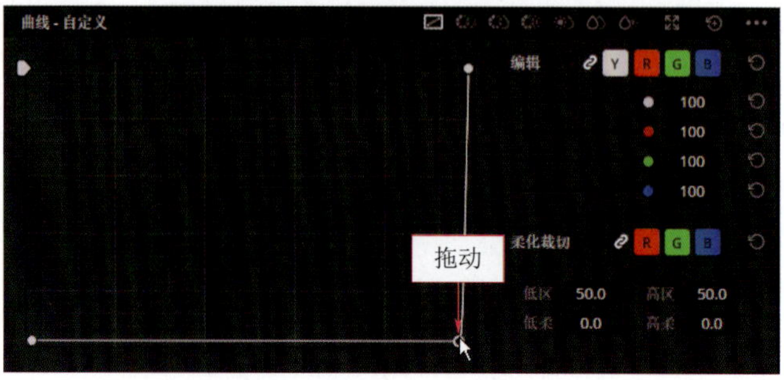

图 5-34　拖动添加的控制点

5.2.4　怀旧色调：泛黄效果

【效果对比】在制作怀旧色调的影像时，可以通过调整色彩平衡和饱和度，赋予画面一种泛黄的复古感。这种色调通常通过降低色彩的饱和度，增加黄色和棕色的比重来实现，模仿老照片随时间褪色的效果。同时适当降低对比度，可以进一步增强这种怀旧的氛围。通过这些后期处理技巧，可以让观众感受到一种穿越时空的温暖回忆，原图与效果对比如图 5-35 所示。

图 5-35　原图与效果对比展示

下面介绍制作泛黄怀旧回忆色调的操作方法：

STEP 01 打开一个项目文件，在预览窗口中可以查看打开的项目效果，如图 5-36 所示。

STEP 02 切换至"调色"步骤面板，在"节点"面板中添加一个编号为 02 的串行节点，如图 5-37 所示。

图 5-36　查看打开的项目效果

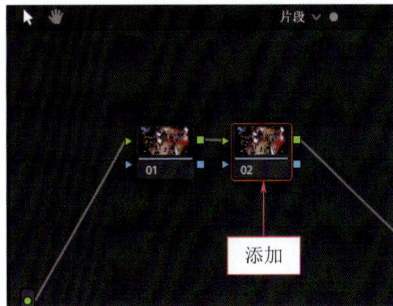

添加

图 5-37　添加一个编号为 02 的串行节点

STEP 03 展开"一级 - 校色轮"面板，设置"中灰"参数均为 0.04，可以微微提高中间调的亮度，设置"亮部"参数均为 1.08，增加画面的对比度，如图 5-38 所示。

STEP 04 设置"偏移"参数分别为 31.74、26.31、−14.99，如图 5-39 所示，即可调整色彩画面为黄色调。最后切换至"剪辑"步骤面板，查看制作的图像效果。

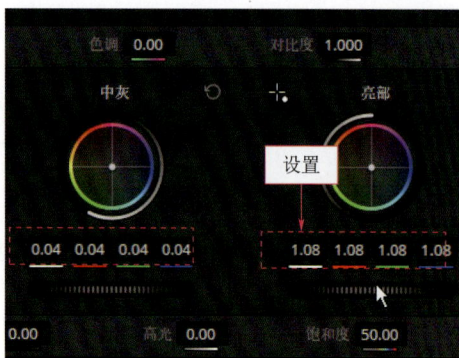

图 5-38　设置相应参数

图 5-39　设置"偏移"参数

5.2.5　夜景氛围：渲染夜间效果

【效果对比】在渲染夜景氛围时，可以通过调整曝光、对比度、色彩平衡等参数，创造出深邃而迷人的夜晚画面。这通常包括增加蓝色调以模拟夜空，降低亮度以营造幽暗感，以及使用星光或灯光效果来点缀场景。此外，通过细微调整暗部细节，可以保留夜景中的层次感和深度，使观众感受到夜晚的宁静与神秘。通过这些后期处理技巧，可以让观众沉浸在夜晚的宁静与美丽之中，原图与效果对比如图 5-40 所示。

图 5-40　原图与效果对比展示

下面介绍渲染夜景镜头画面效果的操作方法：

STEP 01 打开一个项目文件，在预览窗口中可以查看打开的项目效果，如图 5-41 所示，需要将画面提亮。

STEP 02 切换至"调色"步骤面板，展开"一级 - 校色轮"面板，设置"亮部"参数均为 1.08，如图 5-42 所示，提升画面亮度。

STEP 03 设置"中灰"参数均为 0.04，如图 5-43 所示，提升画面中的中间调亮度。

STEP 04 在"节点"面板中选中 01 节点，右击，弹出快捷菜单，选择"添加节点"|"添加串行节点"选项，如图 5-44 所示。

图 5-41　查看打开的项目效果

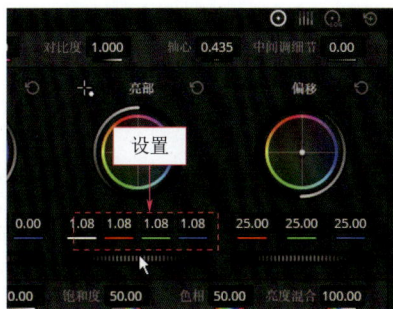

图 5-42　设置"亮部"参数

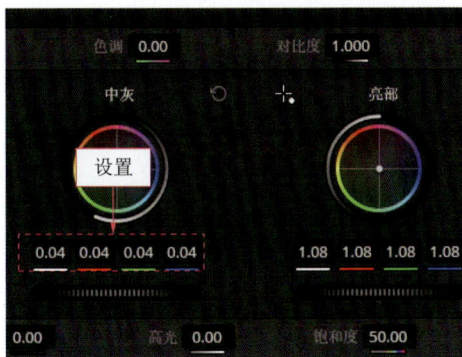

图 5-43　设置相应参数

图 5-44　选择"添加串行节点"选项

STEP 05 切换至"曲线 - 色相 对 饱和度"面板，在曲线上添加 2 个控制点，如图 5-45 所示。

STEP 06 选中第 1 个控制点，向上拖动，直至"输入色相"参数显示为 316.75、"饱和度"参数显示为 1.98，提升夜景的整体饱和度，如图 5-46 所示。执行操作后，切换至"剪辑"步骤面板，查看制作的图像效果。

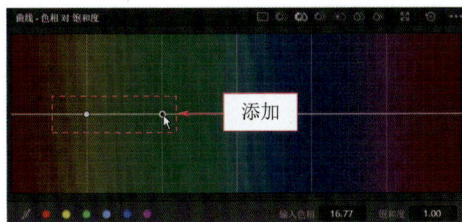

图 5-45　添加 2 个控制点

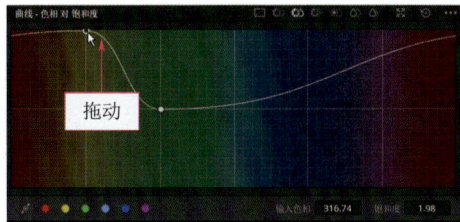

图 5-46　拖动控制点

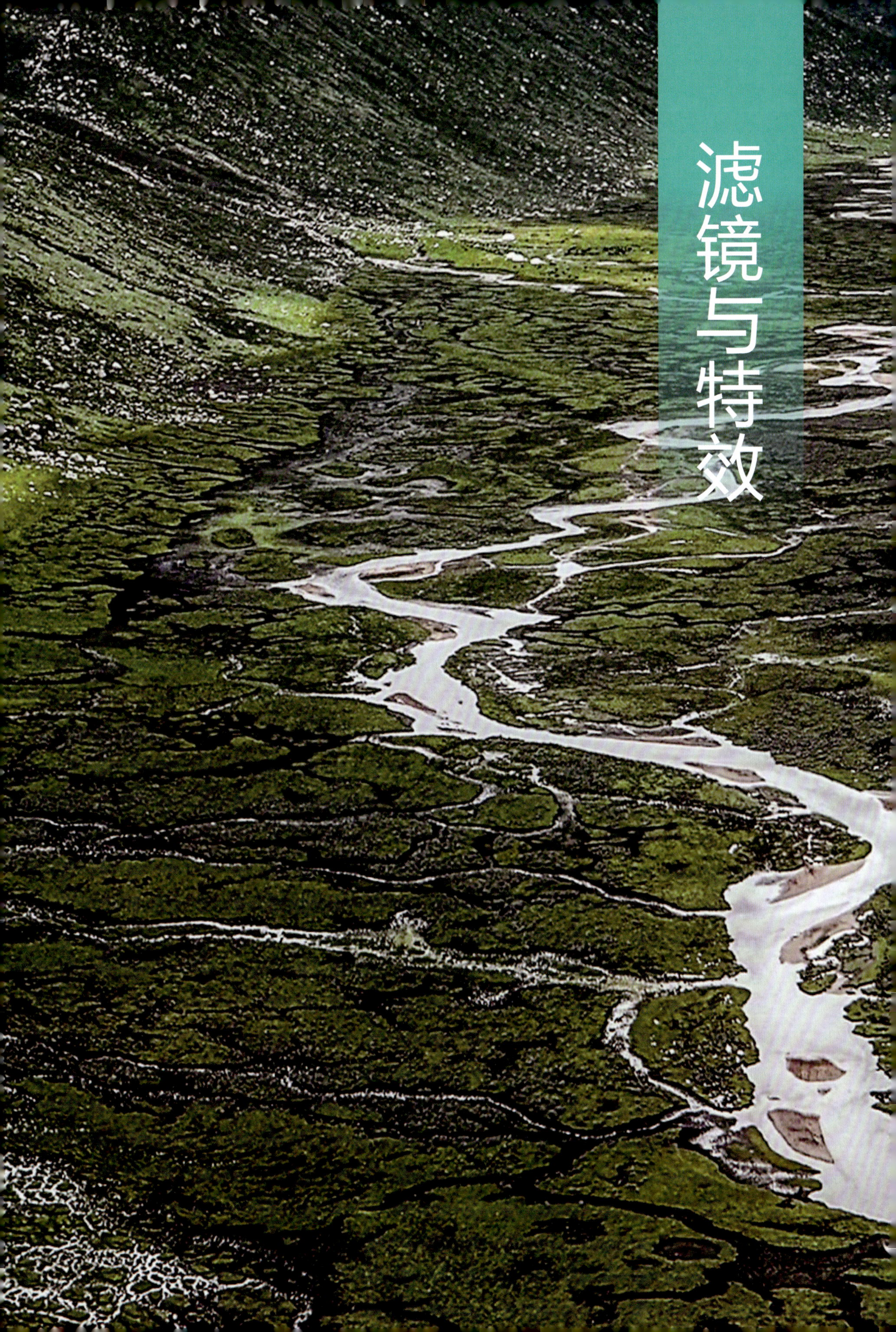

滤镜与特效

| 第 6 章 |

滤镜画廊：
探索滤镜效果与 AI 创新特效

在图像处理艺术的征途上，"滤镜画廊"即将开启新篇。在这里，滤镜化作魔法棒，点亮平凡图像，绽放光彩。AI 的融入，赋予特效无限智慧，过渡自然，融合精妙，引领视觉新境界。这是一场色彩与光影的狂欢，科技与艺术的交响。让我们共赴这场盛宴，见证滤镜与 AI 如何携手，开启图像处理的新篇章，创造前所未有的视觉奇迹。

6.1 ▶ 创意视觉滤镜

滤镜的作用远远超出简单的美化，它能够通过调整色彩、光影，甚至画面结构，直接影响观众的感受和情绪表达。在视频创作中使用不同的滤镜不仅可以增强画面的视觉效果，还可以赋予视频独特的风格和情感。本节将介绍几种常见且实用的滤镜效果，每种滤镜都有特定的用途，能为你的视频增色不少。

6.1.1 光影艺术：梦幻光斑效果

【效果对比】光斑滤镜通过模拟光线折射和反射的效果，让视频呈现出一种柔和而梦幻的光影效果。它的作用在于让场景看起来更加浪漫、温馨，特别适用于婚礼视频、艺术创作等场合，让画面充满光彩与情感表达，原图与效果对比如图 6-1 所示。

图 6-1 原图与效果对比展示

下面介绍添加镜头光斑效果的操作方法：

STEP 01 ▶ 打开一个项目文件，在预览窗口中可以查看打开的项目效果，如图 6-2 所示，可以为画面添加一个光影效果，使画面更完美。

STEP 02 ▶ 切换至"调色"步骤面板，展开"特效库"|"素材库"选项卡，在"Resolve FX 光线"滤镜组中选择"镜头光斑"滤镜，如图 6-3 所示。

图 6-2 查看打开的项目效果

图 6-3 选择"镜头光斑"滤镜效果

STEP 03 按住鼠标左键并将其拖动至"节点"面板的 01 节点上，释放鼠标左键，即可在调色提示区显示一个滤镜图标 🔂，表示添加的滤镜特效，如图 6-4 所示。

STEP 04 执行操作后，即可在预览窗口中查看添加的效果，如图 6-5 所示。

STEP 05 在预览窗口中选中添加的小太阳中心，按住鼠标左键的同时，将小太阳拖动至左上角，将鼠标移至小太阳外面的白色光圈上，按住鼠标左键的同时向右下角拖动，增加太阳光的光晕发散范围，如图 6-6 所示。

STEP 06 切换至"设置"选项卡，展开"光圈"面板，设置"光圈射线"参数为 14、"角度"参数为 0.762，如图 6-7 所示，即可增强光圈的射线数量，设置相应的光线角度，最后在预览窗口中查看制作的视频效果。

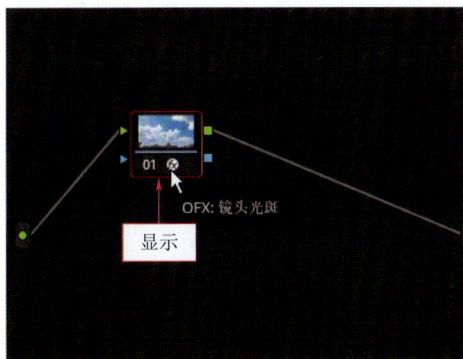

图 6-4　显示一个滤镜图标

图 6-5　查看添加的效果

图 6-6　拖动白色光圈

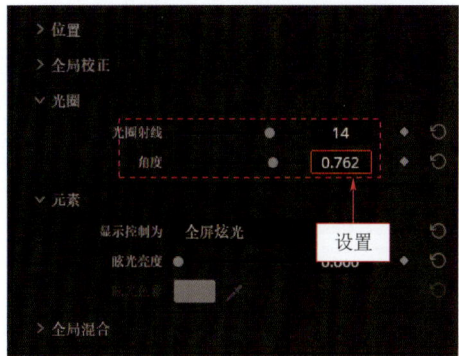

图 6-7　设置相应参数

6.1.2　肤质提升：人物磨皮美化

【效果对比】磨皮滤镜是美化人物皮肤的关键工具。通过去除皮肤瑕疵和细纹，它能让画面中的人物看起来更加精致且保持自然。这个滤镜特别适合时尚、广告或美妆视频，能够提升专业感和视觉效果，让人物形象更加动人，原图与效果对比如图 6-8 所示。

图 6-8　原图与效果对比展示

下面介绍对人物磨皮美化的操作方法：

STEP 01 打开一个项目文件，在预览窗口中可以查看打开的项目效果，画面中人物脸部有许多细小的斑点且不够细腻，如图 6-9 所示。

STEP 02 切换至"调色"步骤面板，展开"特效库"|"素材库"选项卡，在"Resolve FX 美化"滤镜组中选择"美颜（磨皮）"滤镜，如图 6-10 所示。

STEP 03 按住鼠标左键并将其拖曳至"节点"面板的 01 节点上，释放鼠标左键，即可在调色提示区显示一个滤镜图标，表示添加的滤镜特效，如图 6-11 所示。

STEP 04 切换至"设置"选项卡，展开"磨皮"面板，设置"强度"参数为 0.955、"级别"参数为 0.924，如图 6-12 所示，调整肤色。

图 6-9　查看打开的项目效果

图 6-10　选择"美颜（磨皮）"滤镜

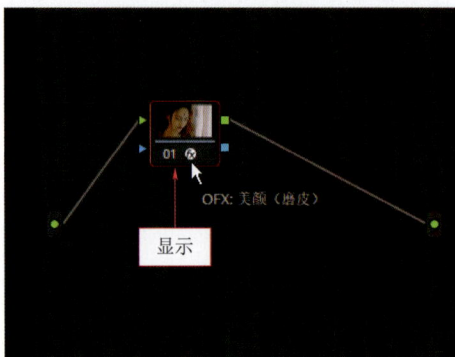

图 6-11　显示一个滤镜图标

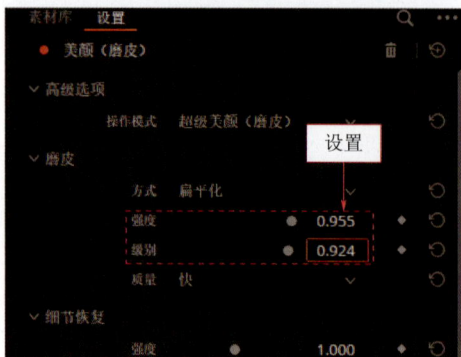

图 6-12　设置相应参数

STEP 05 展开"细节恢复"面板，设置 Gamma 参数为 0.779，如图 6-13 所示，提升皮肤的光泽度和细节表现。

图 6-13　设置 Gamma 参数

6.1.3　怀旧风：复古色调效果

【效果对比】通过复古色调的运用，视频能够呈现出浓厚的年代感和独特的情感氛围。合理调整色彩和光影，可以让画面充满怀旧的魅力。接下来我们将探讨如何有效地运用复古色调，使视频展现出经典的风格化效果。原图与效果对比如图 6-14 所示。

图 6-14　原图与效果对比展示

下面介绍复古色调效果的操作方法：

STEP 01 打开一个项目文件，在预览窗口中可以查看打开的项目效果，将视频画面调成复古色调，如图 6-15 所示。

STEP 02 切换至"调色"步骤面板，展开"色轮"面板，设置"亮部"参数均为 1.23，设置"饱和度"参数为 100，如图 6-16 所示，调亮画面，并增强色彩。

STEP 03 在"节点"面板中添加一个编号为 02 的串行节点并添加"胶片损坏"滤镜，如图 6-17 所示。

STEP 04 切换至"设置"选项卡，在"胶片损坏"选项区中设置"色温变化"参数为 0.358、如图 6-18 所示，调整整体色调，使其处于偏黄色系。

图 6-15　查看预览项目效果

图 6-16　设置"亮部"参数

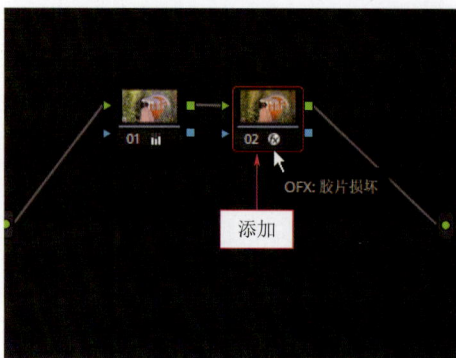

图 6-17　添加"胶片损坏"滤镜

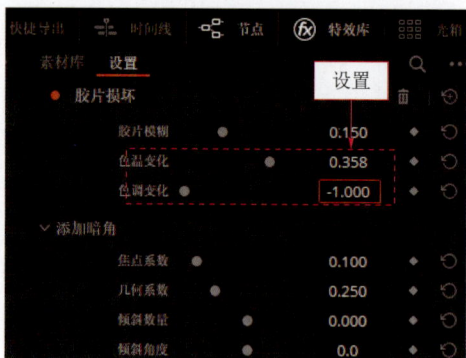

图 6-18　设置相应参数（1）

STEP 05 在"添加暗角"选项区设置"焦点系数"参数为 0.468，如图 6-19 所示，提升暗角边框。

STEP 06 切换至"特效库"|"设置"选项卡，展开"添加划痕 1"选项区，如图 6-20 所示。

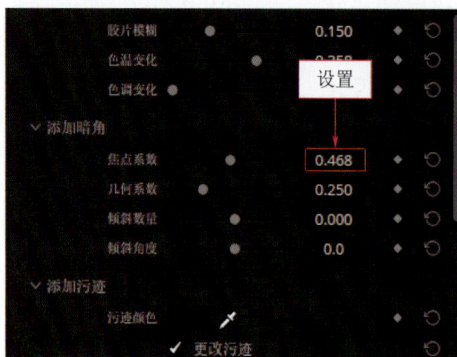

图 6-19　设置"焦点系数"参数

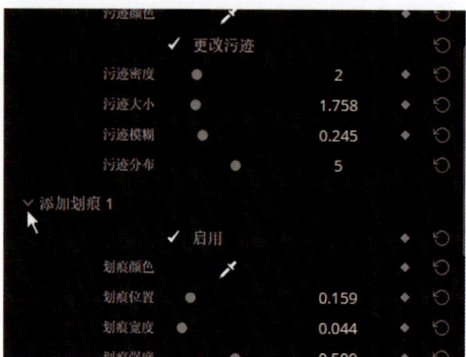

图 6-20　展开"添加划痕 1"选项区

STEP 07 取消选中"启用"复选框，如图 6-21 所示，即可取消视频画面中的黑色画痕。

STEP 08 设置"划痕位置"参数为 0.458、"划痕模糊"参数为 0.000，如图 6-22 所示，使划痕在画面中变得不突出。

图 6-21 取消选中"启用"复选框   图 6-22 设置相应参数（2）

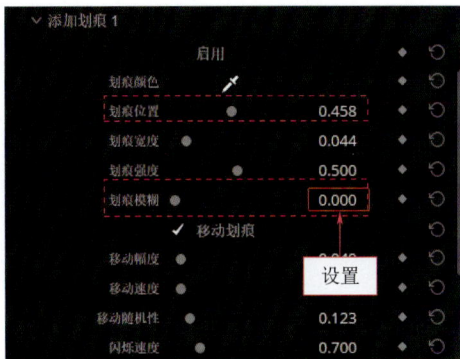

6.1.4 奇幻镜像：视频翻转效果

【效果对比】镜像翻转滤镜能够创造出对称的奇幻效果，通过将画面的一部分进行翻转，形成一个对称的视觉场景。它的作用在于打破常规，营造出一种超现实的空间感，特别适用于科幻或音乐视频中，增加视觉冲击力和创意感，原图与效果对比如图 6-23 所示。

图 6-23 原图与效果对比展示

下面介绍视频翻转效果的操作方法：

STEP 01 打开一个项目文件，在预览窗口中查看打开的项目效果，如图 6-24 所示。

STEP 02 切换至"调色"步骤面板，展开"特效库"|"素材库"选项卡，在"Resolve FX 风格化"滤镜组中选择"镜像"滤镜，如图 6-25 所示。

STEP 03 按住鼠标左键并将其拖动至"节点"面板的 01 节点上，释放鼠标左键，即可在调色提示区显示一个滤镜图标⑭，表示添加的滤镜特效，如图 6-26 所示。

STEP 04 切换至"设置"选项卡，在"镜像 1"选项区设置"位置"X 参数为 0.423、Y 参数为 0.380，设置"角度"参数为 90.0，如图 6-27 所示，即可调整镜像翻转的"位置"和"角度"，从而实现镜像翻转效果，在预览窗口中查看最终效果。

图 6-24 查看打开的项目效果

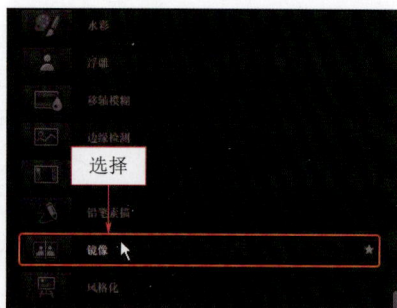

图 6-25 选择"镜像"滤镜

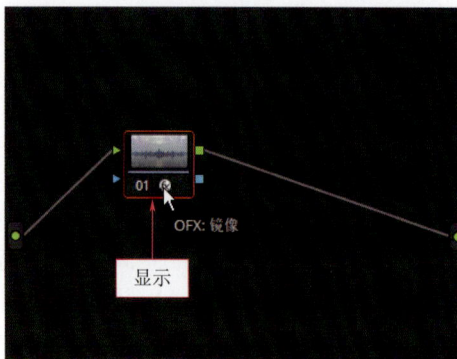

图 6-26 显示一个滤镜图标

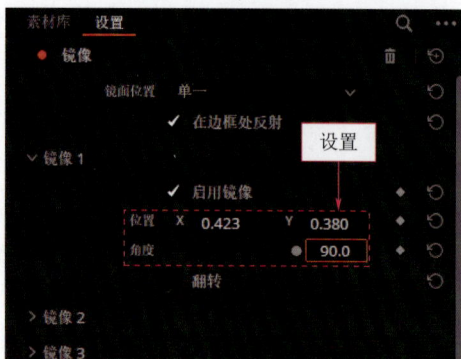

图 6-27 设置相应参数

6.2 AI 创意效果

随着 AI 技术的快速发展，视频创作中的特效变得越来越智能和多样化。AI 不仅提升了特效的创意水平，还大大简化了制作过程，让你可以轻松实现以前需要复杂操作才能完成的效果。特别是在使用像达芬奇 19 这样的专业软件时，AI 的力量能将你的视频创作提升到一个全新的水平。接下来我们将介绍几种通过 AI 实现的创意效果，它们不仅让你的作品更加出彩，还能为你的创意提供无限可能。

6.2.1 幻彩设计：个性化色彩

【效果对比】运用达芬奇 19 软件的 AI 功能，可以为汽车设计量身定制的色彩效果，带来令人惊艳的视觉效果，原图与效果对比如图 6-28 所示。

图 6-28　原图与效果对比展示

下面介绍具体的操作方法：

STEP 01 打开一个项目文件，在预览窗口中查看打开的项目效果，如图 6-29 所示，可以使用达芬奇为汽车改变外观颜色，让汽车看起来更酷。

STEP 02 切换至"调色"步骤面板，展开"关键帧"面板，在"校正器 1"选项区中单击"自动关键帧"按钮◆，如图 6-30 所示，即可添加关键帧。

STEP 03 选中中间的圆点，右击，弹出快捷菜单，选择"更改为动态关键帧"选项，如图 6-31 所示。

STEP 04 将时间指示器拖动至最后位置，如图 6-32 所示。

图 6-29　查看打开的项目效果

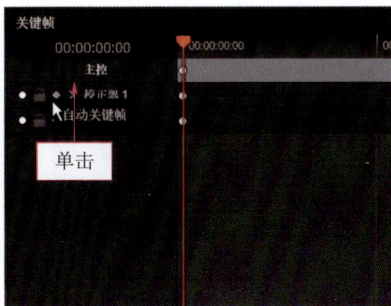

图 6-30　单击"自动关键帧"按钮

图 6-31　选择"更改为动态关键帧"选项

图 6-32　拖动时间指示器

STEP 05 展开"曲线"面板，单击"色相 对 色相"按钮 ⬤，如图 6-33 所示。

STEP 06 在预览窗口中吸取需要的颜色，如图 6-34 所示。

图 6-33 单击"色相 对 色相"按钮

图 6-34 吸取颜色

STEP 07 在相应位置添加 3 个控制点，如图 6-35 所示。

STEP 08 将 3 个控制点调整至相应位置，并选中第 2 个控制点，向下拖动，直至"输入色相"参数显示为 99.19、"色相旋转"参数显示为 −103.20，如图 6-36 所示，即可改变汽车的颜色，使其为紫色，在预览窗口中查看最终效果。

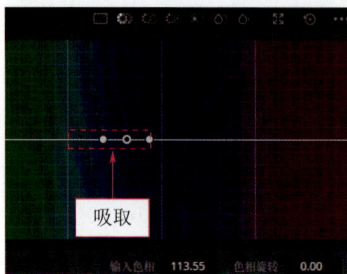

图 6-35 添加 3 个控制点

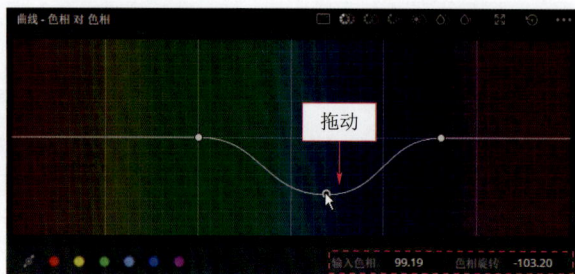

图 6-36 向下拖动

6.2.2 梦幻光晕：人物光环效果

【效果对比】通过达芬奇 19 软件与 AI 技术的结合，用户可以轻松为人物添加梦幻般的光环效果。这种光晕效果不仅可以增强画面中的氛围，还能让人物形象更加突出。接下来，探讨如何利用达芬奇 19 软件的 AI 功能，塑造出柔和且富有梦幻感的光环，为人物增添独特的视觉魅力，原图与效果对比如图 6-37 所示。

下面介绍人物光环效果的操作方法：

STEP 01 打开一个项目文件，在预览窗口中查看打开的项目效果，如图 6-38 所示，画面黯然无色，可以为画面提亮，并制作出梦幻效果。

STEP 02 切换至"调色"步骤面板，展开"色轮""一级 - 校色轮"面板，设置"暗部"参数均为 −0.02，如图 6-39 所示，降低暗部亮度，增加对比度。

图 6-37 原图与效果对比展示

图 6-38 查看打开的项目效果

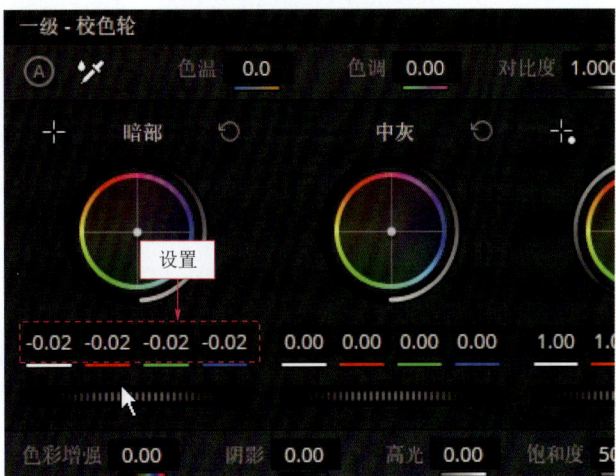

图 6-39 设置"暗部"参数

STEP 03 在"节点"面板中添加一个编号为 02 的串行节点，如图 6-40 所示。

STEP 04 在 02 节点上添加一个"胶片光晕"滤镜特效，如图 6-41 所示。

STEP 05 切换至"设置"选项卡，展开"隔离"面板，设置"阈值"参数为 0.083，如图 6-42 所示，增加周围亮度。

STEP 06 展开"染料层反射"选项区，设置"强度"参数为 0.458，如图 6-43 所示，提升光源亮度。

STEP 07 选中"微调相对扩散"复选框，如图 6-44 所示，可以对画面进行细调。

STEP 08 设置"相对扩散红""相对扩散绿""相对扩散蓝"参数均为 2.000，如图 6-45 所示，增强画面光源色彩。

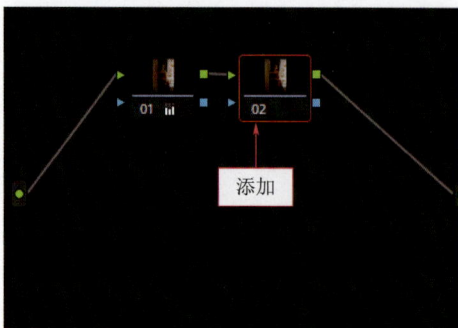

图 6-40　添加一个编号为 02 的串行节点

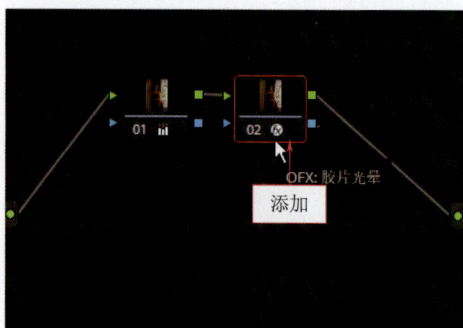

图 6-41　添加一个"胶片光晕"滤镜特效

图 6-42　设置"阈值"参数

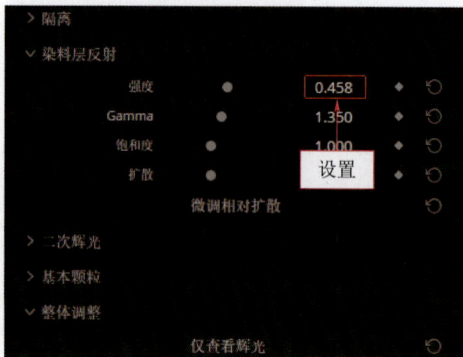

图 6-43　设置"强度"参数

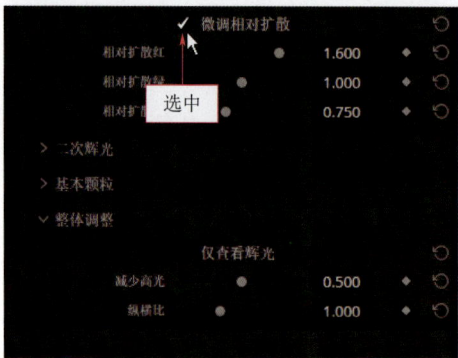

图 6-44　选中"微调相对扩散"复选框

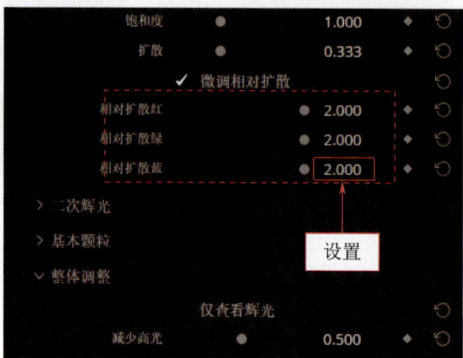

图 6-45　设置相应参数

6.2.3　旋焦幻影：视觉漩涡效果

【效果对比】借助达芬奇 19 软件和 AI 技术，用户可以实现独特的视觉漩涡效果，赋予画面动态且富有艺术感的表现力。这种旋转焦点的效果能够增强视觉冲击力，营造出迷幻的视觉体验。下面将深入探讨如何通过达芬奇 19 软件的 AI 功能，轻松创作出炫目的漩涡艺术效果，让作品更具创意和视觉吸引力，原图与效果对比如图 6-46 所示。

图 6-46　原图与效果对比展示

下面介绍视觉漩涡效果的操作方法：

STEP 01 ▶ 打开一个项目文件，在预览窗口中查看打开的项目效果，如图 6-47 所示，可以增加画面色彩饱和度，并制作旋焦幻影效果。

STEP 02 ▶ 切换至"调色"步骤面板，在 01 节点上添加一个"色彩空间转换"滤镜，如图 6-48 所示。

图 6-47　查看打开的项目效果

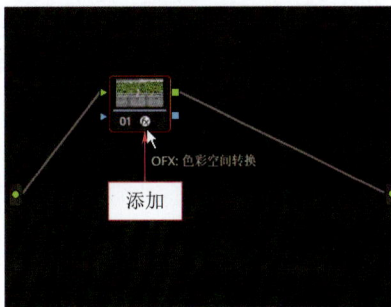

图 6-48　添加一个"色彩空间转换"
滤镜

STEP 03 ▶ 切换至"设置"|"色彩空间转换"选项区，设置"输入色彩空间"为 REDWide-GamutRGB，如图 6-49 所示，这里是拍摄时设置的色彩空间。

STEP 04 ▶ 在"节点"面板上添加一个编号为 02 的串行节点，如图 6-50 所示。

STEP 05 ▶ 切换"素材库"选项卡，在"Resolve FX 模糊"选项区中选择"径向模糊"滤镜，如图 6-51 所示。

STEP 06 ▶ 按住鼠标左键并将其拖动至"节点"面板的 02 节点上，释放鼠标左键，即可在调色提示区显示一个滤镜图标 🔳，表示添加的滤镜特效，如图 6-52 所示。

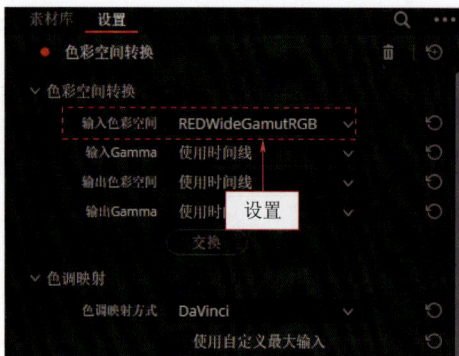

图 6-49　设置"输入色彩空间"为
REDWideGamutRGB

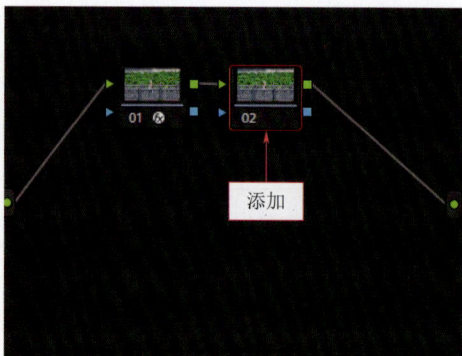

图 6-50　添加一个编号为 02 的串行节点

图 6-51　选择"径向模糊"滤镜

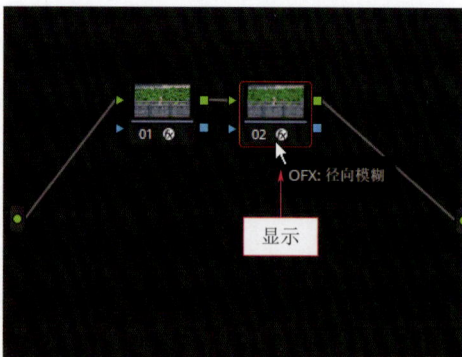

图 6-52　显示一个滤镜图标

STEP 07 ▶ 在预览窗口中查看添加的"径向模糊"滤镜，如图 6-53 所示。

STEP 08 ▶ 展开"窗口"面板，单击圆形"窗口激活"按钮 ◙ ，如图 6-54 所示。

图 6-53　查看添加的"径向模糊"滤镜

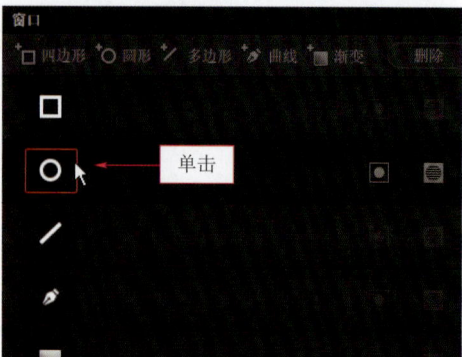

图 6-54　单击圆形"窗口激活"按钮

STEP 09 ▶ 在预览窗口的图像上会出现一个圆形蒙版，拖动蒙版四周的控制柄，调整蒙版的位置和形状大小，如图 6-55 所示。

STEP 10 ▶ 在"窗口"面板中单击"反向"按钮 ⬤，如图 6-56 所示。

图 6-55　调整蒙版的位置和形状大小

图 6-56　单击"反向"按钮

STEP 11 ▶ 展开"跟踪器"面板，在下方选中"交互模式"复选框，单击"插入"按钮 ▦，如图 6-57 所示。

STEP 12 ▶ 单击"设置跟踪点"按钮 ▸▸，如图 6-58 所示。

图 6-57　单击"插入"按钮

图 6-58　单击"设置跟踪点"按钮

STEP 13 ▶ 在上方面板中单击"正向跟踪"按钮 ▶，即可跟踪画面，如图 6-59 所示。

图 6-59　单击"正向跟踪"按钮

第 7 章

字幕创作：
设计动态视频字幕

在视频制作的艺术中，字幕不仅仅是文字的简单呈现，它们是连接观众与影片内容的桥梁。标题字幕作为影片中不可或缺的组成部分，承载着传递核心信息和增强叙事效果的重要任务。本章将深入探讨如何巧妙地设计视频字幕，以提升影片的整体表现力。

7.1 调整字幕属性

字幕是视频编辑中的艺术手段，它们不仅承担着传递信息的职责，更在无声中增强了影片的艺术表现力。在 DaVinci Resolve 19 中，增加了更为强大的字幕编辑工具，这使得专业级别的标题字幕制作变得前所未有的简单快捷。然而，要让字幕真正成为影片的亮点，还需要对字幕属性进行细致的调整。本节将深入探讨如何通过调整字幕属性，让字幕效果更加引人注目，更具情感表达力。

7.1.1 基础添加：插入标题文字

【效果对比】随着我们对视频编辑的深入探索，现在来到了一个关键的环节——字幕的引入。在这一小节中，我们将学习如何为视频添加基本的标题字幕。这不仅是一个技术操作，更是一种创意表达。标题字幕作为影片的"门面"，在观众的第一眼印象和整体感受中扮演着至关重要的角色，图与效果对比如图 7-1 所示。

图 7-1　原图与效果对比展示

下面介绍为视频添加标题字幕的操作方法：

STEP 01 打开一个项目文件，进入"剪辑"步骤面板，如图 7-2 所示。

STEP 02 在预览窗口中可以查看打开的项目效果，如图 7-3 所示。

图 7-2　打开一个项目文件

图 7-3　查看打开的项目效果

STEP 03 在"剪辑"步骤面板的左上角单击"特效库"按钮，如图 7-4 所示。

STEP 04 在"媒体池"面板下方展开"特效库"面板，单击"工具箱"下拉按钮，展开选项列表，选择"标题"选项，展开"标题"选项面板，如图 7-5 所示。

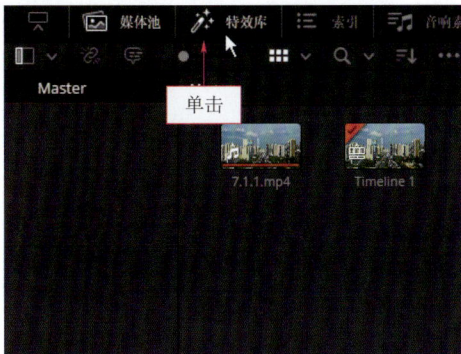

图 7-4　单击"特效库"按钮

图 7-5　选择"标题"选项

STEP 05 在选项面板的"字幕"选项区中选择"文本"选项，如图 7-6 所示。

STEP 06 按住鼠标左键将"文本"字幕样式拖动至 V1 轨道上方，"时间线"面板会自动添加一条 V2 轨道，在合适位置处释放鼠标左键，并适当调整文本时长，使其与视频素材一致，如图 7-7 所示。

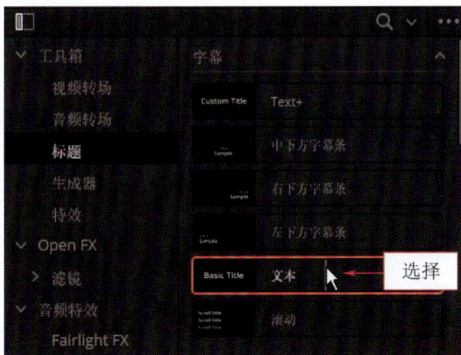

图 7-6　选择"文本"选项

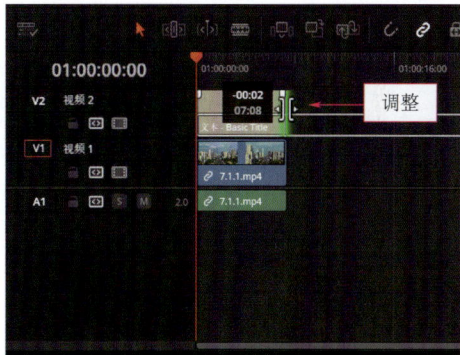

图 7-7　调整文本时长

STEP 07 在预览窗口中可以查看添加的字幕文本，如图 7-8 所示。

STEP 08 双击添加的"文本"字幕，展开"检查器"|"视频"|"标题"选项卡，在"多信息文本"下方的编辑框中输入文字"文明城市你我共建"，如图 7-9 所示。

STEP 09 在面板下方设置合适的字体，"大小"参数为 126，如图 7-10 所示，即可调整文字的大小。

STEP 10 在面板下方设置"位置"X 值为 960.000、Y 值为 838.000，设置"缩放"参数均为 0.790，如图 7-11 所示，调整位置大小。

图 7-8　查看添加的字幕文件

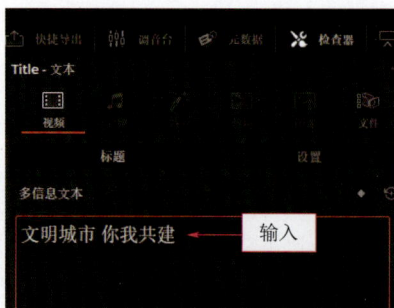

图 7-9　输入文字

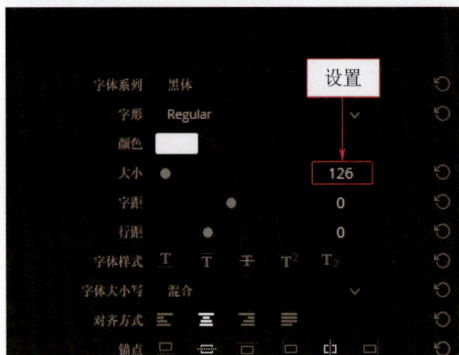

图 7-10　设置"大小"参数

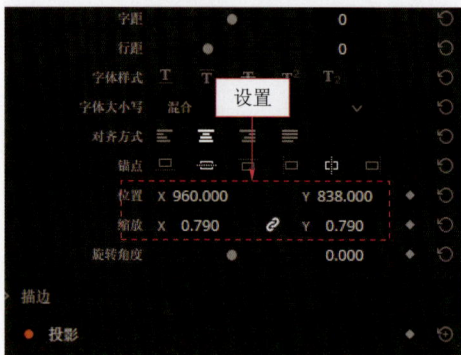

图 7-11　设置相应参数（1）

STEP 11 　在"多信息文本"下方的编辑框中选中"城市"，设置合适字体，设置相应颜色，设置"大小"参数为 228，如图 7-12 所示。

STEP 12 　用与上相同的操作方法，在"多信息文本"下方的编辑框中选中"共建"，设置合适字体，设置相应颜色，设置"大小"参数为 228，如图 7-13 所示，最后在预览窗口中查看制作的视频标题效果。

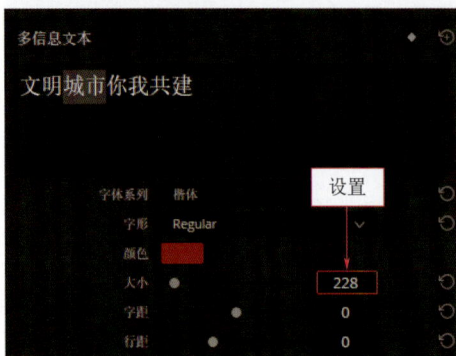

图 7-12　设置相应参数（2）

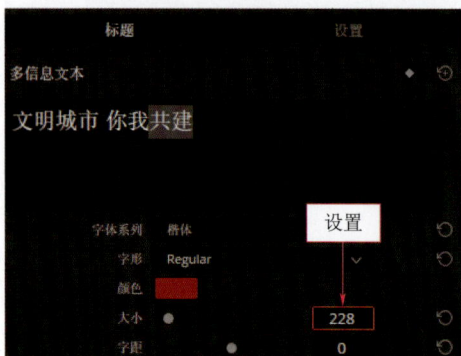

图 7-13　设置相应参数（3）

7.1.2　样式变换：选择合适字体

【效果对比】挑选合适的字体样式能有效提升视频的视觉表现，传达影片的风格与情感。接下来我们将介绍如何选择字体，确保字幕既具设计感又具可读性，从而增强观众的观看体验，原图与效果对比如图 7-14 所示。

图 7-14　原图与效果对比展示

下面介绍选择合适字体的操作方法：

STEP 01 打开一个项目文件，进入"剪辑"步骤面板，如图 7-15 所示。

STEP 02 在预览窗口中可以查看打开的项目效果，如图 7-16 所示。

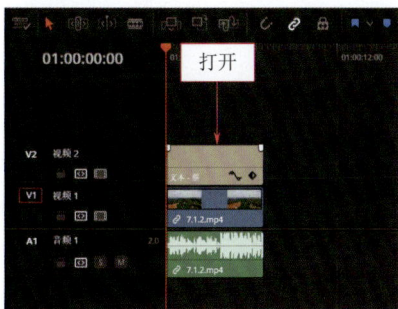

图 7-15　打开一个项目文件

图 7-16　查看打开的项目效果

STEP 03 双击 V2 轨道中的字幕文本，展开"检查器"｜"标题"选项卡，设置相应字体，如图 7-17 所示。执行操作后，即可更改标题字幕的字体，在预览窗口中可以查看更改的字幕效果。

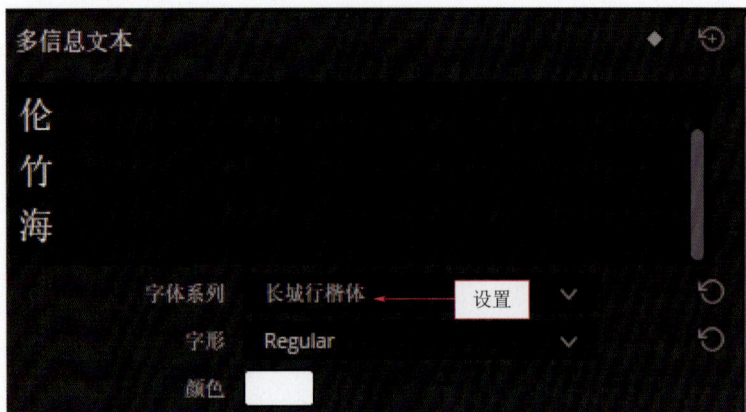

图 7-17　设置相应字体

7.1.3　色颜配置：调整文字色调

【效果对比】在视频编辑中，调整字幕的色调是提升可读性和视觉吸引力的重要步骤。选择与背景形成强对比度且符合整体风格的颜色，可以确保字幕清晰易读，同时增强情感表达。正确的色彩配置能够有效吸引观众的注意力，提升信息传递效果，原图与效果对比如图 7-18 所示。

图 7-18　原图与效果对比展示

下面介绍调整文字色调的操作方法：

STEP 01 打开一个项目文件，进入"剪辑"步骤面板，如图 7-19 所示。

STEP 02 在预览窗口中可以查看打开的项目效果，如图 7-20 所示。

STEP 03 双击 V2 轨道中的字幕文本，展开"检查器"｜"标题"选项卡，单击"颜色"右侧的色块，如图 7-21 所示。

STEP 04 弹出"选择颜色"对话框，在"基本颜色"选项区中选择第 3 排第 5 个颜色色块，如图 7-22 所示，单击 OK 按钮，返回"标题"选项卡。更改标题字幕的字体颜色后，在预览窗口中可以查看更改的字幕效果。

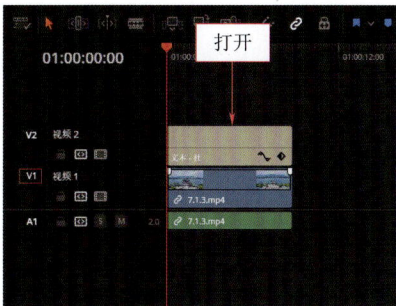

图 7-19 打开一个项目文件

图 7-20 查看打开的项目效果

图 7-21 单击"颜色"色块

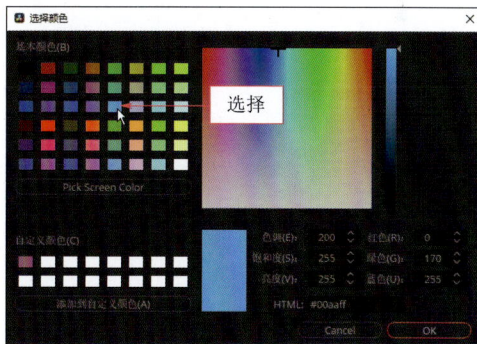

图 7-22 选择相应色块

7.1.4 尺寸控制：精细调整字型

【效果对比】在视频编辑中，适当调整字幕的字体大小至关重要。通过精细控制字体尺寸，可以确保字幕在不同观看环境下保持清晰度和协调性，从而提升信息传递的效果和观众的阅读体验，原图与效果对比如图 7-23 所示。

图 7-23 原图与效果对比展示

下面介绍尺寸控制的操作方法：

STEP 01 打开一个项目文件，进入"剪辑"步骤面板，在预览窗口中可以查看打开的项目效果，如图 7-24 所示。

STEP 02 双击 V2 轨道中的字幕文本，展开"检查器"|"标题"选项卡，设置"大小"参数为 118，如图 7-25 所示，即可更改字体大小，最后在预览窗口中查看更改的字幕效果。

图 7-24　查看打开的项目效果

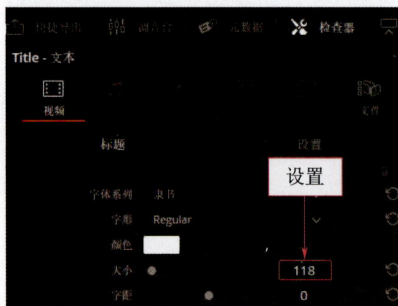

图 7-25　设置"大小"参数

7.1.5　边框设计：增加线框装饰

【效果对比】为字幕添加边框是提升视觉效果和字幕辨识度的有效方法。通过与视频风格协调的边框设计，字幕既美观又不突兀，同时增强专业感，确保观众能够轻松阅读字幕内容，原图与效果对比如图 7-26 所示。

图 7-26　原图与效果对比展示

下面介绍为标题增加线框装饰的操作方法：

STEP 01 打开一个项目文件，进入"剪辑"步骤面板，在预览窗口中可以查看打开的项目效果，如图 7-27 所示。

STEP 02 双击 V2 轨道中的字幕文件，展开"检查器"|"标题"选项卡，在"描边"选项区中，单击"色彩"色块，如图 7-28 所示。

STEP 03 弹出"选择颜色"对话框，在"基本颜色"选项区中选择蓝色色块，如图 7-29 所示。

STEP 04 单击 OK 按钮，返回"标题"选项卡，在"描边"选项区中按住鼠标左键拖动"大小"右侧的滑块，直至参数显示为 2，释放鼠标左键，如图 7-30 所示。执行操作后，即可为标题字幕添加描边效果，最后在预览窗口中查看最终效果。

图 7-27　查看打开的项目效果

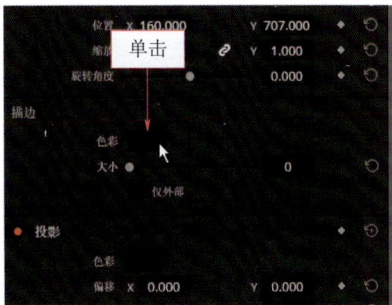

图 7-28　单击"色彩"色块

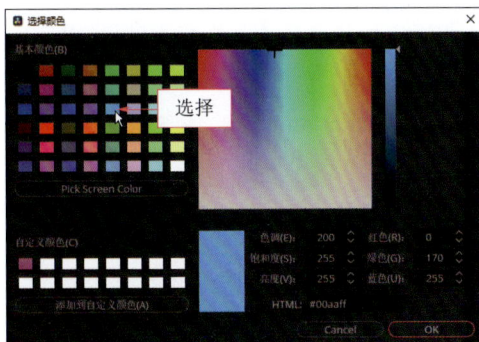

图 7-29　选择蓝色色块

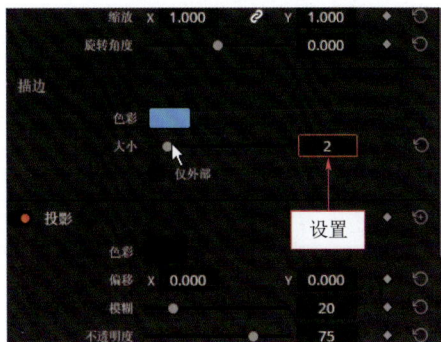

图 7-30　设置"大小"参数

7.1.6　强调效果：提升视觉冲击

【效果对比】通过对字体样式、大小、颜色及动画的灵活运用，可以有效增强字幕的视觉冲击力。适当地强调效果不仅能吸引观众的注意，还能突出核心信息，确保字幕与视频内容和谐统一，强化观众对视频主题的印象，原图与效果对比如图 7-31 所示。

图 7-31　原图与效果对比展示

下面介绍具体的操作方法：

STEP 01 打开一个项目文件，进入"剪辑"步骤面板，如图 7-32 所示。

STEP 02 在预览窗口中可以查看打开的项目效果，如图 7-33 所示。

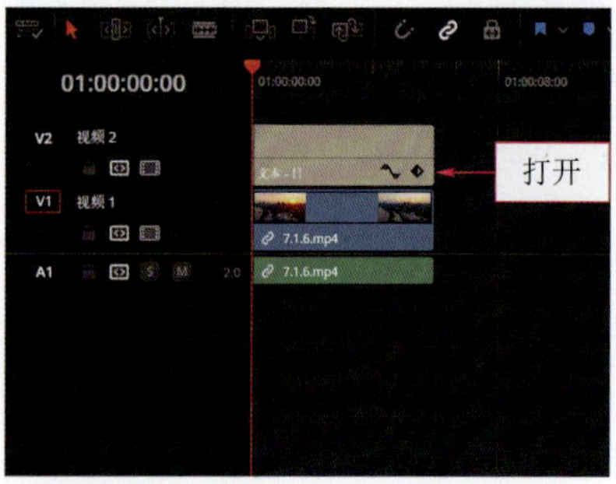

图 7-32　打开一个项目文件

图 7-33　查看打开的项目效果

STEP 03 双击 V2 轨道中的字幕文件，展开"检查器"|"标题"选项卡，在"投影"选项区中单击"色彩"色块，如图 7-34 所示。

STEP 04 弹出"选择颜色"对话框，在"基本颜色"选项区中选择第 4 排第 3 个颜色色块，如图 7-35 所示。

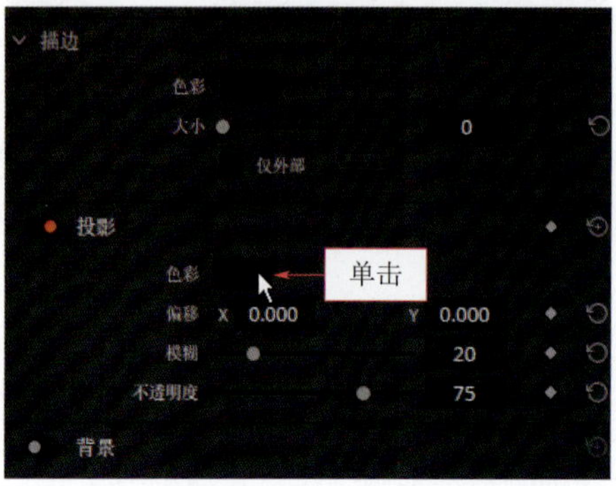

图 7-34　单击"色彩"色块

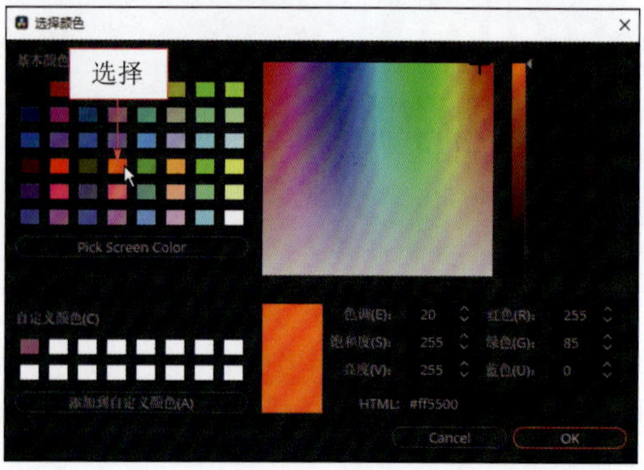

图 7-35　选择第 4 排第 3 个颜色色块

STEP 05 单击 OK 按钮，返回"标题"选项卡，在"投影"选项区中设置"偏移"中的 X 参数为 17.000、Y 参数为 1.000，如图 7-36 所示。

STEP 06 设置"模糊"参数为 16、"不透明度"参数为 95，如图 7-37 所示，即可为文字元素添加柔和的模糊效果。执行操作后，即可为标题字幕制作投影效果，最后在预览窗口中查看更改的字幕效果。

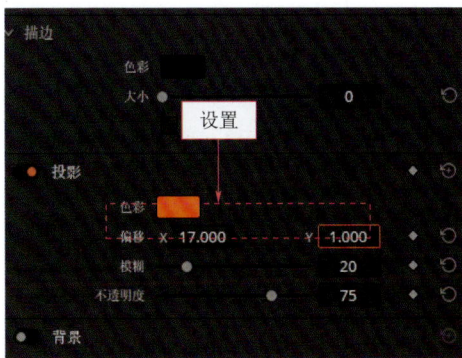

图 7-36　设置"偏移"参数

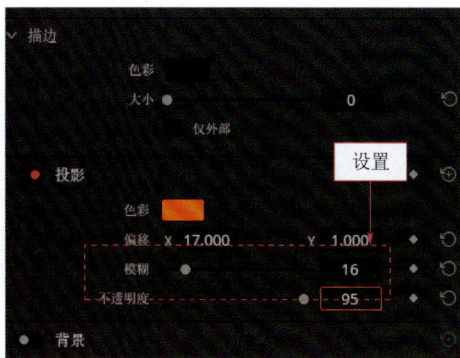

图 7-37　设置相应参数

7.1.7　背景搭配：设定底色方案

【效果对比】为字幕设置适当的背景颜色，有助于提高可读性和整体视觉效果。选择与字幕颜色形成对比的背景，不仅确保字幕清晰易读，还能与视频风格相辅相成，提升整体的观赏体验和美观度，原图与效果对比如图 7-38 所示。

图 7-38　原图与效果对比展示

下面介绍具体的操作方法：

STEP 01 打开一个项目文件，进入"剪辑"步骤面板，在预览窗口中可以查看打开的项目效果，如图 7-39 所示。

STEP 02 双击 V2 轨道中的字幕文本，展开"检查器"|"标题"选项卡，在"背景"选项区中单击"色彩"色块，如图 7-40 所示。

STEP 03 弹出"选择颜色"对话框，在"基本颜色"选项区中选择白色色块，如图 7-41 所示，单击 OK 按钮。

STEP 04 在"背景"选项区中设置"轮廓颜色"为白色色块，如图 7-42 所示。

图 7-39　查看打开的项目效果

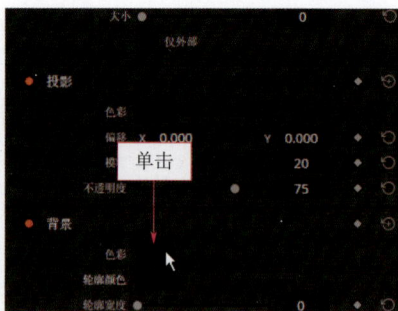

图 7-40　单击"色彩"色块

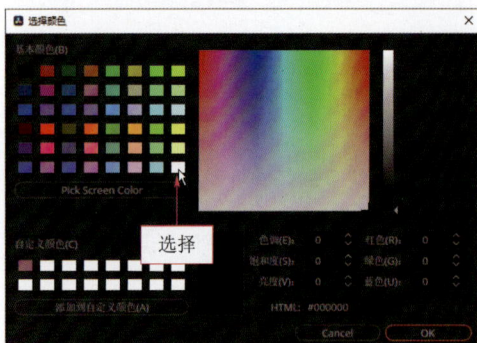

图 7-41　选择白色色块

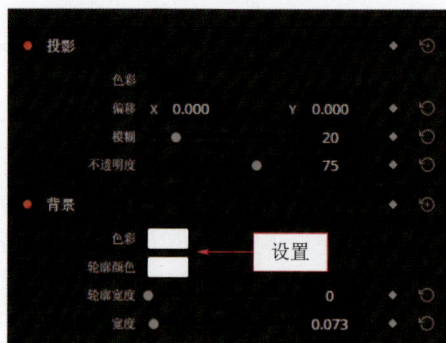

图 7-42　设置"轮廓颜色"为白色色块

STEP 05 设置"宽度"参数为 0.073、"高度"参数为 0.456、"边角半径"参数为 0.046，如图 7-43 所示。

STEP 06 设置"中心"中的 X 参数为 −4.000、Y 参数为 8.000、"不透明度"参数为 14，如图 7-44 所示。执行操作后，即可为标题字幕添加标题背景，最后在预览窗口中即可查看更改的字幕效果。

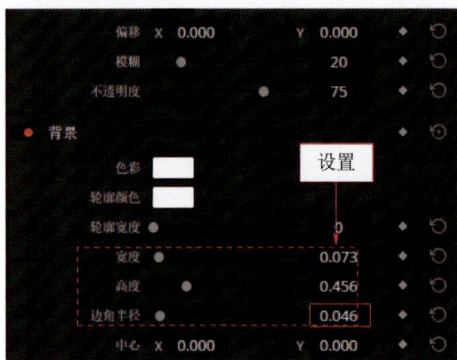

图 7-43　设置相应参数（1）

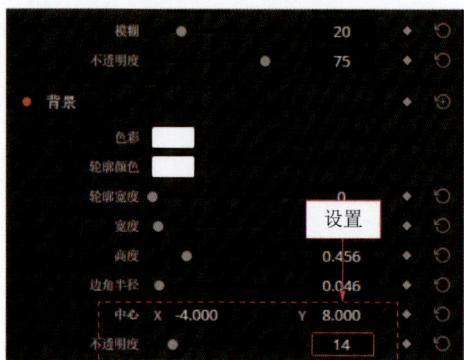

图 7-44　设置相应参数（2）

7.2 ▶ 动态字幕制作

通过动画效果如淡入淡出、路径移动，动态字幕为视频文本注入活力，与内容节奏同步，增强信息传递和观赏性，为观众带来更加动态和吸引人的视觉体验。

7.2.1 淡入淡出：制作平滑过渡

【效果展示】在视频制作中，淡入淡出是一种常用的动画效果，通过这种方式，标题字幕能够以柔和的方式出现或消失，为观众带来更加流畅的观看体验，效果如图 7-45 所示。

图 7-45　效果展示

下面介绍制作字幕淡入淡出运动效果的操作方法：

STEP 01 ▶ 打开一个项目文件，在预览窗口中可以查看打开的项目效果，如图 7-46 所示。

STEP 02 ▶ 在"时间线"面板中选择 V2 轨道中添加的字幕文本，如图 7-47 所示。

图 7-46　查看打开的项目效果

图 7-47　选择 V2 轨道中添加的
字幕文本

STEP 03 ▶ 在"检查器"面板中单击"视频"标签，切换至选项卡，如图 7-48 所示。

STEP 04 ▶ 在"合成"选项区中，拖动"不透明度"右侧的滑块，直至参数显示为 0.00，单击"不透明度"参数右侧的关键帧按钮◆，添加第 1 个关键帧，如图 7-49 所示。

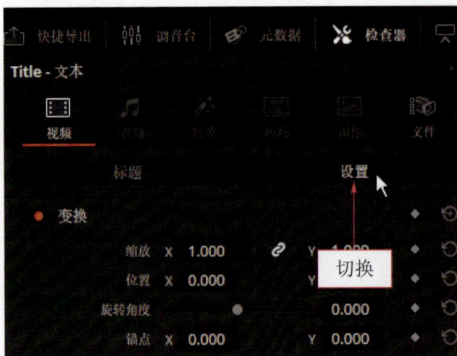

图 7-48　切换至"设置"选项卡

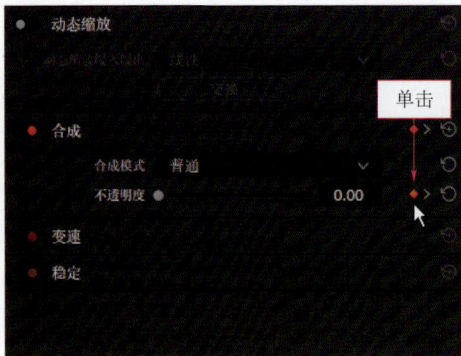

图 7-49　单击"不透明度"参数右侧的
按钮（1）

STEP 05 在"时间线"面板中将时间指示器拖动至 01：00：02：14 位置处，如图 7-50
所示。

STEP 06 在"检查器"|"视频"|"设置"选项卡中，设置"不透明度"参数为 100.00，
即可自动添加第 2 个关键帧，如图 7-51 所示。

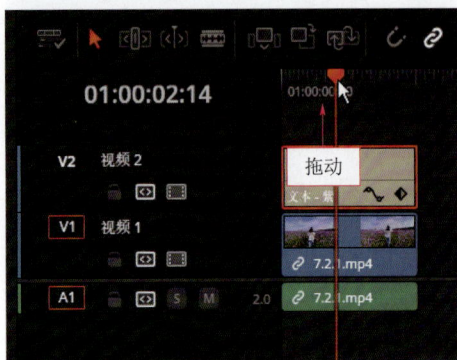

图 7-50　拖动时间指示器

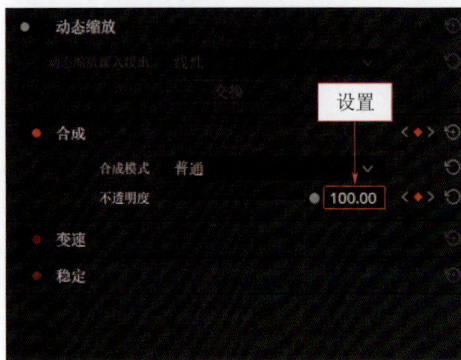

图 7-51　设置"不透明度"参数

STEP 07 在"时间线"面板中将"时间指示器"拖动至 01：00：04：04 位置处，在"检
查器"|"视频"|"设置"选项卡中单击"不透明度"右侧的关键帧按钮，添加第 3 个关键
帧，如图 7-52 所示。

STEP 08 在"时间线"面板中将"时间指示器"拖动至 01：00：05：12 位置处，在"检
查器"|"视频"|"设置"选项卡中再次向左拖动"不透明度"滑块，如图 7-53 所示，设置
"不透明度"参数为 0.00，即可自动添加第 4 个关键帧。执行操作后，可以在预览窗口中查
看字幕淡入淡出动画效果。

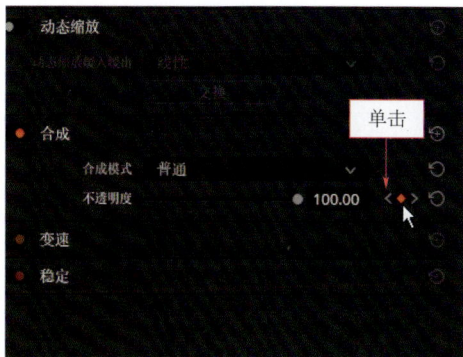

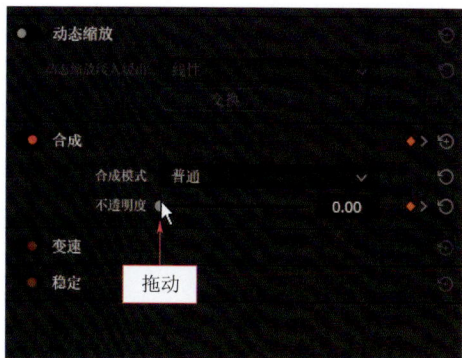

图 7-52　单击"不透明度"右侧的关键帧　　图 7-53　拖动"不透明度"滑块
　　　　　按钮（2）

7.2.2　放大动画：增强突出效果

【效果展示】通过字幕放大动画，使字幕随视频节奏动态变化，可以强调视频关键信息，增强视觉吸引力和内容表现力，为观众提供生动的视觉体验，效果如图 7-54 所示。

图 7-54　效果展示

下面介绍制作字幕放大突出运动效果的操作方法：

STEP 01 打开一个项目文件，在预览窗口中可以查看打开的项目效果，如图 7-55 所示。

STEP 02 在"时间线"面板中选择 V2 轨道中添加的字幕文本，如图 7-56 所示。

图 7-55　查看打开的项目效果　　　　图 7-56　选择 V2 轨道中添加的字幕文本

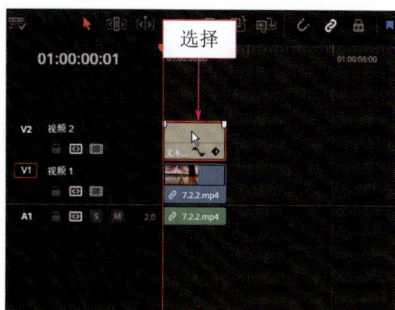

STEP 03 切换至"检查器"丨"设置"选项卡，单击"动态缩放"按钮 ⬛⬤，如图 7-57 所示。

STEP 04 在"动态缩放缓入缓出"选项区中单击下拉按钮 ⬛，弹出下拉列表，选择"缓入与缓出"选项，如图 7-58 所示。在预览窗口中可以查看字幕放大突出动画效果。

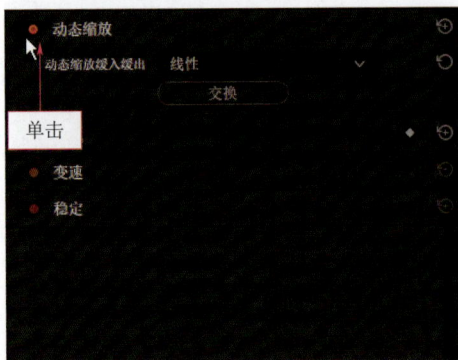

图 7-57　单击"动态缩放"按钮　　　　图 7-58　选择"缓入与缓出"选项

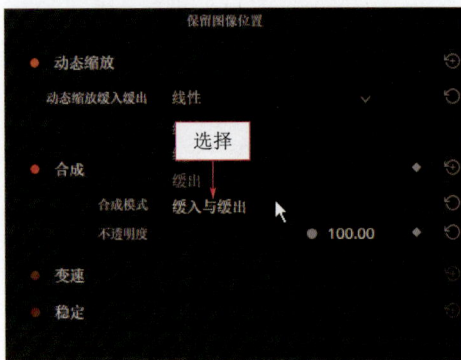

7.2.3　逐字显示：设计逐次显现

【效果展示】逐字显示动画通过模拟打字效果，逐步呈现字幕，吸引并引导观众注意力，增加叙述戏剧性。这种动画技巧提升视频吸引力，让观众更投入，享受专业且引人入胜的观看体验。效果如图 7-59 所示。

图 7-59　效果展示

下面介绍制作字幕逐字显示运动效果的操作方法：

STEP 01 打开一个项目文件，在预览窗口中，可以查看打开的项目效果，如图 7-60 所示。

STEP 02 在"时间线"面板中选择 V2 轨道中添加的字幕文本，如图 7-61 所示。

STEP 03 打开"检查器"丨"设置"选项卡，在"裁切"选项区中，拖动"裁切右侧"滑块至最右端，设置"裁切右侧"参数为最大值，单击"裁切右侧"的关键帧按钮 ◆，添加第

1 个关键帧，如图 7-62 所示。

STEP 04 在"时间线"面板中将"时间指示器"拖动至 01：00：03：25 位置处，在"检查器"|"视频"|"设置"选项卡的"裁切"选项区中，拖动"裁切右侧"滑块至最左端，设置"裁切右侧"参数为最小值，即可自动添加第 2 个关键帧，如图 7-63 所示。执行操作后，在预览窗口中可以查看字幕逐字显示动画效果。

图 7-60　查看打开的项目效果

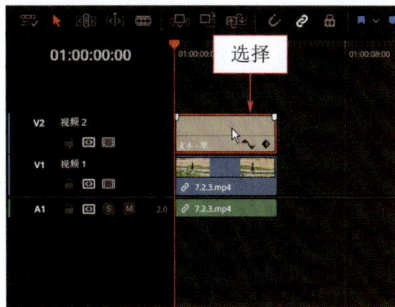

图 7-61　选择 V2 轨道中添加的字幕文本

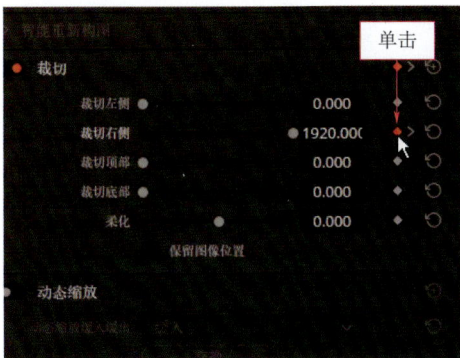

图 7-62　单击"裁切右侧"的关键帧按钮

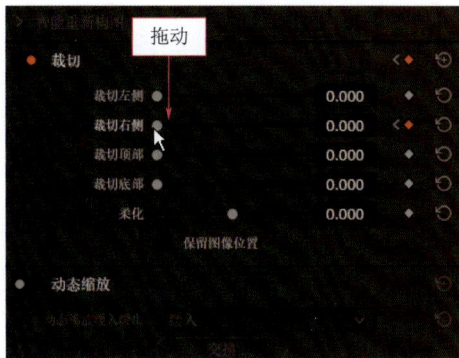

图 7-63　拖动"裁切右侧"滑块至最左端

7.2.4　滚屏展示：打造字幕流动

【效果展示】滚屏展示效果模拟电影结尾字幕，从屏幕底部或一侧缓慢向上滚动，既能有效展示职员表或大量文本，又能节省屏幕空间，保持视频的流畅感。这种动态效果能够吸引观众的注意力，特别适用于节奏较快的片段。通过增加滚屏动画，可以提升视频的专业感，让信息传递更加清晰有序，增强整体观看体验，效果如图 7-64 所示。

下面介绍制作电影落幕职员表滚屏效果的操作方法：

STEP 01 打开一个项目文件，进入"剪辑"步骤面板，如图 7-65 所示。

STEP 02 在预览窗口中可以查看打开的项目效果，如图 7-66 所示。

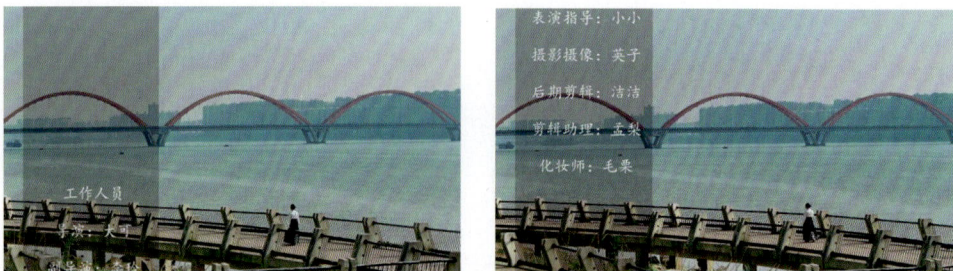

图 7-64 效果展示

图 7-65 打开一个项目文件

图 7-66 查看打开的项目效果

STEP 03 展开"标题"|"字幕"选项面板，选择"滚动"选项，如图 7-67 所示。

STEP 04 将"滚动"字幕样式添加至"时间线"面板的 V2 轨道上并调整字幕时长，如图 7-68 所示。

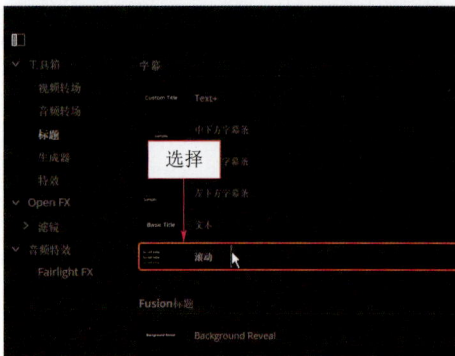

图 7-67 选择"滚动"选项

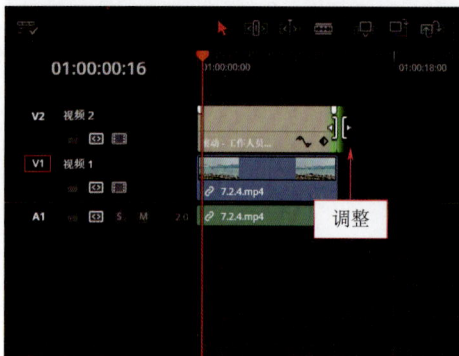

图 7-68 调整字幕时长

STEP 05 双击添加的"文本"字幕，展开"检查器"|"标题"选项卡，在"标题"下方的编辑框中输入滚屏字幕内容，如图 7-69 所示。

STEP 06 在"格式化"选项区中，设置相应字体、"大小"为 48、"对齐方式"为"居中"，如图 7-70 所示。

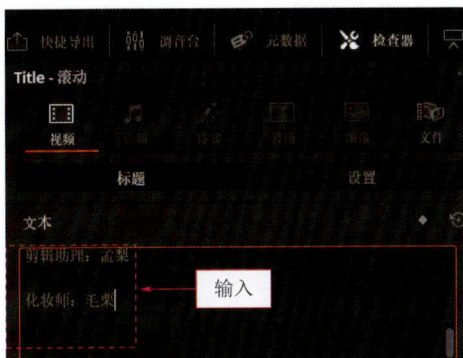

图 7-69　输入滚屏字幕内容

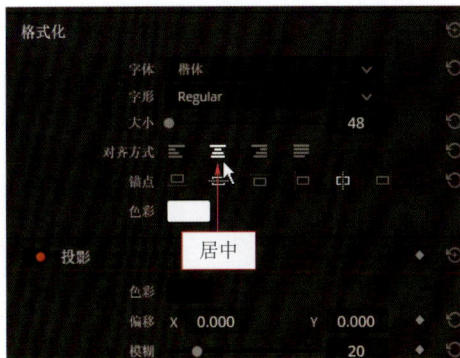

图 7-70　设置"对齐方式"为"居中"

STEP 07 在"背景"选项区中设置"宽度"参数为 0.266、"高度"参数为 1.274，如图 7-71 所示。

STEP 08 设置"中心"中的 X 参数为 3.000、Y 参数为 175.00、"不透明度"参数为 22，如图 7-72 所示，在预览窗口中适当调整文本位置，查看字幕滚屏动画效果。

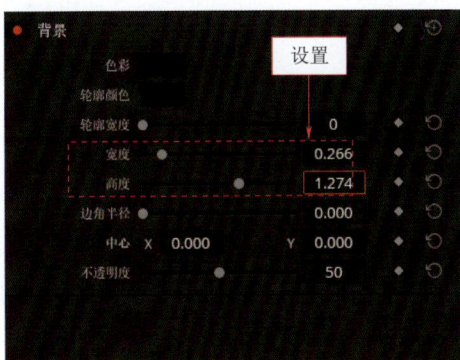

图 7-71　设置"宽度"和"高度"参数

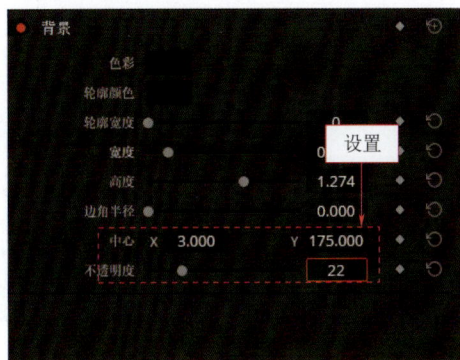

图 7-72　设置相应参数

| 第 8 章 |

转场设计：
打造视频的流畅过渡

转场是视频叙事的艺术桥梁，它巧妙地将镜头串联，让故事流转更加自然、生动。本章将深入探讨转场技巧，从基础到高级，让每位读者都能掌握如何通过精心设计的转场，提升作品的流畅性和吸引力。让我们一起走进转场的世界，学习如何让视频讲述更加动人。

8.1 转场编辑进阶

转场是视频制作中不可或缺的一环，它能够将不同的画面巧妙地连接起来，增强故事的连贯性和视觉冲击力。在本节中将深入探讨转场编辑的进阶技巧。

8.1.1 界面概览：视频转场面板

在 DaVinci Resolve 19 的多彩世界里，我们即将展开对视频编辑中至关重要的一环——转场编辑的探索。作为这段旅程的起点，下面我们将一览编辑界面的全貌，学习和掌握"视频转场"选项面板的丰富功能，如图 8-1 所示。

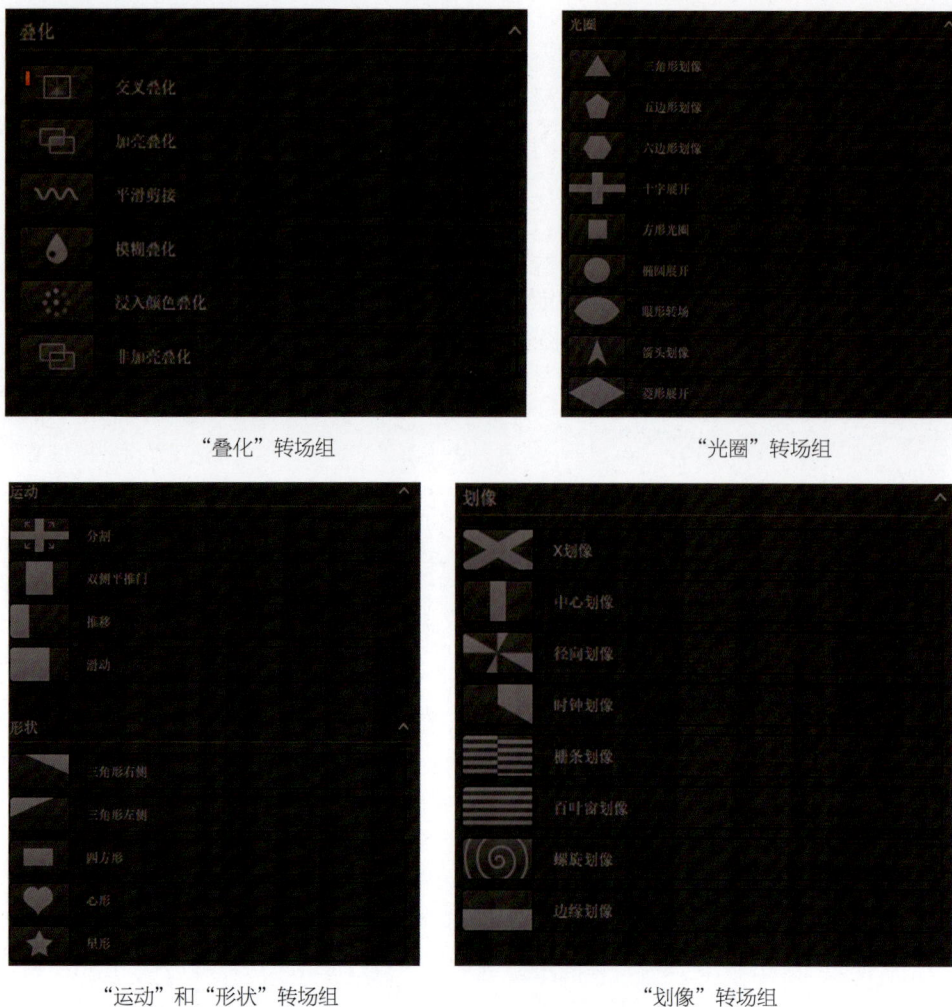

"叠化"转场组   "光圈"转场组

"运动"和"形状"转场组   "划像"转场组

图 8-1 "视频转场"面板中的转场组

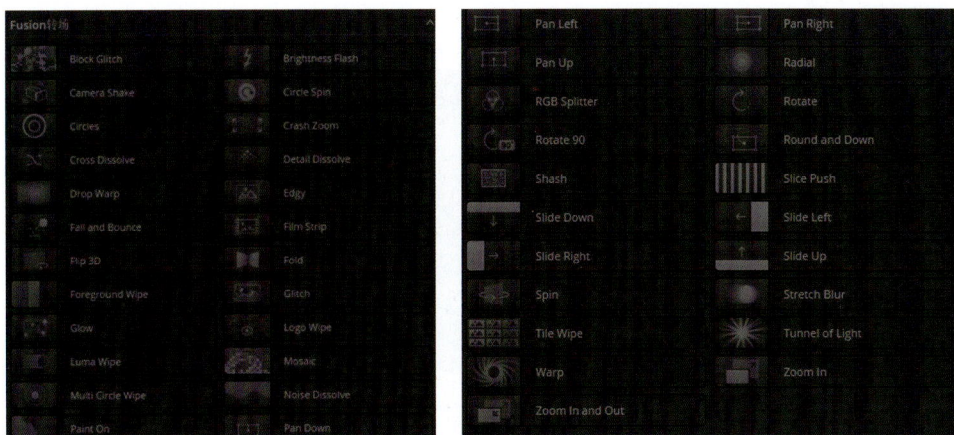

Fusion 转场组

Resolve FX 转场组

图 8-1 "视频转场"面板中的转场组（续）

这里汇集了各式各样的转场效果，每一种都蕴藏着无限的可能性。通过合理地运用这些效果，能够让视频素材之间的过渡变得流畅而富有生命力，进而打造出既绚丽又具有专业感的视频作品。现在让我们开启对转场艺术的精妙运用之旅。

8.1.2　更新指南：替换合适效果

【效果展示】在 DaVinci Resolve 19 中，如果用户对当前添加的转场效果不满意，可以对转场效果进行替换操作，使素材画面更加符合用户的需求，效果如图 8-2 所示。

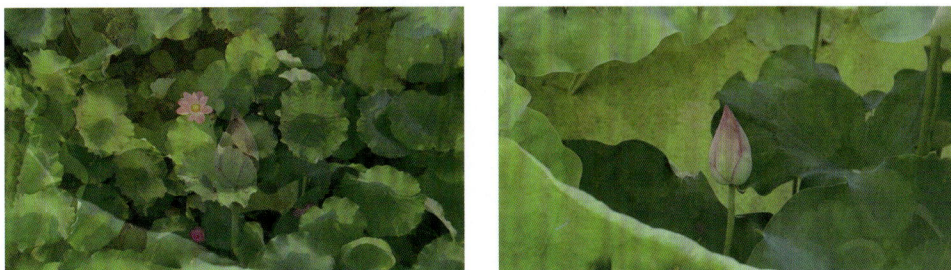

图 8-2　效果展示

下面介绍替换合适转场效果的操作方法：

STEP 01 打开一个项目文件，进入"剪辑"步骤面板，如图 8-3 所示。

STEP 02 在预览窗口中可以查看打开的项目效果，如图 8-4 所示。

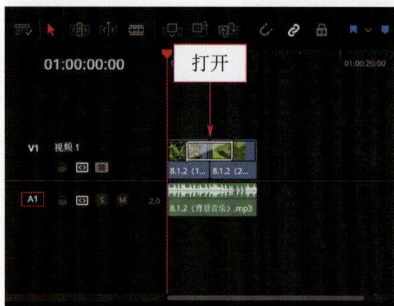

图 8-3　打开一个项目文件

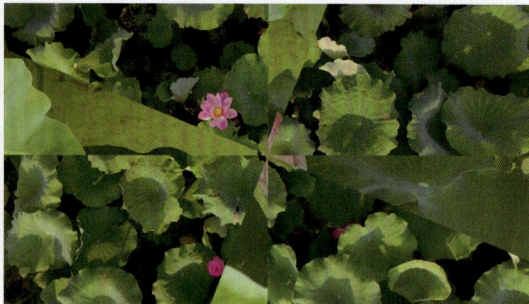

图 8-4　查看打开的项目效果

STEP 03 在"剪辑"步骤面板的左上角单击"特效库"按钮，如图 8-5 所示。

STEP 04 在"媒体池"面板下方展开"特效库"面板，单击"工具箱"左侧的下拉按钮
，如图 8-6 所示。

图 8-5　单击"特效库"按钮

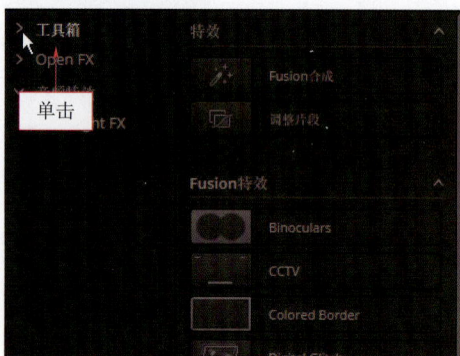

图 8-6　单击"工具箱"下拉按钮

STEP 05 展开"工具箱"选项列表，选择"视频转场"选项，如图 8-7 所示。

STEP 06 在"叠化"转场组中选择"平滑剪接"转场，如图 8-8 所示。

图 8-7　选择"视频转场"选项

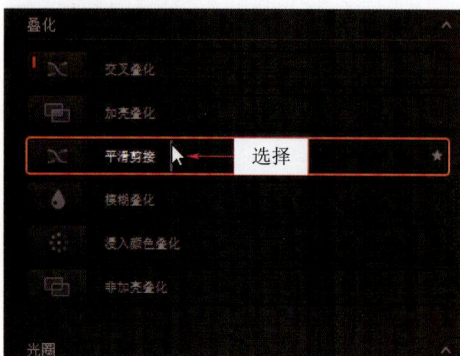

图 8-8　选择"平滑剪接"转场

STEP 07 按住鼠标左键，将选择的转场拖动至"时间线"面板的两个视频素材中间，如图 8-9 所示，释放鼠标左键，即可替换原来的转场，在预览窗口中查看替换后的转场效果。

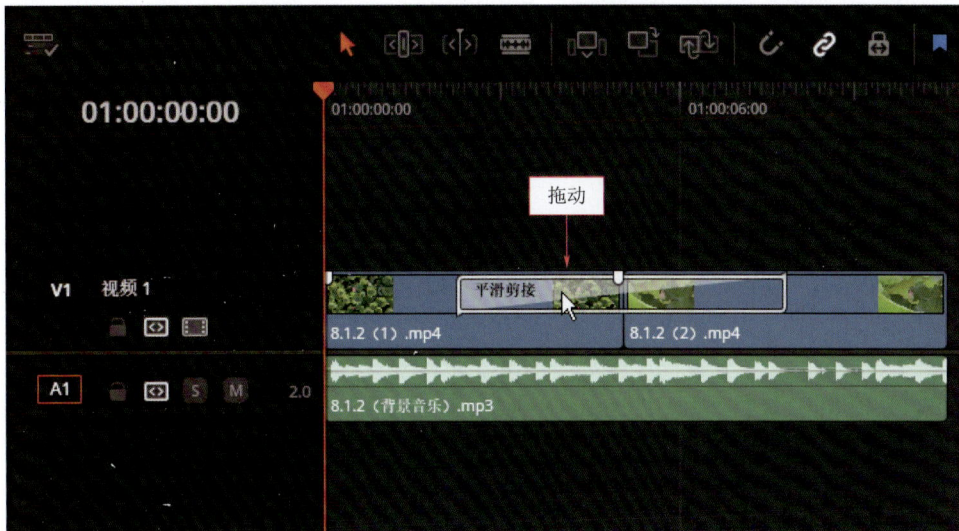

图 8-9　拖动转场效果

8.1.3　替换转场位置：提升整体观感

【效果展示】在 DaVinci Resolve 19 中，用户可以根据实际需要对转场效果进行移动，将转场效果放置到合适的位置上，从而提升整体观感。效果如图 8-10 所示。

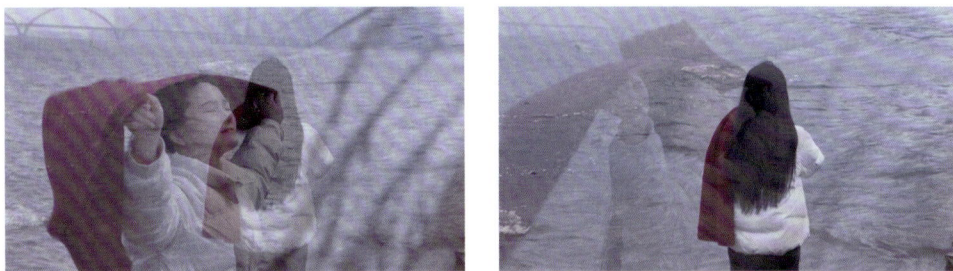

图 8-10　效果展示

下面介绍微调转场效果的操作方法：

STEP 01 打开一个项目文件，进入"剪辑"步骤面板，如图 8-11 所示。

STEP 02 在预览窗口中，可以查看打开的项目效果，如图 8-12 所示。

图 8-11　打开一个项目文件

图 8-12　查看打开的项目效果

STEP 03 在"时间线"面板的 V1 轨道上选中第 1 段视频和第 2 段视频之间的转场，如图 8-13 所示。

STEP 04 按住鼠标左键，拖动转场至第 2 段视频与第 3 段视频之间，如图 8-14 所示，释放鼠标左键，即可移动转场位置。在预览窗口中即可查看移动转场位置后的视频效果。

图 8-13　选中转场效果

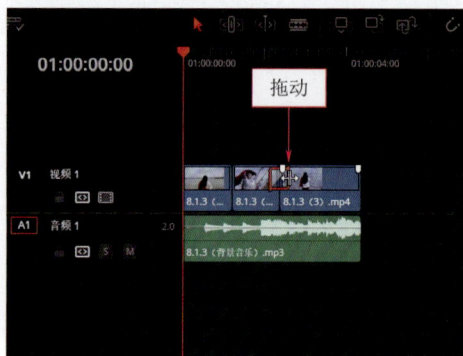

图 8-14　拖动转场

8.1.4　优化操作：删除多余效果

【效果展示】在制作视频效果的过程中，如果用户对视频轨中添加的转场效果不满意，此时可以对转场效果进行删除操作，效果如图 8-15 所示。

下面介绍删除无用转场效果的操作方法：

STEP 01 打开一个项目文件，进入"剪辑"步骤面板，如图 8-16 所示。

STEP 02 在预览窗口中可以查看打开的项目效果，如图 8-17 所示。

STEP 03 在"时间线"面板的 V1 轨道上选中视频素材上的转场效果，如图 8-18 所示。

STEP 04 右击，弹出快捷菜单，选择"删除"选项，如图 8-19 所示，在预览窗口中即可查看删除转场后的视频效果。

图 8-15　效果展示

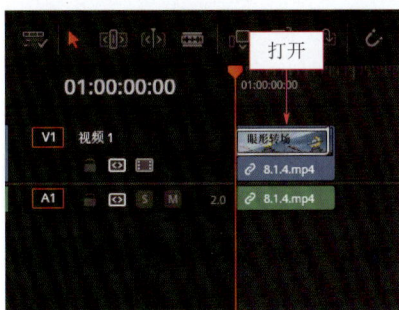

图 8-16　打开一个项目文件

图 8-17　查看打开的项目效果

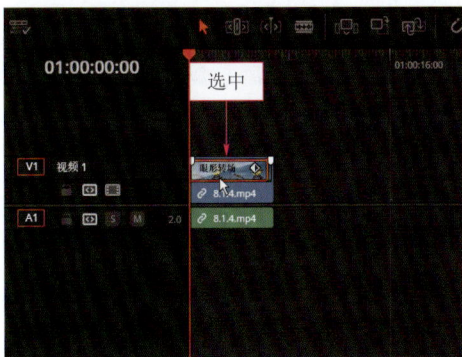

图 8-18　选中视频素材上的转场效果

图 8-19　选择"删除"选项

8.1.5　白色装饰：应用边框效果

【效果展示】在 DaVinci Resolve 19 中，在素材之间添加转场效果后为其设置白色边框。这一细节不仅增强视觉效果，还为视频增添精致感，效果如图 8-20 所示。

图 8-20　效果展示

下面介绍为转场添加白色边框的操作方法：

STEP 01 ▶ 打开一个项目文件，进入"剪辑"步骤面板，如图 8-21 所示。

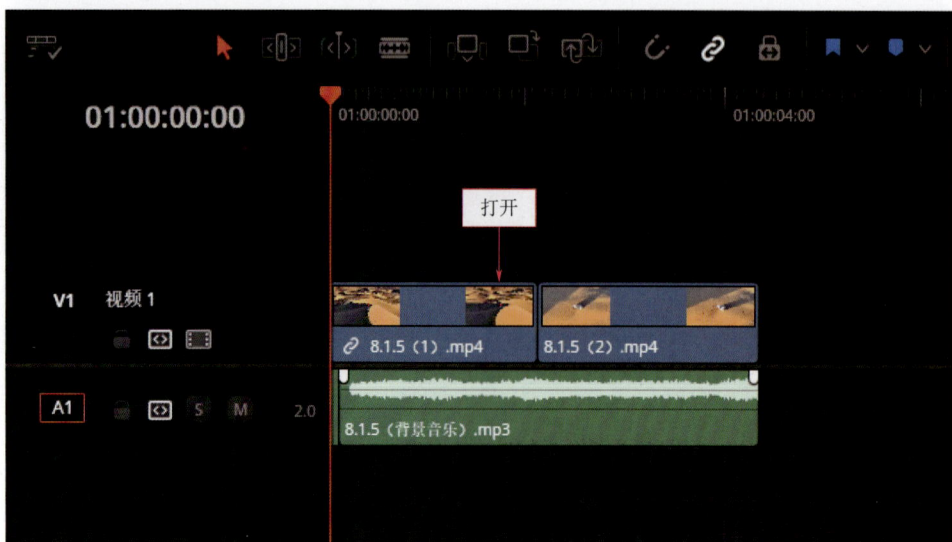

图 8-21　打开一个项目文件

STEP 02 ▶ 在 V1 轨道上的第 1 个视频素材和第 2 个视频素材中间，添加一个"菱形展开"转场特效，如图 8-22 所示。

STEP 03 ▶ 在预览窗口中可以查看添加的转场特效，如图 8-23 所示。

STEP 04 ▶ 在"时间线"面板的 V1 轨道上双击视频素材上的转场特效，如图 8-24 所示。

STEP 05 展开"检查器"面板，单击"转场"按钮，在"视频"选项面板中，用户可以通过拖动"边框"滑块或在文本框内输入参数的方式，调整转场效果，如设置"边框"参数为 15.000，如图 8-25 所示，增强视觉层次感，在预览窗口中即可查看为转场添加边框后的视频特效。

图 8-22 添加一个"菱形展开"转场特效

图 8-23 查看添加的转场特效

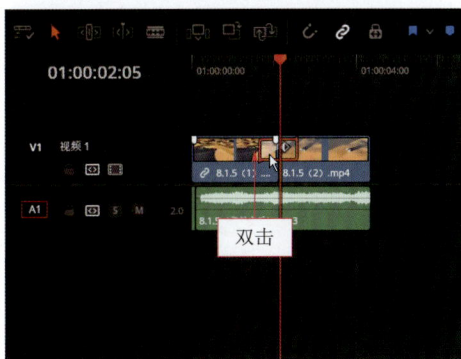

图 8-24 双击视频素材上的转场特效

图 8-25 设置"边框"参数

8.2 创意转场技法探索

达芬奇 19 软件提供了多样化的创意转场效果，帮助大家实现流畅且富有视觉冲击力的场景切换。通过灵活调整转场方式，用户可以轻松提升视频的视觉效果，使每个切换都更具艺术感。

8.2.1 圆形绽放：动态展开魅力

【效果展示】圆形绽放转场如同花朵绽放，通过椭圆形动态展开，巧妙连接前后画面，为观众带来柔和的视觉过渡，效果如图 8-26 所示。

图 8-26　效果展示

下面介绍添加圆形绽放转场的操作方法：

STEP 01　打开一个项目文件，进入"剪辑"步骤面板，如图 8-27 所示。

STEP 02　在"视频转场"|"光圈"选项面板中，选择"椭圆展开"转场，如图 8-28 所示。

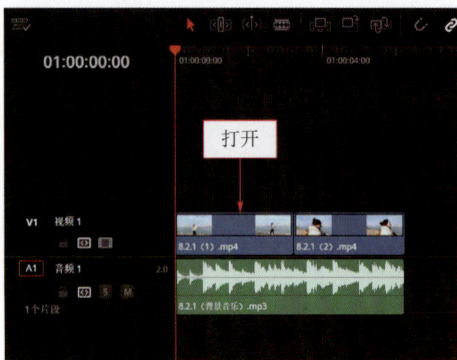

图 8-27　打开一个项目文件

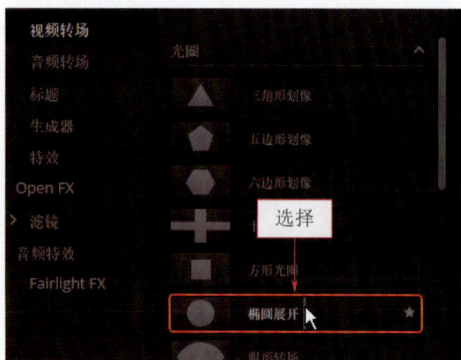

图 8-28　选择"椭圆展开"转场

STEP 03　按住鼠标左键，将选择的转场拖动至视频轨中的两个素材之间，如图 8-29 所示。

STEP 04　释放鼠标左键，即可添加"椭圆展开"转场，用鼠标左键双击转场特效，展开"检查器"|"转场"面板，设置"时长"参数为 3.9 秒 116 帧数，设置"边框"参数为 12.000，如图 8-30 所示，突出转场效果。

图 8-29　拖动转场效果

图 8-30　设置"边框"参数

STEP 05 单击"色彩"右侧的色块，弹出"选择颜色"对话框，在"基本颜色"选项区中选择最后一排第 5 个色块，如图 8-31 所示，单击 OK 按钮，即可为边框设置颜色。在预览窗口中，可以查看制作的视频效果。

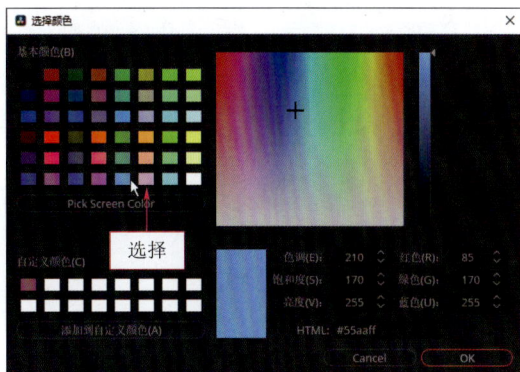

图 8-31　选择最后一排第 5 个色块

温馨提醒

在 DaVinci Resolve 19 中，为两个视频素材添加转场特效时，视频素材需要经过剪辑处理才能应用转场，否则转场只能添加到素材的开始位置处或结束位置处，不能放置在两个素材中间。

8.2.2　帘幕切换：百叶窗式新玩法

【效果展示】从经典的百叶窗中汲取灵感，帘幕切换以独特的开合方式赋予转场全新的表现力。画面像百叶窗般徐徐展开，营造出柔和的时空转换效果，效果如图 8-32 所示。

图 8-32　效果展示

下面介绍添加百叶窗风格转场的操作方法：

STEP 01 打开一个项目文件，进入"剪辑"步骤面板，如图 8-33 所示。

STEP 02 在"视频转场"｜"划像"选项面板中选择"百叶窗划像"转场，如图 8-34 所示。

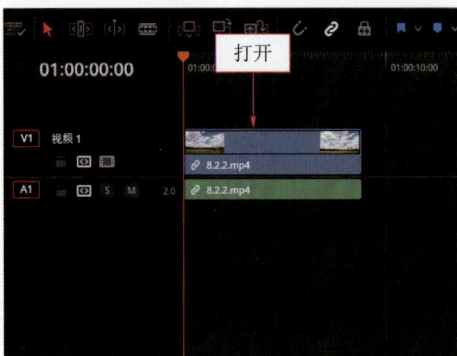

图 8-33　打开一个项目文件

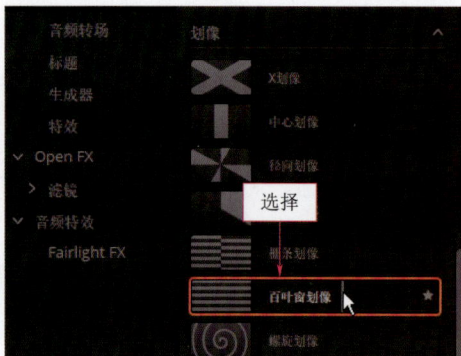

图 8-34　选择"百叶窗划像"转场

STEP 03 按住鼠标左键，将选择的转场拖动至视频素材的末端，释放鼠标左键，即可添加"百叶窗划像"转场特效，如图 8-35 所示。

STEP 04 选择添加的转场，将鼠标移至转场左边的边缘线上，当光标呈左右双向箭头形状时■■，按住鼠标左键并向左拖动至合适位置后释放鼠标左键，即可增加转场时长，如图 8-36 所示。在预览窗口中可以查看制作的视频效果。

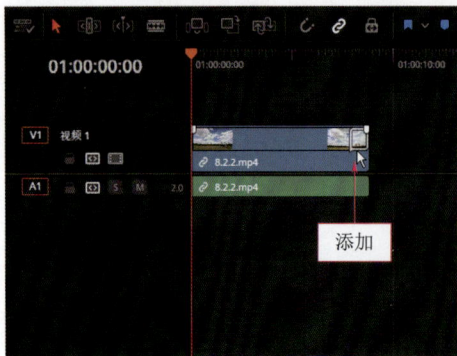

图 8-35　添加"百叶窗划像"转场特效

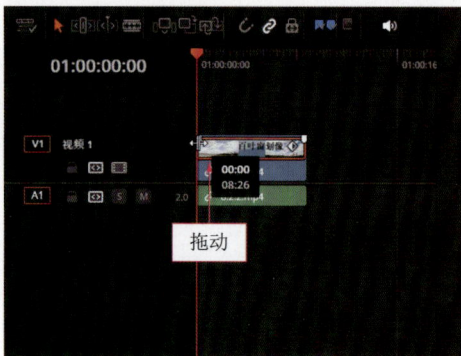

图 8-36　增加转场时长

8.2.3　影像交融：交叉叠化转场

【效果展示】当两个画面交融叠影，仿佛时间与空间在此刻交织。交叉叠化转场通过这种视觉错觉，创造出引人入胜的效果，让观众在光影交错中感受画面的连续性。效果如图 8-37 所示。

图 8-37　效果展示

下面介绍添加交叉叠化转场的操作方法：

STEP 01 打开一个项目文件，进入"剪辑"步骤面板，如图 8-38 所示。

STEP 02 在"视频转场"|"叠化"选项面板中，选择"交叉叠化"转场，如图 8-39 所示。

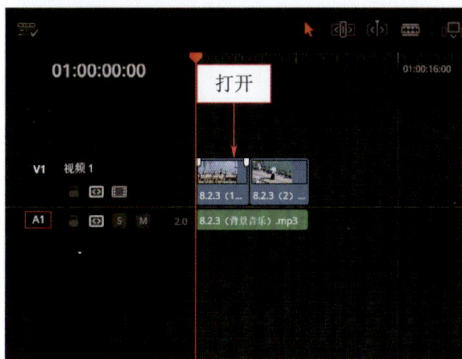

图 8-38　打开一个项目文件

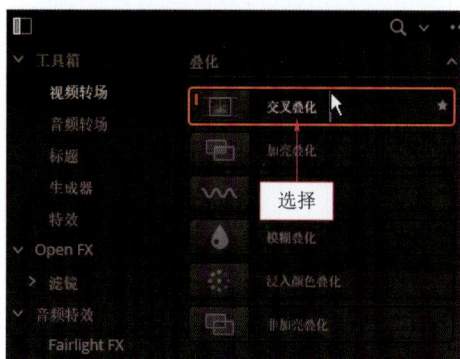

图 8-39　选择"交叉叠化"转场

STEP 03 按住鼠标左键，将选择的转场拖动至视频轨中的两个素材之间，释放鼠标左键，即可添加"交叉叠化"转场特效，如图 8-40 所示。

STEP 04 选择添加的转场，将鼠标移至转场右边的边缘线上，当光标呈左右双向箭头形状时 ↔，按住鼠标左键并向右拖动至合适位置后释放鼠标左键，即可增加转场时长，如图 8-41 所示，在预览窗口中可以查看制作的视频效果。

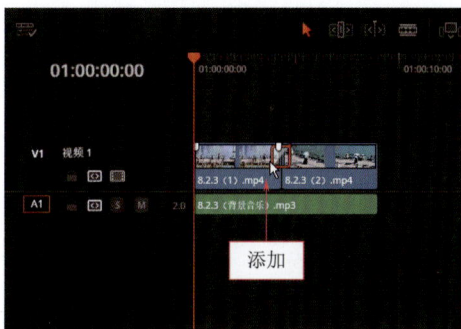

图 8-40　添加"交叉叠化"转场特效

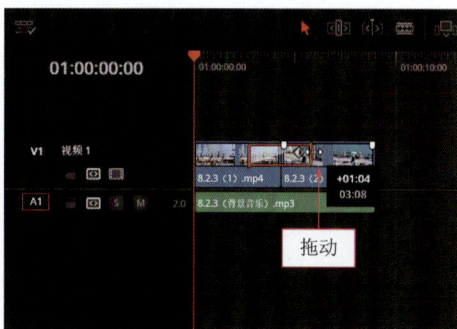

图 8-41　增加转场时长

8.2.4　移动过渡：单向滑动效果

【效果展示】简洁而不失优雅，以单一方向的滑动设计，为视频转场带来一抹清新之风。它如同时间的河流，静静地流淌，将前后镜头自然衔接，让观众在无形中感受到故事的流转，效果如图 8-42 所示。

图 8-42　效果展示

下面介绍添加滑动转场的操作方法：

STEP 01 打开一个项目文件，进入"剪辑"步骤面板，如图 8-43 所示。

STEP 02 在"视频转场"|"运动"选项面板中选择"滑动"转场，如图 8-44 所示。

图 8-43　打开一个项目文件

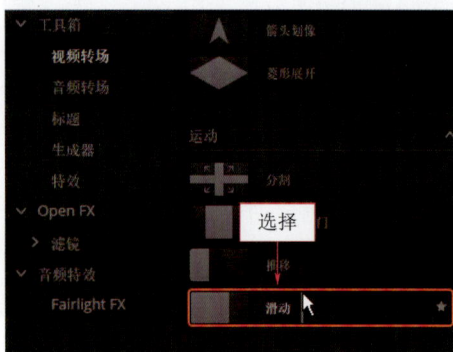

图 8-44　选择"滑动"转场

STEP 03 按住鼠标左键，将选择的转场拖动至视频轨中的两个素材之间，并调整转场时长，如图 8-45 所示。

STEP 04 双击转场效果，展开"检查器"面板，在"视频"选项面板中单击"预设"下拉按钮，选择"滑动，从右往左"选项，如图 8-46 所示，执行操作后，即可使素材 A 从右往左滑动过渡显示素材 B，在预览窗口中可以查看制作的视频效果。

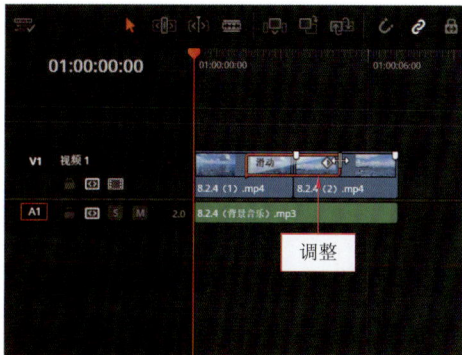

图 8-45　调整转场时长

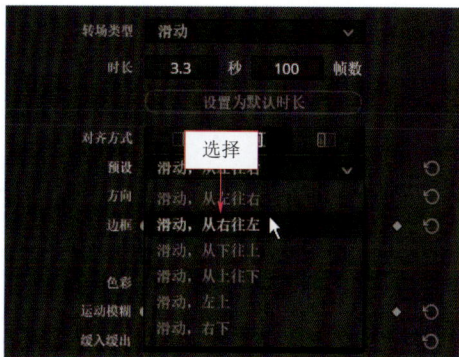

图 8-46　选择相应选项

8.2.5　熔合技术：AI 风格转场

【效果展示】AI 技术与创意转场相结合，便会碰撞出令人惊叹的火花。智能熔合技术采用烧毁风格的转场设计，通过智能算法独特地将前后镜头熔合在一起，仿佛在重塑时间与空间。这个转场效果为观众带来了前所未有的视觉震撼，效果如图 8-47 所示。

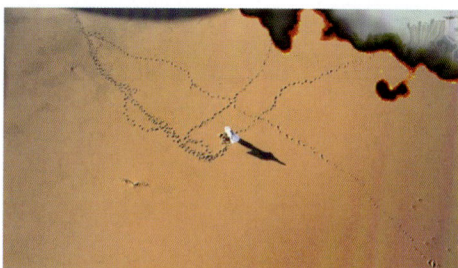

图 8-47　效果展示

下面介绍添加烧毁转场的操作方法：

STEP 01 打开一个项目文件，进入"剪辑"步骤面板，如图 8-48 所示。

STEP 02 在"视频转场"|"Resolve FX 转场"选项面板中选择"烧毁转场"转场，如图 8-49 所示。

STEP 03 按住鼠标左键，将选择的转场拖动至视频轨中的两个素材之间，释放鼠标左键，即可添加"烧毁转场"转场特效，如图 8-50 所示。

STEP 04 双击转场特效，展开"检查器"|"转场"面板，在"视频"选项面板中设置"时长"参数为 1.4 秒 42 帧数，如图 8-51 所示，在预览窗口中可以查看制作的视频效果。

图 8-48　打开一个项目文件

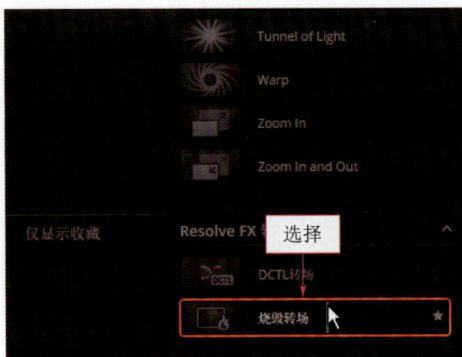

图 8-49　选择"烧毁转场"转场

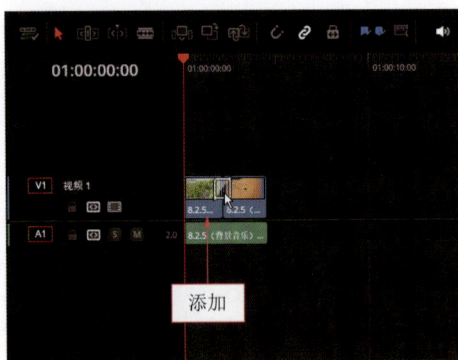

图 8-50　添加"烧毁转场"转场特效

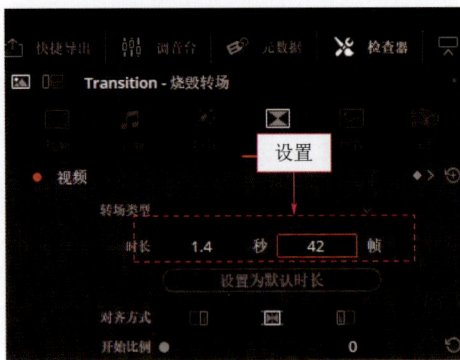

图 8-51　设置"时长"参数

8.2.6　流转效果：边缘划像魅力

【效果展示】在视频编辑的广阔天地里，转场效果如同魔术师的魔法棒，为画面增添无限魅力与创意。下面我们将探索一种独特且富有表现力的转场效果——边缘划像转场。在 DaVinci Resolve 19 中，边缘划像转场以其独特的流转方式，为视频用户带来了全新的视觉体验。接下来，让我们揭开这一效果的神秘面纱，感受边缘划像转场带来的画面流转魅力，效果如图 8-52 所示。

图 8-52　效果展示

下面介绍添加边缘划像转场的操作方法：

STEP 01 打开一个项目文件，进入"剪辑"步骤面板，如图 8-53 所示，在预览窗口中可以查看打开的项目效果，画面的色彩不够明亮清晰。

STEP 02 切换至"调色"步骤面板，展开"色轮"|"一级 - 校色轮"面板，设置"中间调细节"参数为 64.00，如图 8-54 所示，提升画面细节。

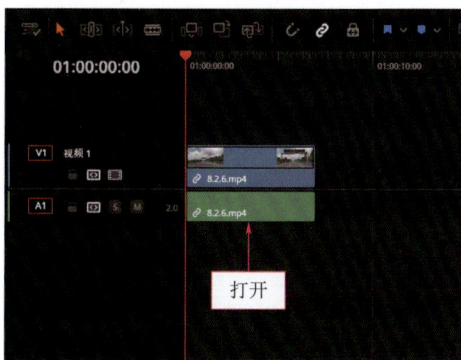

图 8-53　打开一个项目文件

图 8-54　设置"中间调细节"参数

STEP 03 将鼠标移至"暗部"色轮下方的轮盘上，按住鼠标左键并向左拖动，直至色轮下方的参数均显示为 −0.05，降低暗部提升明亮区域，设置"饱和度"参数为 77.00，如图 8-55 所示，增强色彩层次。

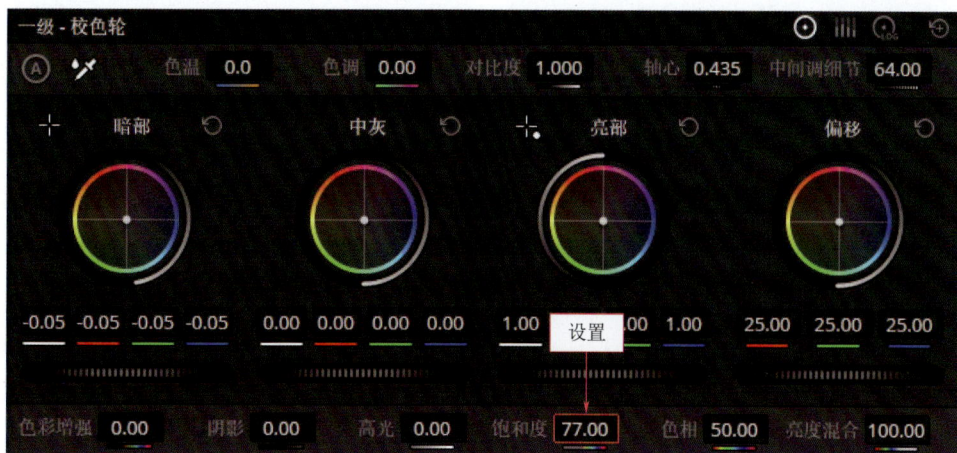

图 8-55　设置"饱和度"参数

STEP 04 单击"文件"菜单，弹出下拉列表，选择"导出项目"选项，如图 8-56 所示。

STEP 05 弹出"导出项目文件"对话框，设置相应位置，单击"保存"按钮，如图 8-57所示。

图 8-56　选择"导出项目"选项

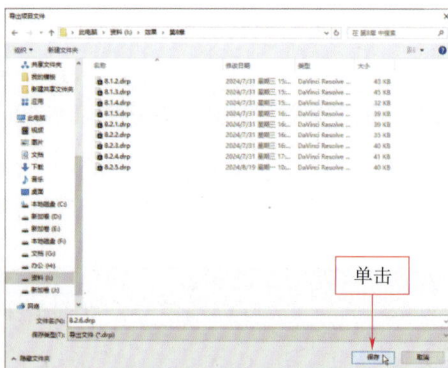

图 8-57　单击"保存"按钮

STEP 06 切换至"剪辑"步骤面板，在轨道中右击，弹出列表，选择"添加轨道"选项，如图 8-58 所示，即可添加 V2 轨道。

STEP 07 选中 V1 轨道中的视频，拖动至 V2 轨道上，释放鼠标左键，如图 8-59 所示。

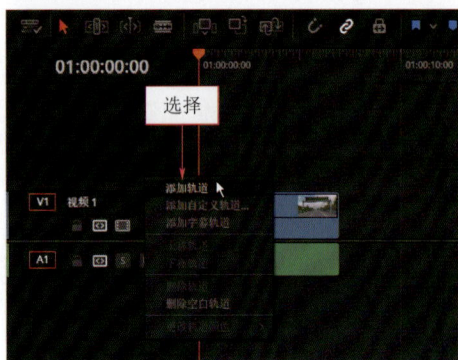

图 8-58　选择"添加轨道"选项

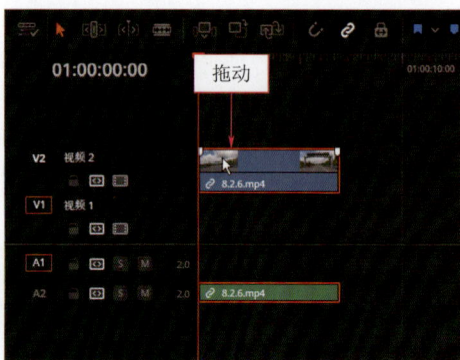

图 8-59　拖动至 V2 轨道

STEP 08 在"媒体池"面板中选中视频素材，如图 8-60 所示。

STEP 09 按住鼠标左键拖动至 V1 轨道上，如图 8-61 所示，释放鼠标左键，即可添加素材。

STEP 10 在 A2 音频轨道上单击"静音轨道"按钮 **M**，如图 8-62 所示，即可静音。

STEP 11 在"剪辑"步骤面板的左上角，单击"特效库"按钮，在"媒体池"面板下方展开"特效库"面板，单击"工具箱"左侧的下拉按钮，展开"工具箱"选项列表，选择"视频转场"选项，如图 8-63 所示。

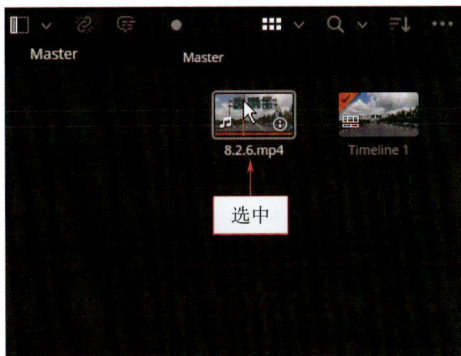

图 8-60　选中视频素材

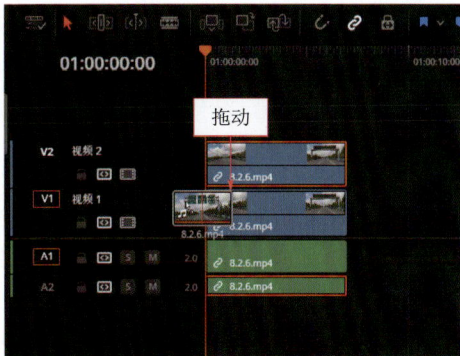

图 8-61　拖动至 V1 轨道上

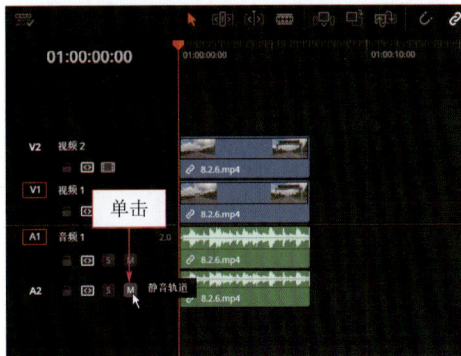

图 8-62　单击"静音轨道"按钮

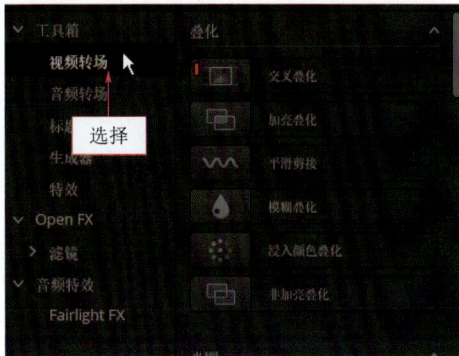

图 8-63　选择"视频转场"选项

STEP 12　在"划像"转场组中选择"边缘划像"转场，如图 8-64 所示。

STEP 13　按住鼠标左键，将选择的转场拖动至"时间线"面板的视频素材上，如图 8-65 所示，释放鼠标左键，即可添加转场。

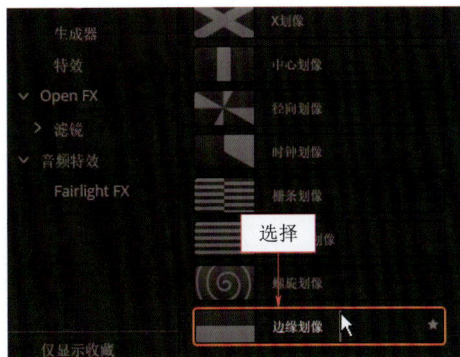

图 8-64　选择"边缘划像"转场

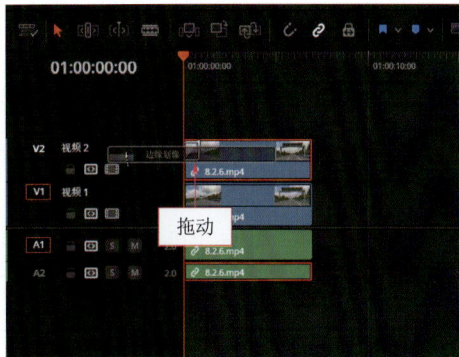

图 8-65　拖动至"时间线"面板的视频素材上

STEP 14 调整转场的时长，如图 8-66 所示。

STEP 15 展开"检查器"面板，单击"转场"按钮，在"视频"选项面板中设置"角度"参数为 90，如图 8-67 所示，即可更改滑屏的播放方式，在预览窗口中即可查看添加的特效。

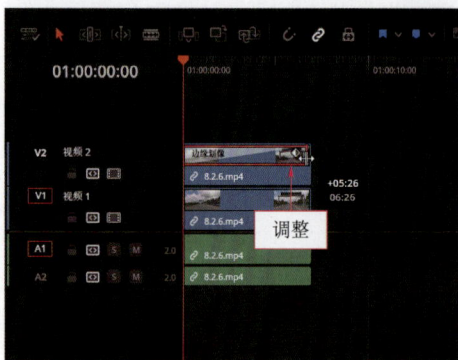

图 8-66　调整转场的时长

图 8-67　设置"角度"参数

|第 9 章|

调色卡点视频：
制作《划屏转场》效果

制作卡点视频，最重要的是找准音乐的节拍点。在达芬奇中，用户可以借助插件进行音频的踩点，也可以根据音频的节奏手动添加标记。另外，用户在选择音乐时，最好选择节奏明显的音频，既方便踩点，又能让卡点视频的效果更动感。本章以《划屏转场》为例，介绍制作调色卡点视频的操作方法。

9.1 《划屏转场》效果展示

调色卡点视频一般只用一段素材来进行制作，在每个卡点的位置运用转场来展示不同的调色效果。在制作《划屏转场》视频之前，首先来欣赏本实例的视频效果，如图 9-1 所示。

图 9-1　效果展示

9.2 《划屏转场》制作流程

本节将为大家介绍调色卡点视频的制作方法，包括添加节拍点标记、分割视频素材、AI 分段调色技术、设置划屏转场及添加视频字幕，希望大家熟练掌握本节内容，自己也可以制作出酷炫的调色卡点视频。

9.2.1　添加节拍点标记

为了更好地进行操作，用户可以删除素材自带的音频，添加卡点音乐并进行标记。下面介绍在达芬奇中添加节拍点标记的操作方法：

STEP 01 打开一个项目文件，在"时间线"面板的素材上右击，在弹出的快捷菜单中选择"链接片段"选项，如图 9-2 所示，取消视频和音频之间的链接。

STEP 02 在音频上右击，在弹出的快捷菜单中选择"删除所选"选项，如图 9-3 所示，将其删除。

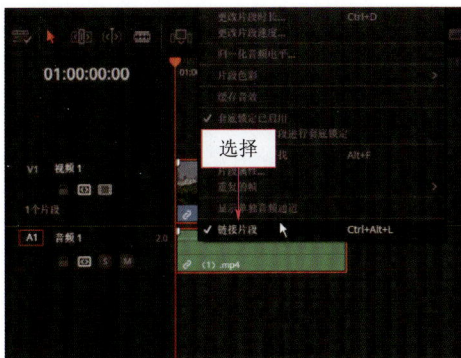

图 9-2 选择"链接片段"选项

图 9-3 选择"删除所选"选项

STEP 03 将"媒体池"面板中的背景音乐拖动至"音频 1"轨道中，即可为视频添加新的背景音乐，如图 9-4 所示。

STEP 04 在"时间线"面板中拖动时间指示器至 01：00：03：12 的位置，选择背景音乐，单击"标记"按钮▮，如图 9-5 所示。

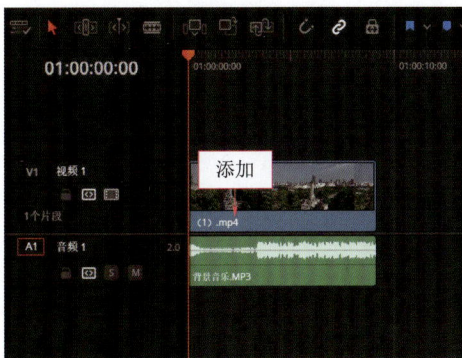

图 9-4 添加背景音乐

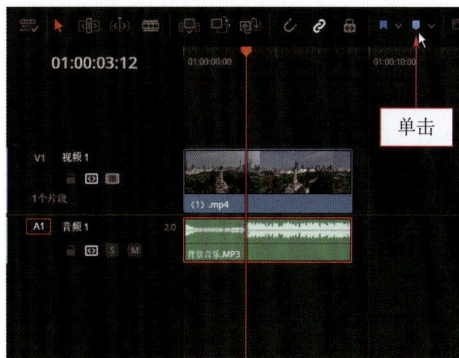

图 9-5 单击"标记"按钮

温馨提醒

　　在达芬奇 19 中，添加的标记默认是蓝色的，用户也可以拖动时间轴至相应位置，单击"标记"按钮▮右侧的下拉按钮，在弹出的列表框中选择其他颜色，即可添加不同颜色的标记。

STEP 05 执行操作后，即可添加一个蓝色标记，在背景音乐上会显示标记图标▮，在预览窗口的左上角会显示标记的时间和名称，如图 9-6 所示。

STEP 06 用与上相同的操作方法，在 01：00：05：01 和 01：00：06：13 位置添加两个标记，如图 9-7 所示，即可完成节拍点的标记。

图 9-6 显示标记图标、时间和名称

图 9-7 添加两个标记

温馨提醒

　　用户可以选择在背景音乐上添加标记，也可以在"时间线"面板的时间刻度上添加标记。不过，直接在背景音乐上添加标记可以避免后续在分割和删除素材上移动标记位置。

9.2.2 分割视频素材

　　用户可以根据标记点的位置对素材进行分割，这可以方便后续的调色和添加转场，也避免了多次导出和导入素材的烦琐，下面介绍在达芬奇中分割视频素材的操作方法：

STEP 01 在"时间线"面板的顶部单击"刀片编辑模式"按钮，如图 9-8 所示，准备对素材进行分割。

STEP 02 移动刀片工具至第 1 个标记的位置，在素材上右击，如图 9-9 所示，即可对素材进行第 1 次分割。

图 9-8 单击"刀片编辑模式"按钮

图 9-9 右击

STEP 03 ▶ 用与以上相同的操作方法，在第 2 个和第 3 个标记的位置再对素材进行分割，如图 9-10 所示。

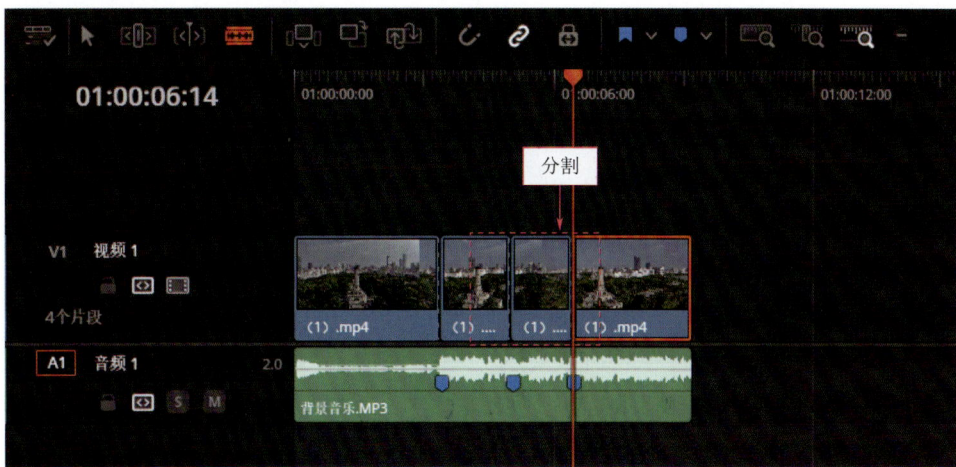

图 9-10　再对素材进行分割

9.2.3　AI 分段调色

AI 分段调色就是对视频不再是单一的全局调色处理，而是对视频画面进行场景分段细化，为每一段场景进行调色，下面介绍具体的操作方法：

STEP 01 ▶ 切换至"调色"步骤面板，在"片段"面板中选择第 2 段素材，如图 9-11 所示。

图 9-11　选择第 2 段素材

STEP 02 ▶ 在"一级 - 校色轮"面板中设置"阴影"参数为 100.00、"高光"参数为 100.00，如图 9-12 所示，提亮画面中的黑色部分和高光部分。

STEP 03 ▶ 在"片段"面板中选择第 3 段素材，在第 2 段素材上右击，在弹出的快捷菜单中选择"应用调色"选项，如图 9-13 所示，将第 2 段素材的调色参数应用到第 3 段素材上。

STEP 04 ▶ 在左上角单击"LUT 库"按钮，在下方的选项面板中选择 DJI 选项，展开相应面板，选择第 2 个滤镜样式，如图 9-14 所示。

STEP 05 按住鼠标左键并拖动至预览窗口的图像画面上，如图 9-15 所示，释放鼠标左键即可将选择的滤镜样式添加至视频素材上，提高图像的饱和度。

图 9-12　设置相应参数（1）

图 9-13　选择"应用调色"选项

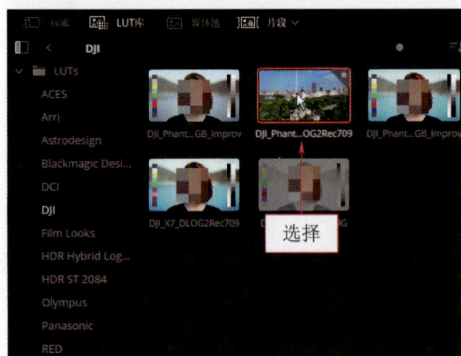

图 9-14　选择第 2 个滤镜样式

图 9-15　拖动至预览窗口的图像画面上

STEP 06 在"节点"面板中添加一个编号为 02 的串行节点，如图 9-16 所示。

STEP 07 在"一级 - 校色轮"面板中，设置"偏移"参数为 6.88、27.34、31.80，如图 9-17 所示，增加画面色彩的浓度。

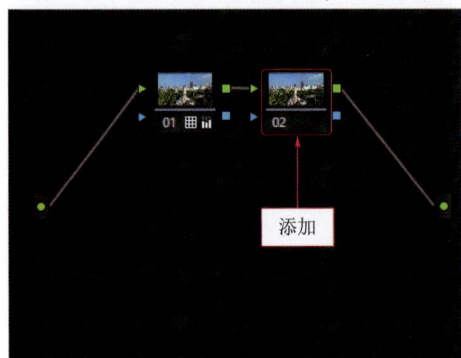

图 9-16　添加一个编号为 02 的串行节点

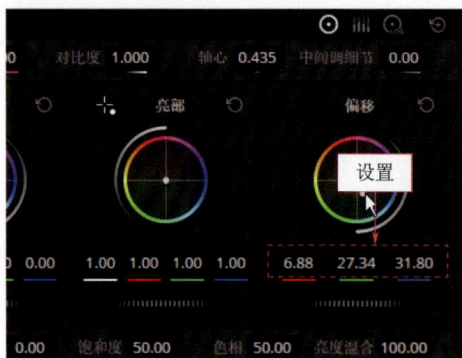

图 9-17　设置"偏移"参数

STEP 08 在"曲线 - 饱和度 对 饱和度"面板中，在水平曲线上单击添加一个控制点，选中添加的控制点并向上拖动，直至下方面板中的"输入饱和度"参数显示为 0.08、"输出饱和度"参数显示为 1.21，增强色彩饱和度，如图 9-18 所示。

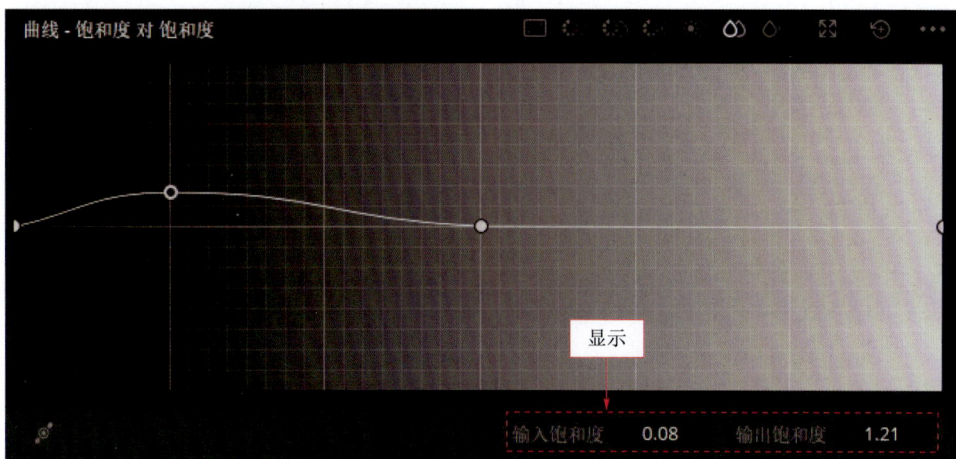

图 9-18　显示相应参数

STEP 09 在"片段"面板中选择第 4 段素材，在第 3 段素材上右击，在弹出的快捷菜单中选择"应用调色"选项，如图 9-19 所示，将第 3 段素材的调色参数应用到第 4 段素材上。

STEP 10 在"节点"面板中添加一个编号为 03 的串行节点，如图 9-20 所示。

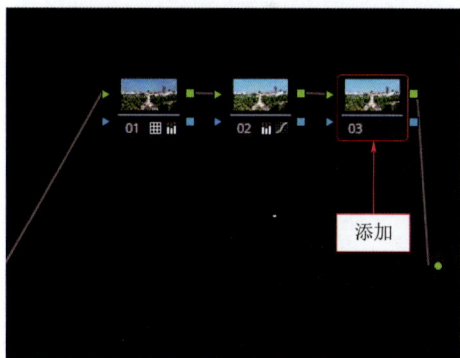

图 9-19　选择"应用调色"选项　　　图 9-20　添加一个编号为 03 的串行节点

STEP 11 在"特效库"|"素材库"选项卡的"Resolve FX 胶片模拟"滤镜组中选择"胶片外观创作器"滤镜，如图 9-21 所示。

STEP 12 按住鼠标左键并将其拖动至"节点"面板的 03 节点上，释放鼠标左键，即可在调色提示区显示一个滤镜图标，表示添加的滤镜，如图 9-22 所示。

STEP 13 切换至"设置"选项卡，展开"胶片外观创作器"选项区，在"预设"下拉列表框中选择"电影感"选项，如图 9-23 所示。

STEP 14 设置"色彩混合"参数为 0.468、"效果混合"参数为 0.266，如图 9-24 所示，去除灰色。

图 9-21　选择"胶片外观创作器"滤镜

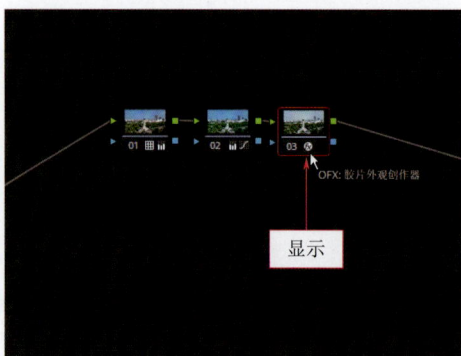

图 9-22　显示一个滤镜图标

图 9-23　选择"电影感"选项

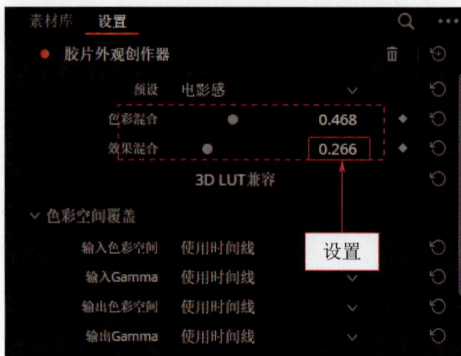

图 9-24　设置相应参数（2）

STEP 15 设置"曝光"参数为 −3.16、"对比度"参数为 1.300、"高光"参数为 0.828、"白平衡"参数为 20 000，如图 9-25 所示，调整画面的色彩亮度。

STEP 16 在预览区域内，用户可以查看第 4 段素材的调色效果，如图 9-26 所示。

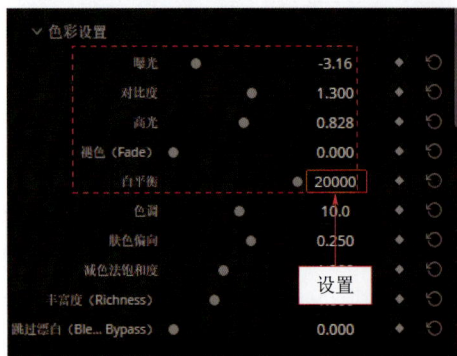

图 9-25　设置相应参数（3）

图 9-26　查看第 4 段素材的调色效果

9.2.4　设置划屏转场

在素材之间添加"边缘划像"转场，可以让不同素材之间的切换变得流畅，还可以增强调色前后的画面对比，带来更强的视觉冲击。下面介绍在达芬奇中设置划屏转场的操作方法：

STEP 01 在"特效库"面板的"工具箱"｜"视频转场"选项卡中选择"划像"选项区中的"边缘划像"转场，如图 9-27 所示。

STEP 02 将"边缘划像"转场拖动至第 1 段和第 2 段素材之间，即可添加第 1 个转场，如图 9-28 所示。

STEP 03 用与以上相同的操作方法，在第 2 段和第 3 段素材之间、第 4 段素材的起始位置分别添加相同的转场，如图 9-29 所示。

STEP 04 同时选择 3 个转场，在"检查器"面板的"转场"选项卡中设置"角度"参数为 90，如图 9-30 所示，使转场从左向右开始划动。

STEP 05 在预览窗口中，用户可以查看设置的转场效果，如图 9-31 所示。

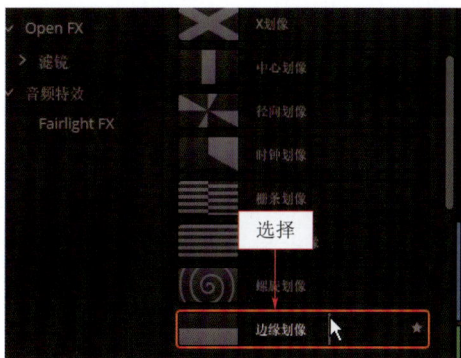

图 9-27　选择"边缘划像"转场

图 9-28　添加"边缘划像"转场（1）

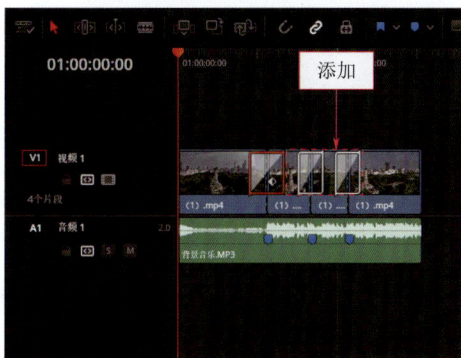

图 9-29　添加"边缘划像"转场（2）

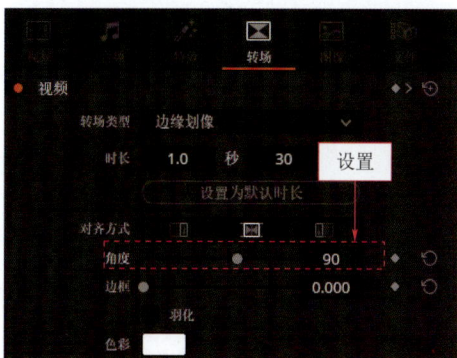

图 9-30　设置"角度"参数

图 9-31　查看设置的转场效果

9.2.5　添加视频字幕

在视频中添加字幕，既能丰富视频内容，又能直接告知观众画面之间的区别。下面介绍在达芬奇中添加视频字幕的操作方法：

STEP 01 在"特效库"面板中，切换至"工具箱" | "标题"选项卡，在"字幕"选项区中选择一个文本样式，如图 9-32 所示。

STEP 02 将选择的文本样式拖动至"时间线"面板的"视频 2"轨道中，即可添加一段文本，调整文本的时长，使其与视频时长保持一致，如图 9-33 所示。

图 9-32　选择一个文本样式

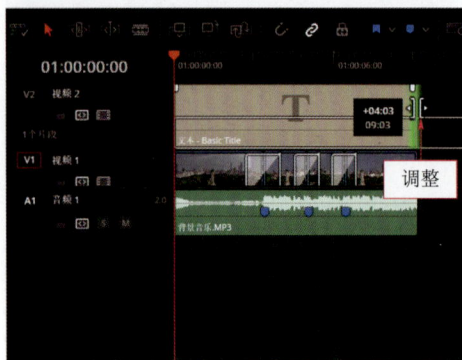

图 9-33　调整文本的时长

STEP 03 选择文本，在"检查器"面板的"视频" | "设置"选项卡中设置"位置"选项中的 X 参数为 −669.000、Y 参数为 −364.000，如图 9-34 所示，调整文本的位置。

STEP 04 用刀片工具 ▦ 将文本分割成 4 段，如图 9-35 所示。

STEP 05 修改 4 段文本的内容，如图 9-36 所示。

STEP 06 在"工具箱"|"视频转场"选项卡中选择"叠化"选项区中的"加亮叠化"转场，如图 9-37 所示。

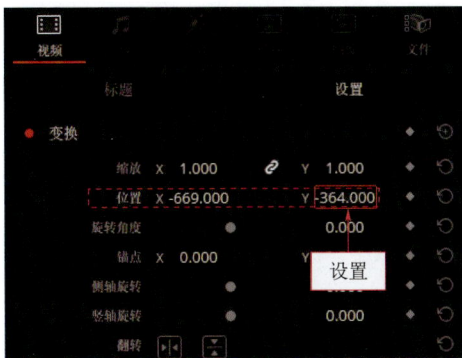

图 9-34 设置相应参数

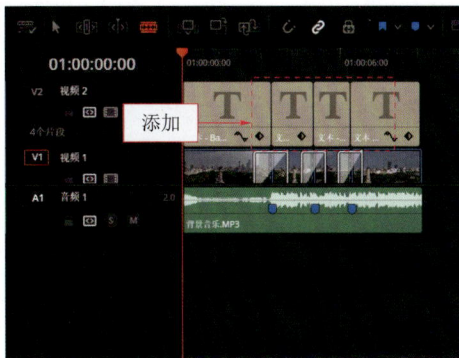

图 9-35 将文本分割成 4 段

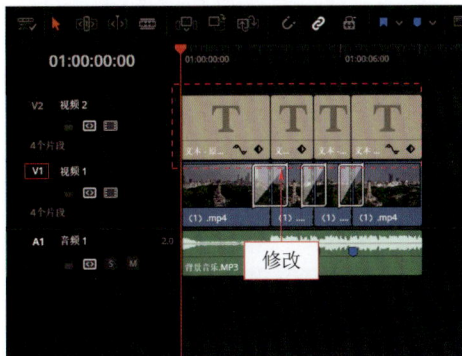

图 9-36 修改 4 段文本的内容

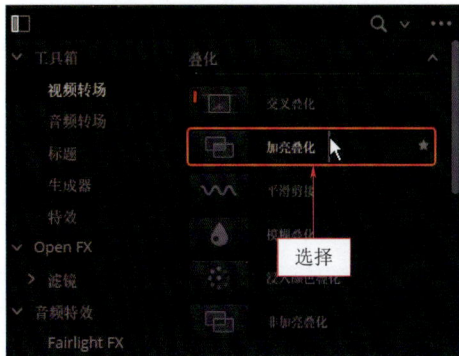

图 9-37 选择"加亮叠化"转场

STEP 07 将"加亮叠化"转场添加至第 1 段文本的起始位置，如图 9-38 所示，即可制作文本加亮渐显的动画效果。

STEP 08 用与以上相同的操作方法，在第 4 段文本的结束位置也添加一个"加亮叠化"转场，如图 9-39 所示，制作出文本加亮渐隐的效果。

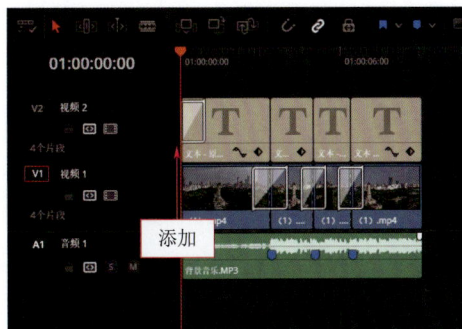

图 9-38 添加"加亮叠化"转场（1）

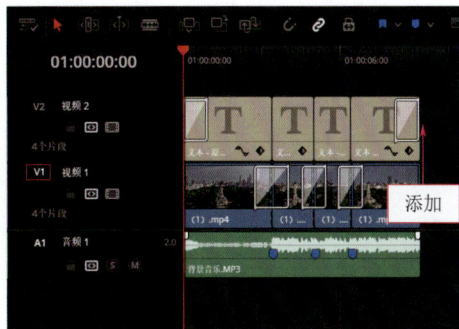

图 9-39 添加"加亮叠化"转场（2）

STEP 09 同时选择两个"加亮叠化"转场，设置"时长"参数为 0.7 秒，如图 9-40 所示，缩短转场的持续时间。

STEP 10 在第 1 段和第 2 段、第 2 段和第 3 段文本之间，以及第 4 段文本的起始位置，各添加一个"边缘划像"转场，如图 9-41 所示。

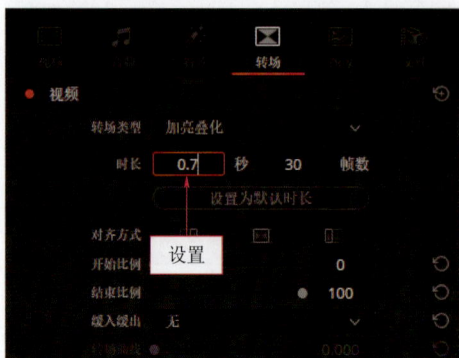

图 9-40　设置"时长"参数

图 9-41　添加"边缘划像"转场

STEP 11 同时选择 3 个"边缘划像"转场，设置"角度"参数为 90，如图 9-42 所示，制作出字幕划像切换的效果。

STEP 12 在预览窗口中用户可以查看最终的视频效果，如图 9-43 所示。

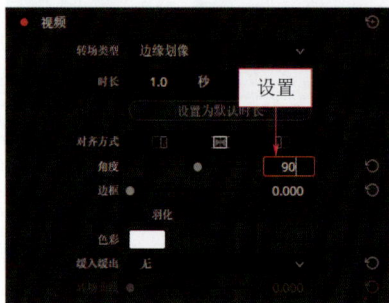

图 9-42　设置"角度"参数

图 9-43　查看视频的最终效果

第 10 章

冷暖对比色调：
电影《天使爱美丽》调色

好莱坞的电影一般都喜欢用冷暖对比色调，这种色调能为电影效果带来不一样的视觉体验。电影《天使爱美丽》色调对比强烈，极具风格化，在色彩的表现外，传递的是主角艾米丽有趣和独特的灵魂。本章以电影《天使爱美丽》为例，介绍调出冷暖对比色调的操作方法。

10.1 《天使爱美丽》效果展示

在电影《天使爱美丽》中，红色、橙色等暖色调与绿色等冷色调的对比配合用到了极致，高饱和的强对比色调，表现了有"心脏病"的女主艾米丽在追求爱情中的矛盾与挣扎。在制作《天使爱美丽》视频之前，首先来欣赏本实例的视频效果。

电影《天使爱美丽》的调色效果展示如图 10-1 所示。

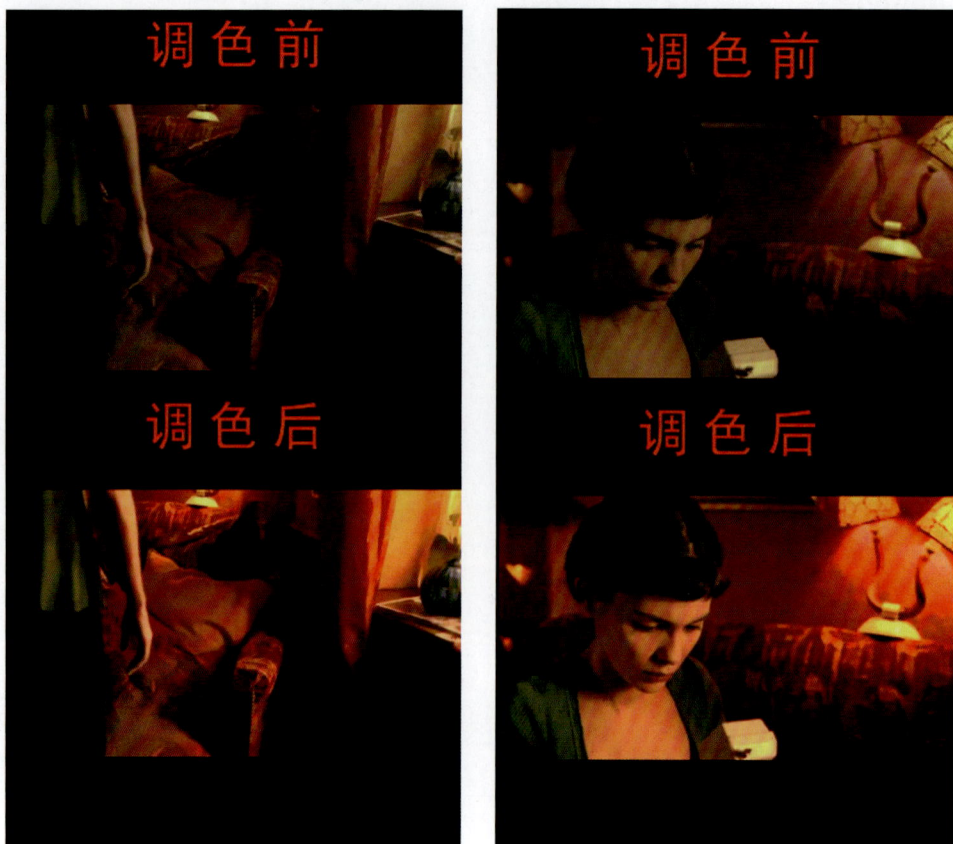

图 10-1　效果展示

10.2 《天使爱美丽》制作流程

本节将为大家介绍调出冷暖对比色调的操作方法，包括缩放视频画面、设置字幕样式、AI 增强视频冷暖对比、AI 智能肤色优化及保存渲染预设，希望大家熟练掌握本节内容，学会将视频调出复古的电影风格色调的方法。

10.2.1　缩放视频画面

在竖屏视频中导入横屏素材时，如果用户不想对项目进行设置，又不希望素材被裁切，可以直接调整素材的缩放参数，使素材的画面完整地显示在画面中，下面介绍在达芬奇中缩放视频画面的操作方法：

STEP 01▶ 打开一个项目文件，在"快编"步骤的"媒体池"面板中单击"导入媒体"按钮，如图 10-2 所示。

STEP 02▶ 弹出"导入媒体"对话框，选择视频素材，单击"打开"按钮，如图 10-3 所示。

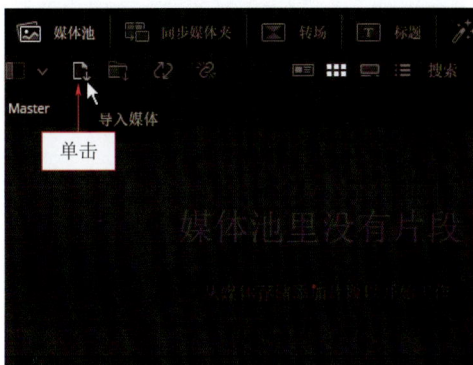

图 10-2　单击"导入媒体"按钮

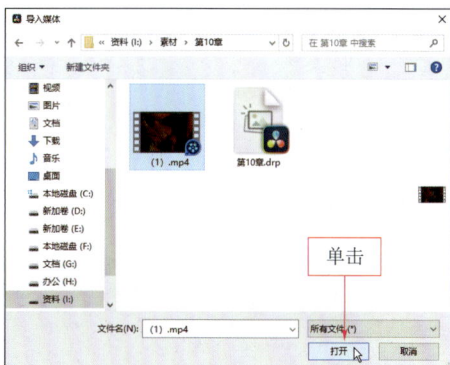

图 10-3　单击"打开"按钮

STEP 03▶ 将素材导入"媒体池"面板中，切换至"剪辑"步骤面板，将素材拖动至"时间线"面板的"视频 1"轨道中，如图 10-4 所示。

STEP 04▶ 选择素材，在"检查器"面板的"视频"选项卡中设置"缩放"选项中的 X 和 Y 参数均为 0.310、"位置"选项的 Y 参数为 410.000，如图 10-5 所示，调整素材的画面大小和位置。

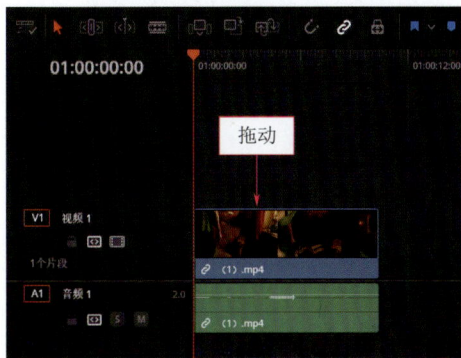

图 10-4　将素材拖动至轨道中

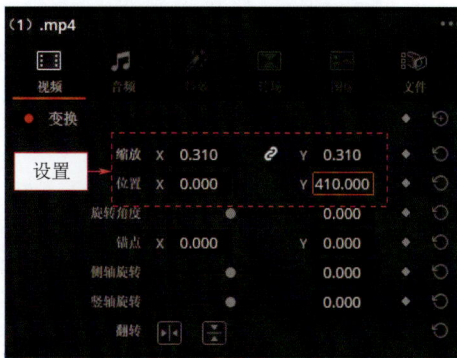

图 10-5　设置相应参数（1）

225

STEP 05 在"时间线"面板的"视频 2"轨道中导入相同的素材，如图 10-6 所示。

STEP 06 选择素材，在"检查器"面板的"视频"选项卡中设置"缩放"选项中的 X 和 Y 参数均为 0.310、"位置"选项中的 Y 参数为 −450.000，如图 10-7 所示，调整该素材的画面位置和大小。

图 10-6　导入相同的素材

图 10-7　设置相应参数（2）

STEP 07 在预览窗口中，用户可以查看调整素材后的画面效果，如图 10-8 所示。

图 10-8　查看调整素材后的画面效果

10.2.2　设置字幕样式

在添加好字幕后，用户除对字幕的内容进行调整之外，还可以对字幕的样式进行设置，让字幕更美观。下面介绍在达芬奇中设置字幕样式的操作方法：

STEP 01 在"特效库"面板中，切换至"工具箱"|"标题"选项卡，选择一个字幕样式，如图 10-9 所示。

STEP 02 将选择的字幕样式拖动至"时间线"面板的"视频 3"轨道中，即可为视频添加第 1 段字幕，如图 10-10 所示。

图 10-9　选择字幕样式

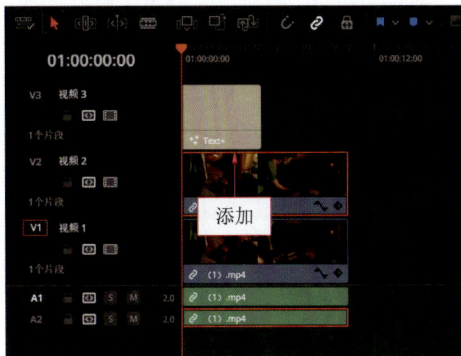

图 10-10　添加第 1 段字幕

STEP 03 调整第 1 段字幕的时长，使其与视频时长保持一致，如图 10-11 所示。

STEP 04 用与上相同的操作方法，在"视频 4"轨道中添加第 2 段字幕并调整其时长，如图 10-12 所示。

STEP 05 选择第 1 段字幕，在"检查器"面板的"视频"|"标题"选项卡中，修改字幕的内容，设置"字体"为"黑体"，如图 10-13 所示。

STEP 06 单击"颜色"选项右侧的色块，弹出"颜色"对话框，设置"红色"参数为255、"绿色"参数为 43、"蓝色"参数为 28，如图 10-14 所示，单击 OK 按钮，即可将字幕的文字颜色设置为红色。

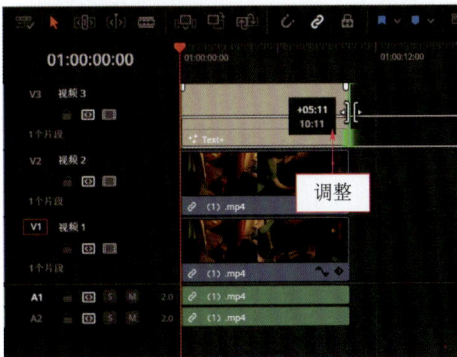

图 10-11　调整字幕时长（1）

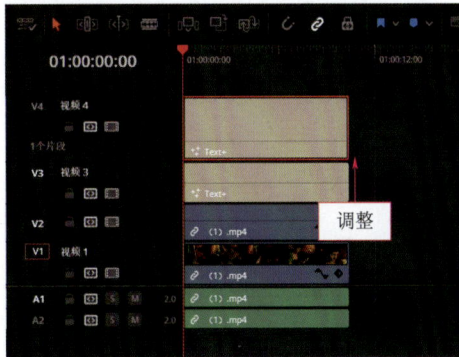

图 10-12　调整字幕时长（2）

温馨提醒

　　由于字幕的默认字体为英文字体，因此，在输入中文内容时可能在画面中无法显示出来，用户只需将字体更改为中文字体，就可以正常显示了。

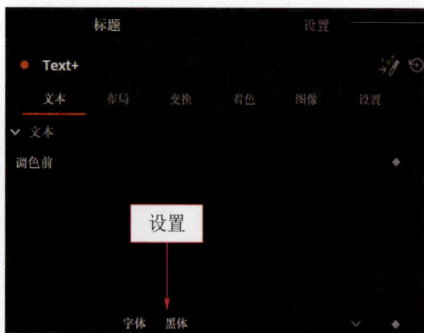

图 10-13　设置字体为"黑体"（1）

图 10-14　设置相应参数（1）

STEP 07　在"标题"选项卡中，设置"字距"参数为 1.2，如图 10-15 所示，增加文本之间的距离。

STEP 08　切换至"设置"选项卡，设置"缩放"选项中的 X 和 Y 参数均为 1.530、"位置"选项中的 Y 参数为 850.000，如图 10-16 所示，将字幕放大，并调整字幕的位置，即可完成第 1 段字幕的样式设置。

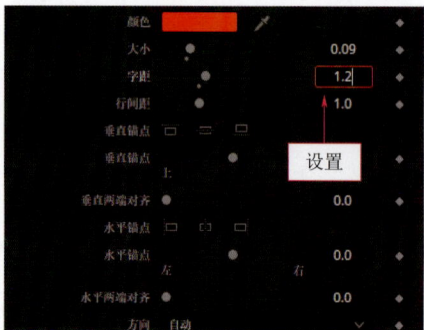

图 10-15　设置"字距"参数（1）

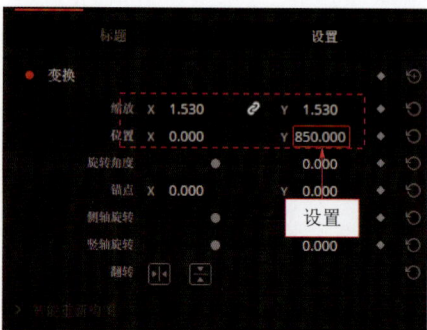

图 10-16　设置相应参数（2）

STEP 09　选择第 2 段字幕，在"视频"|"标题"选项卡中修改字幕内容，设置"字体"为"黑体"，如图 10-17 所示。

STEP 10　修改字幕的文本颜色，设置"字距"参数为 1.2，如图 10-18 所示。

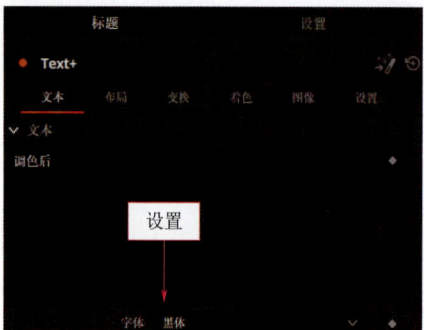

图 10-17　设置字体为"黑体"（2）

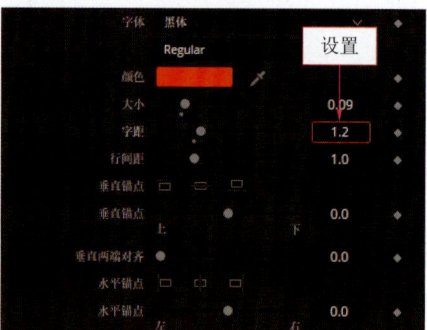

图 10-18　设置"字距"参数（2）

STEP 11 切换至"设置"选项卡，设置"缩放"选项中的 X 和 Y 参数均为 1.530，如图 10-19 所示，完成对第 2 段字幕的样式设置。

STEP 12 在预览窗口中，用户可以查看设置的字幕样式，如图 10-20 所示。

图 10-19　设置"缩放"参数

图 10-20　查看设置的字幕样式

10.2.3　AI 增强视频冷暖对比

设置字幕样式之后，要想增强视频冷暖对比，需要深入探索达芬奇 19 中的调色功能，通过一步步细致的操作，为读者展示如何巧妙地调整视频画面的冷暖对比，让视频效果更加鲜明生动，下面介绍具体的操作方法：

STEP 01 在"剪辑"步骤面板的底部单击"调色"按钮 ，如图 10-21 所示，切换至"调色"步骤面板。

STEP 02 在"片段"面板中选择第 2 段素材，如图 10-22 所示。

图 10-21　单击"调色"按钮

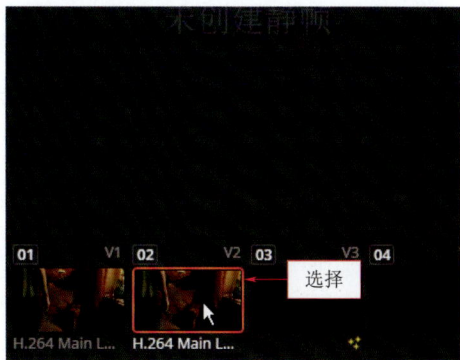

图 10-22　选择第 2 段素材

STEP 03 在"节点"面板中的 01 节点上添加一个"色彩空间转换"滤镜特效，如图 10-23 所示。

STEP 04 切换至"设置"选项卡，展开"色彩空间转换"选项区，在"输入色彩空间"下拉列表框中选择相应选项，如图 10-24 所示，这里设置自己拍摄的参数。

图 10-23　添加一个"色彩空间转换"滤镜特效

图 10-24　选择相应选项

STEP 05 在展开"色轮"|"一级 - 校色轮"面板中设置"色温"参数为 −400.0、"色调"参数为 50.00、"对比度"参数为 1.100、"阴影"参数为 20.00、"饱和度"参数为 60.00，如图 10-25 所示，提亮画面中的黑色区域，增加画面的明暗对比度和色彩对比效果。

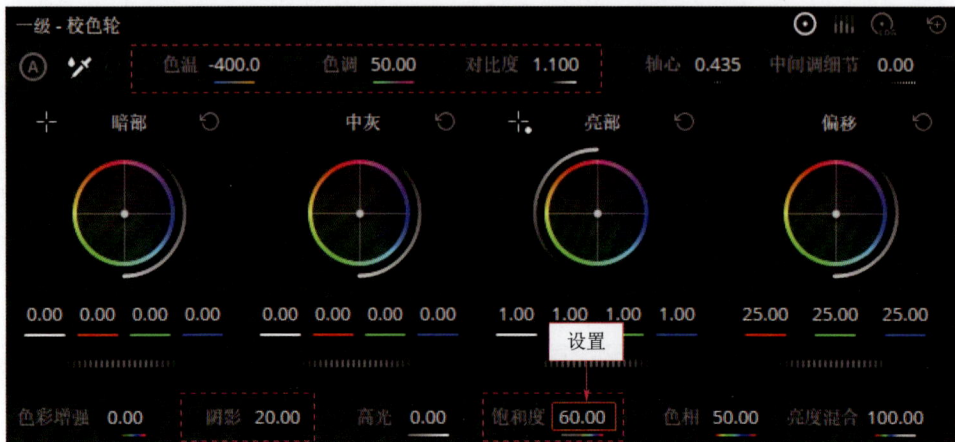

图 10-25　设置相应参数

STEP 06 切换至"色彩扭曲器 - 色相 - 饱和度"面板，选中相应节点，拖动节点至相应位置，在"范围"选项区中，设置"色相"参数为 0.83、"饱和度"参数为 1.16，如图 10-26 所示，让画面偏绿。

STEP 07 用与上相同的操作方法，拖动相应节点至相应位置，在"范围"选项区中设置"色相"参数为 0.34、"饱和度"参数为 0.02，如图 10-27 所示，继续调整画面色彩。

STEP 08 在"工具"选项区中，单击"选择所有 / 固定所有或取消选择所有 / 取消固定所有"按钮，如图 10-28 所示，左侧的网格都被选中，不用一个个节点的去选。

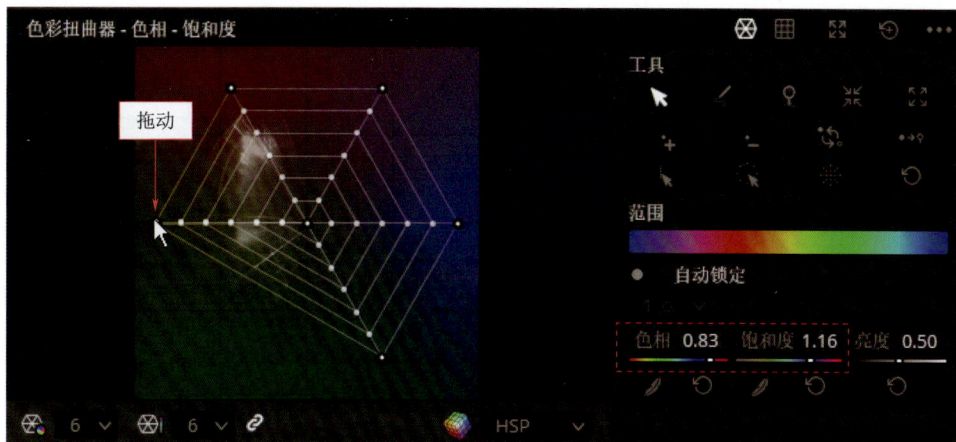

图 10-26　拖动节点至相应位置

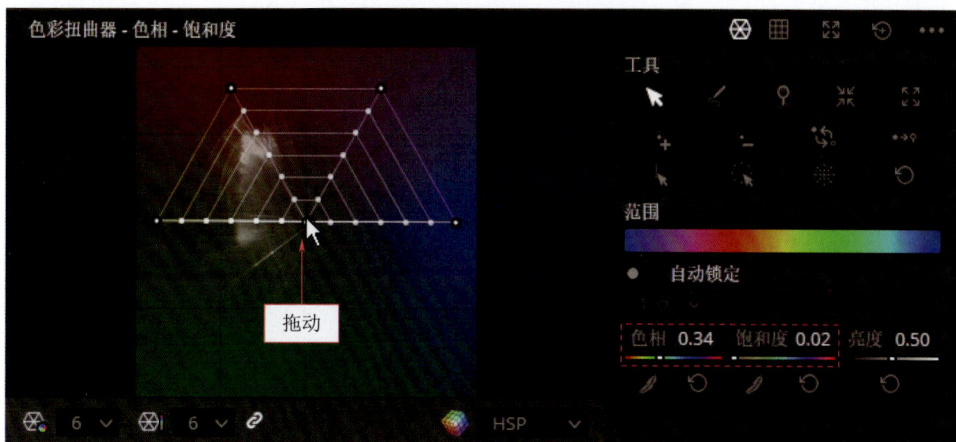

图 10-27　拖动相应节点

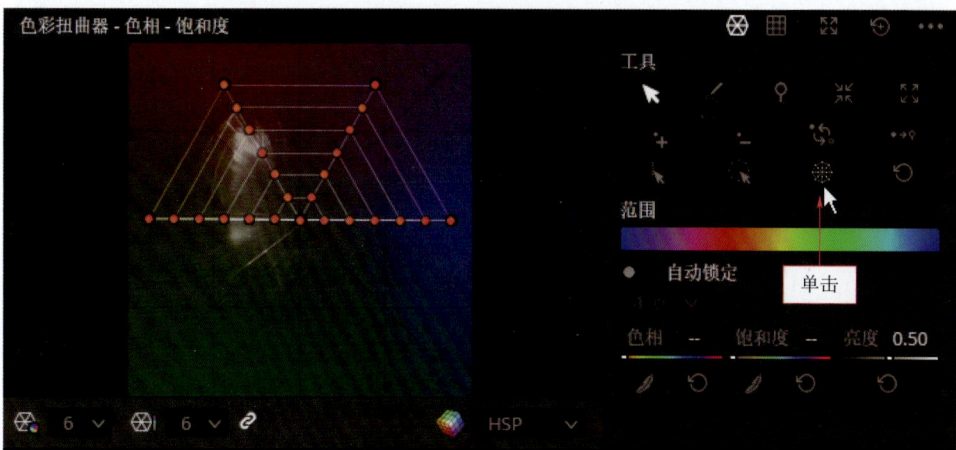

图 10-28　单击相应按钮

STEP 09 在"范围"选项区中设置"饱和度"参数为 +0.09，如图 10-29 所示，提升画面色彩的饱和度，使画面色彩更加丰富和生动。

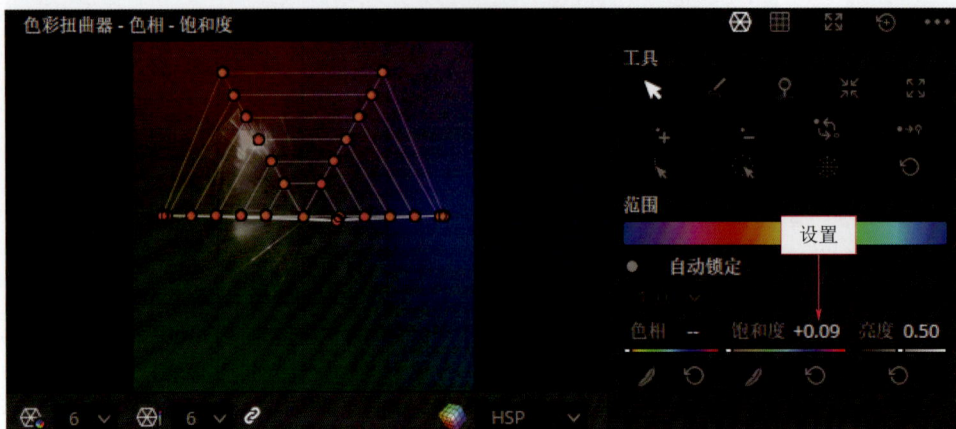

图 10-29　设置"饱和度"参数

STEP 10 在预览窗口中，用户可以查看调色后的画面效果，如图 10-30 所示。

图 10-30　查看调色后的画面效果

10.2.4　AI 优化人像肤色

我们深知细节决定成败，在调色完成后，尤其是人像肤色的处理更是至关重要。为此，引入 AI 肤色优化技术，它能够精准识别并智能调整肤色，确保每一帧画面都呈现出自然和谐的美感，下面介绍具体的操作方法：

STEP 01 ▶ 在"节点"面板的 01 节点后面添加一个编号为 02 的串行节点，如图 10-31 所示。

STEP 02 ▶ 单击"色彩切割"按钮 ⬤▨，在"皮肤"选项区中单击"高光"按钮 ◑，设置"色相"参数为 −0.08，如图 10-32 所示，即可改变肤色。

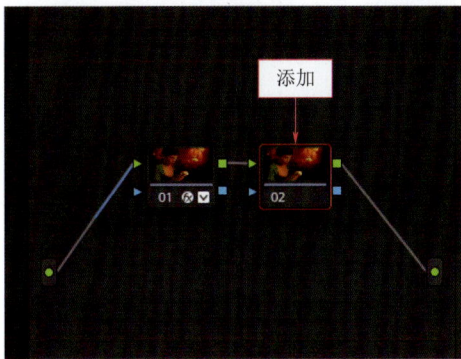

图 10-31　添加 02 的串行节点

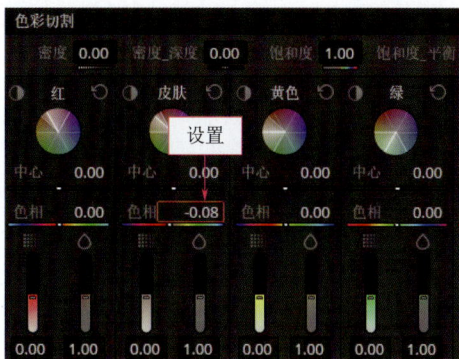

图 10-32　设置"色相"参数

STEP 03 ▶ 设置"密度"参数为 −0.82、"饱和度"参数为 0.89，如图 10-33 所示，增强色彩饱和度和对比度，以提升画面的视觉冲击力和色彩层次。

STEP 04 ▶ 设置"密度"参数为 −0.80，如图 10-34 所示，提升画面亮度。

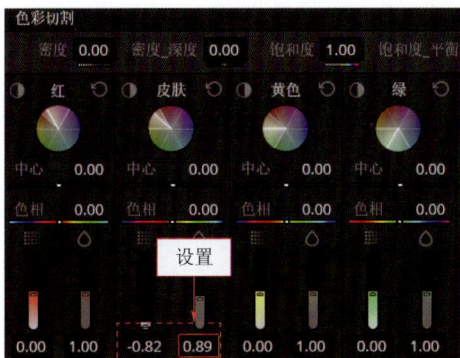

图 10-33　设置相应参数

图 10-34　设置"密度"参数

STEP 05 ▶ 在"节点"面板中添加一个编号为 03 的串行节点，如图 10-35 所示。

STEP 06 ▶ 在"特效库"面板的"素材库"选项卡中选择"Resolve FX 美化"选项区中的"美颜（磨皮）"滤镜，如图 10-36 所示。

STEP 07 ▶ 将"美颜（磨皮）"滤镜拖动至 03 的节点上，即可为视频添加该滤镜，如图 10-37 所示。

STEP 08 ▶ 在"设置"选项卡的"磨皮"选项区中，设置"强度"参数为 0.798、"级别"参数为 1.756，如图 10-38 所示，加强滤镜的磨皮效果。

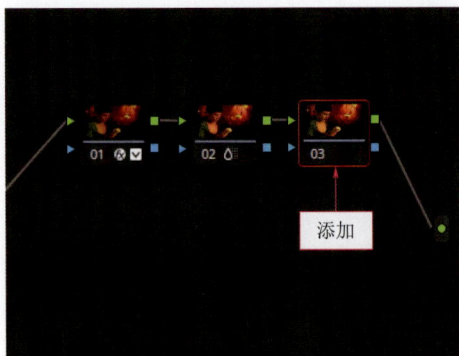

图 10-35　添加一个编号为 03 的串行节点

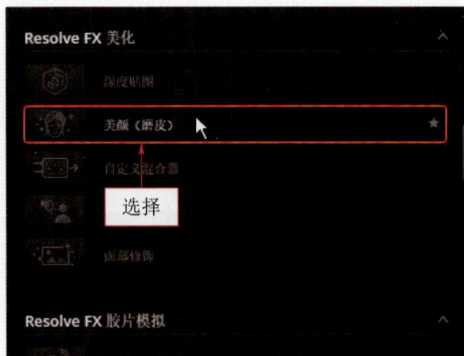

图 10-36　选择"美颜（磨皮）"滤镜

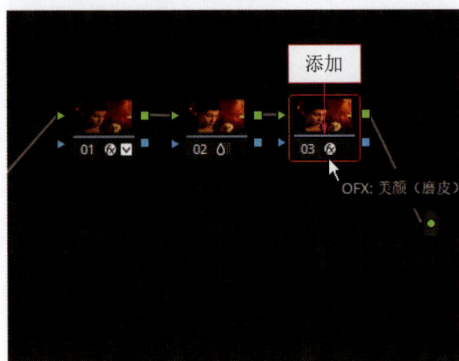

图 10-37　添加"美颜（磨皮）"滤镜

图 10-38　设置相应参数

STEP 09 在预览窗口中，用户可以查看调色素材中人物肤色的调整效果，如图 10-39 所示。

图 10-39　查看调色素材中人物肤色的调整效果

10.2.5　保存和渲染预设

在每次渲染视频时，用户可能都要设置一些相同的渲染参数。因此，用户就可以将设置的参数保存为一个预设，这样在渲染视频时直接选择对应的预设即可，减少了重复设置参数浪费的时间，下面介绍在达芬奇中保存和渲染预设的操作方法：

STEP 01 在"调色"步骤面板的底部单击"交付"按钮 🚀，如图 10-40 所示，进入"交付"步骤面板。

STEP 02 在"渲染设置"面板中修改视频名称、设置相应位置，如图 10-41 所示。

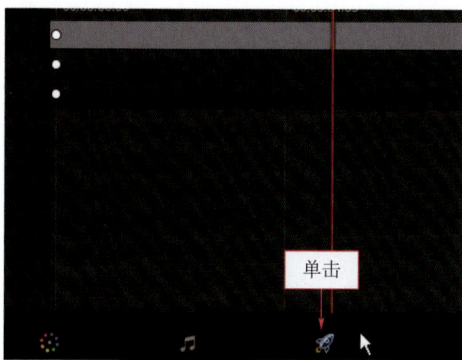

图 10-40　单击"交付"按钮

图 10-41　设置相应位置

STEP 03 在"导出视频"选项区中单击"格式"选项右侧的下拉按钮，在弹出的列表框中选择 MP4 选项，如图 10-42 所示，将视频的导出格式设置为 MP4。

STEP 04 在"导出视频"选项区中，单击"自动"单选按钮右侧的下拉按钮，在弹出的列表框中选择"高"选项，如图 10-43 所示，调整视频导出的质量。

图 10-42　选择 MP4 选项

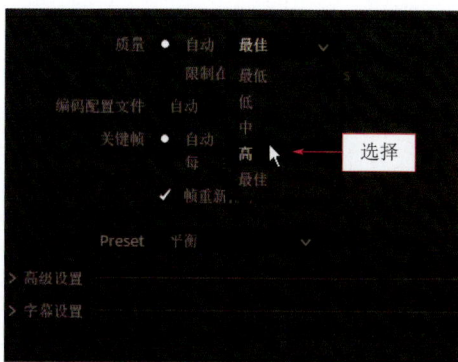

图 10-43　选择"高"选项

STEP 05 在"渲染设置"面板的顶部，单击 ••• 按钮，在弹出的列表框中选择"另存为新预设"选项，如图 10-44 所示。

STEP 06 执行操作后，弹出"渲染预设"对话框，输入预设的名称，单击 OK 按钮，如图 10-45 所示，即可保存预设。

图 10-44 选择"另存为新预设"选项

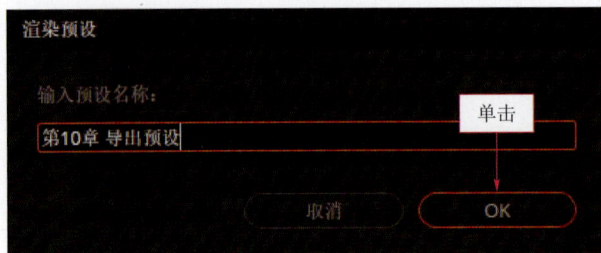

图 10-45 单击 OK 按钮

STEP 07 在"渲染设置"面板的上方会显示保存的预设，如图 10-46 所示。

STEP 08 单击"渲染设置"面板右下角的"添加到渲染队列"按钮，如图 10-47 所示，即可将导出作业添加到"渲染队列"面板中。

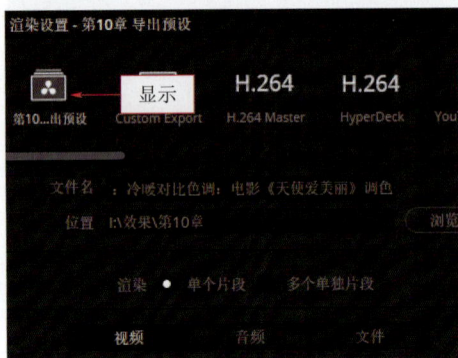

图 10-46 显示保存的预设

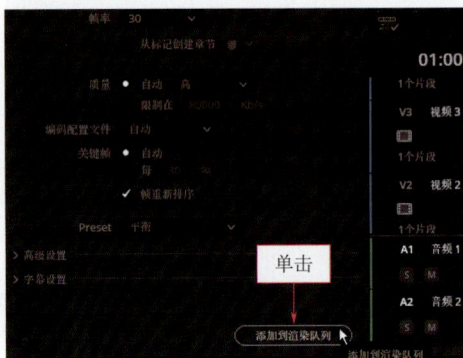

图 10-47 单击"添加到渲染队列"按钮

STEP 09 在"渲染队列"面板中单击"渲染所有"按钮，如图 10-48 所示，即可导出视频。

STEP 10 导出完成后，在"渲染队列"面板的右侧单击 •••• 按钮，在弹出的列表框中选择"清除已渲染的作业"选项，如图 10-49 所示，即可删除作业，"渲染队列"面板中会显示"队列中没有作业"。

图 10-48 单击"渲染所有"按钮

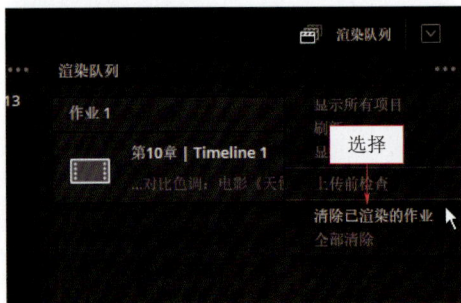

图 10-49 选择"清除已渲染的作业"选项

INTERCONTINENTAL.

| 第 11 章 |

调色艺术:
制作《烟花盛宴》视频

本章以烟花秀为主要的素材来源,从而展现出浓烈的"年味感"。在制作视频时,需要先确定主题,根据主题选取素材,这样才能保证内容不脱离主题,突出重点。同时,素材也可以丰富起来,把视频素材和照片素材结合起来,"有动有静",使视频更有层次感。

11.1 《烟花盛宴》效果展示

烟花视频是由多个视频和照片片段组合在一起的长视频，因此，在制作时要挑选素材，定好视频片段，在制作时还要根据视频的逻辑和分类排序，之后制作效果再导出。在介绍制作方法之前，先欣赏一下视频的效果，下面展示效果赏析和技术提炼。

这个夜景视频是由 8 个视频和 6 组照片组合在一起的，因此，在视频开头要介绍视频的主题，内容主要介绍每个视频的拍摄方法，结尾则主要起着承上启下的作用，效果展示如图 11-1 所示。

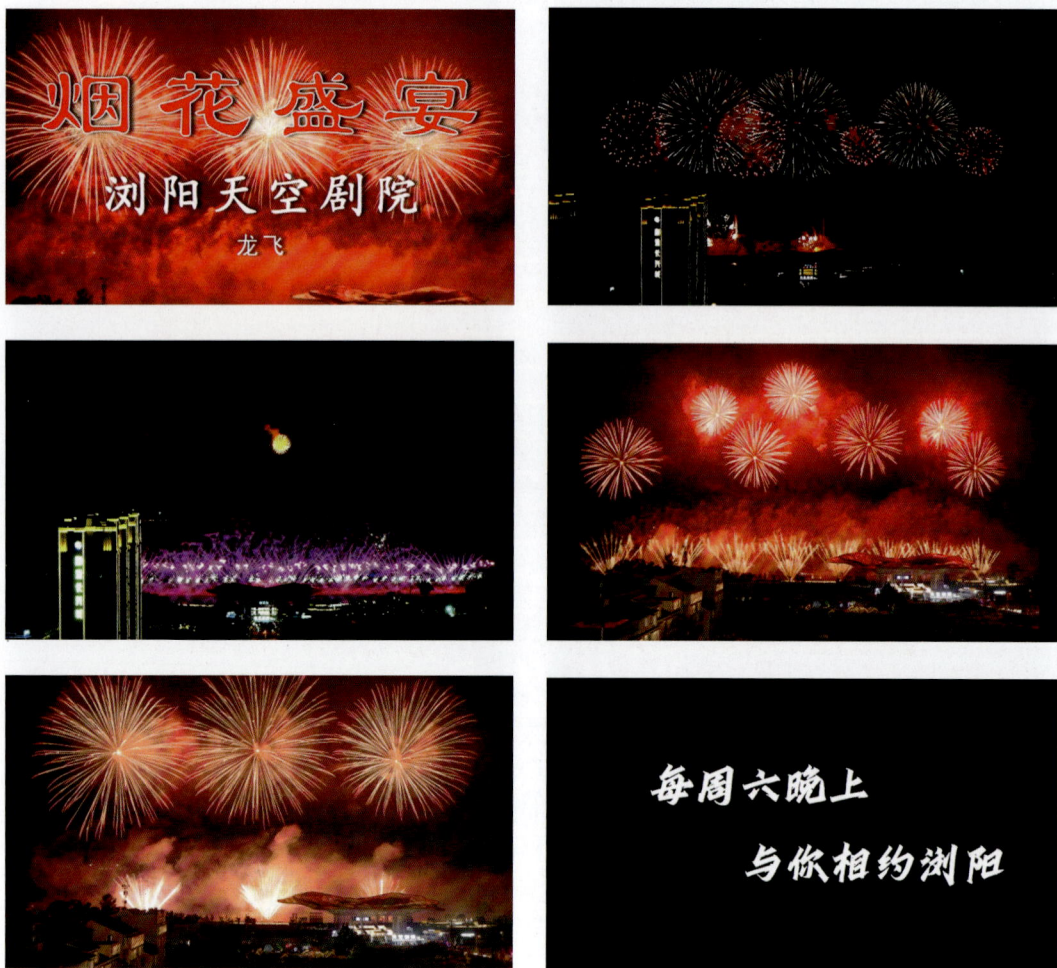

图 11-1　效果展示

11.2 《烟花盛宴》制作流程

本节主要介绍烟花视频的制作过程，包括导入烟花视频素材、对视频进行合成、剪辑操作、AI 智能调色添加动态缩放、添加片头片尾、调整视频画面的色彩与风格、背景音乐及交付输出制作的视频等内容，希望大家可以熟练掌握制作方法。

11.2.1 导入烟花视频素材

在为视频调色之前，首先需要将视频素材导入"时间线"面板的视频轨中，下面介绍具体的操作方法：

STEP 01 启动达芬奇软件，进入项目管理器面板，在"本地"选项卡中单击"新建项目"按钮，如图 11-2 所示。

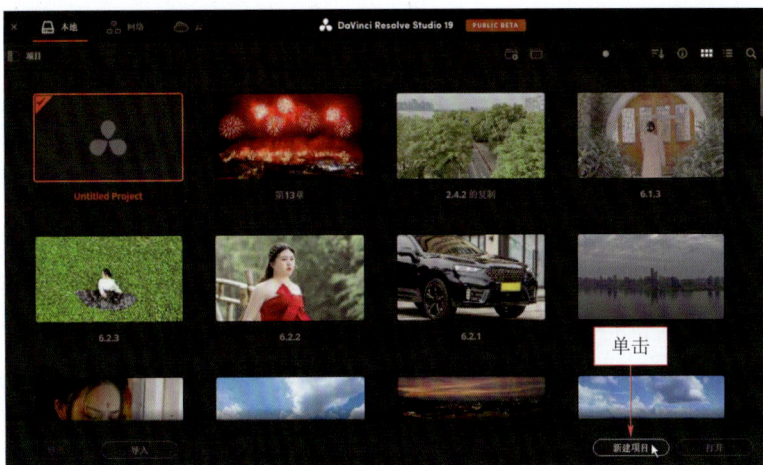

图 11-2　单击"新建项目"按钮

STEP 02 弹出"新建项目"对话框，输入相应名称，单击"创建"按钮，如图 11-3 所示，进入达芬奇的工作界面。

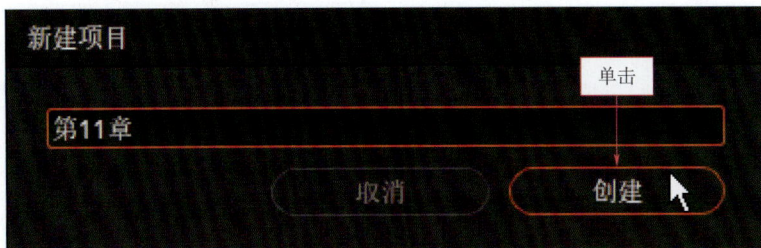

图 11-3　单击"创建"按钮

STEP 03 在计算机文件夹中，选择需要导入的烟花视频素材，如图 11-4 所示，即可将选择的多段烟花视频素材拖动至"媒体池"面板中。

STEP 04 选择"媒体池"面板中的视频素材，将其拖动至"时间线"面板中的视频轨道上，即可完成导入视频素材的操作，如图 11-5 所示。

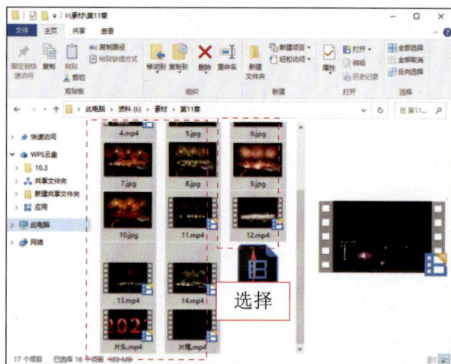

图 11-4　选择需要导入的烟花视频素材

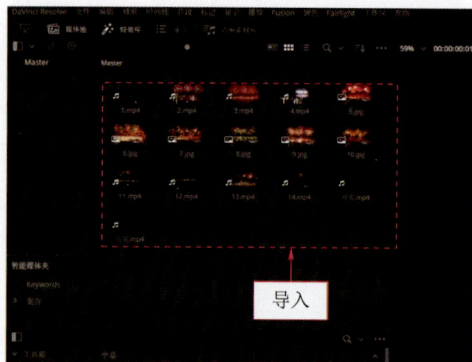

图 11-5　导入视频素材

温馨提醒

　　导入第 5 ~ 11 张照片素材时，需要一张张地导入或者拖动到媒体池面板中，不能全选导入或者拖动至媒体池面板，如果全选导入或者拖动，照片就会成为一段视频。

STEP 05 在预览窗口中查看导入的视频素材，如图 11-6 所示。

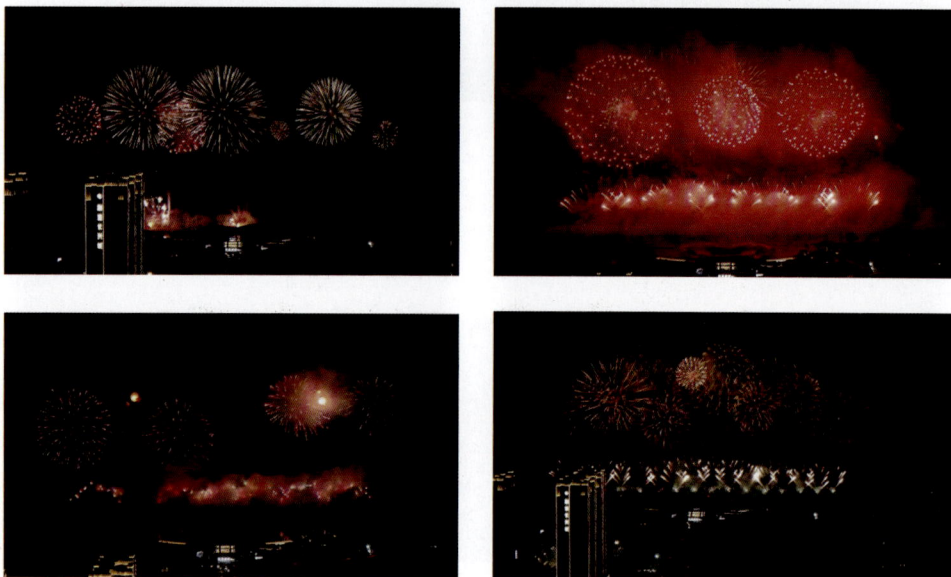

图 11-6　查看导入的视频素材

图 11-6　查看导入的视频素材（续）

11.2.2　对视频进行合成、剪辑操作

导入视频素材后，需要对视频素材进行剪辑调整，方便后续调色等操作，下面介绍具体的操作方法：

STEP 01 在达芬奇的"时间线"面板上方的工具栏中单击"刀片编辑模式"按钮█████，如图 11-7 所示。

STEP 02 将时间指示器拖动至 01：00：13：13 位置，如图 11-8 所示。

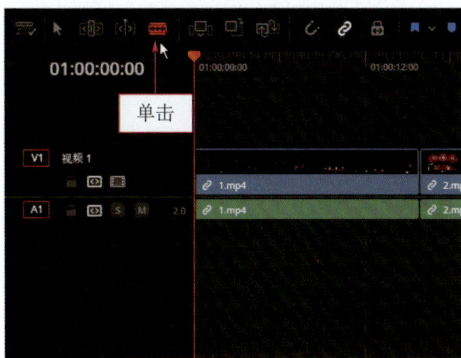

图 11-7　单击"刀片编辑模式"按钮

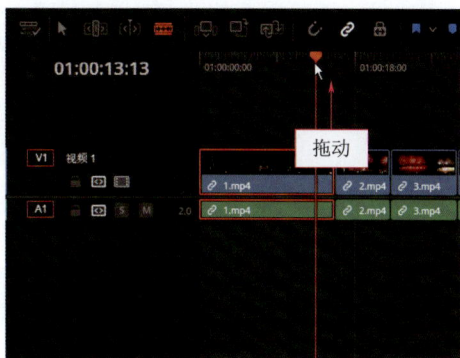

图 11-8　拖动至相应位置

STEP 03 在视频 1 轨道的素材文件上单击，将素材 1 分割为两段，如图 11-9 所示。

STEP 04 继续将时间指示器拖动至 01：00：17：06 位置处，单击，将素材 2 分割为两段，如图 11-10 所示。

STEP 05 用与上相同的操作方法，在合适位置处对视频 1 轨道上的视频素材进行分割剪辑操作，时间线效果如图 11-11 所示。

STEP 06 在"时间线"面板的工具栏中单击"选择模式"按钮█，在视频轨道上按住【Ctrl】键的同时，选中分割出来的小片段，按【Delete】键将小片段删除，效果如图 11-12 所示。

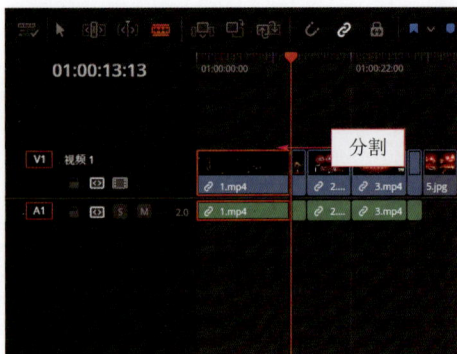
图 11-9　分割视频素材（1）

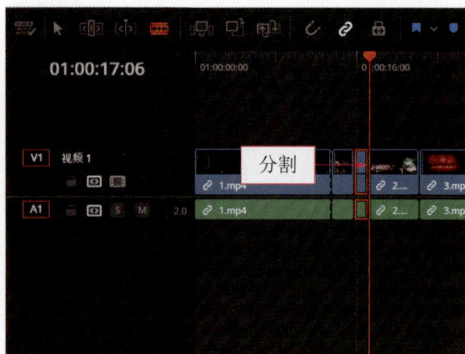
图 11-10　分割视频素材（2）

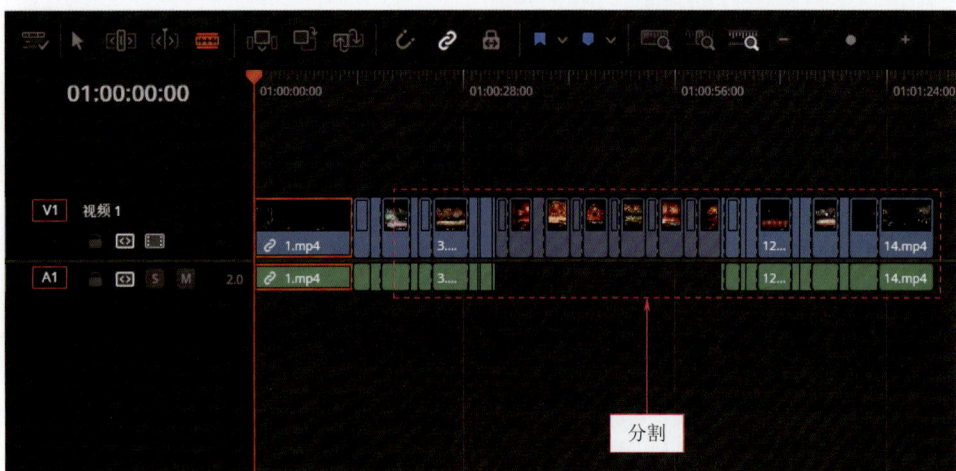
图 11-11　分割视频素材效果

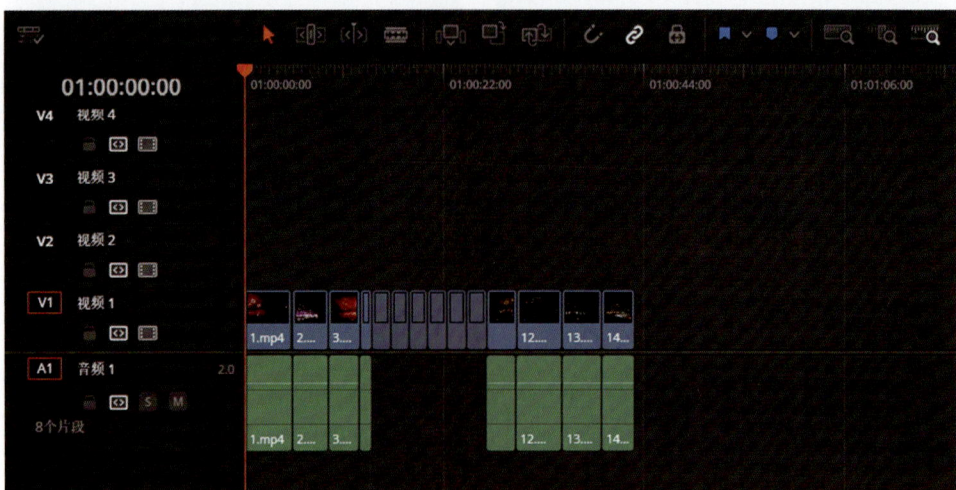
图 11-12　删除相应片段

11.2.3　AI 智能调色

剪辑完视频素材，下面通过节点、"色彩空间转换"滤镜及"色相 对 饱和度"功能来对视频画面进行调色，下面介绍具体的操作步骤：

STEP 01 切换至"调色"步骤面板，在"片段"面板中选中 01 视频片段，如图 11-13 所示。

STEP 02 在预览器窗口的图像素材上右击，弹出快捷菜单，选择"抓取静帧"选项，如图 11-14 所示。

图 11-13　选中 01 视频片段

图 11-14　选择"抓取静帧"选项

STEP 03 在"画廊"面板中，可以查看抓取的静帧缩略图，如图 11-15 所示。

STEP 04 在"节点"面板中添加一个编号为 02 的串行节点和 03 的串行节点，如图 11-16 所示。

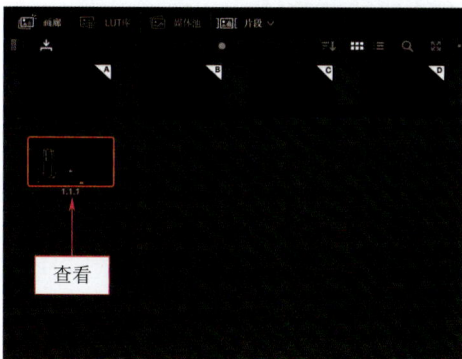

图 11-15　查看抓取的静帧缩略图

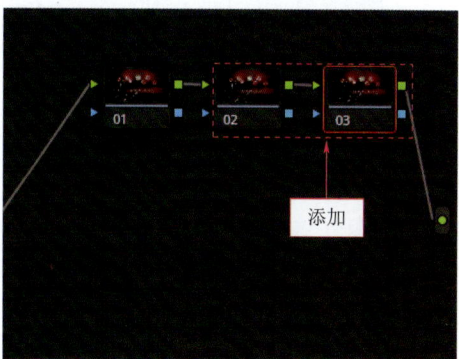

图 11-16　添加串行节点

STEP 05 展开"特效库"｜"素材库"选项卡，在"Resolve FX 色彩"滤镜组中选择"色彩空间转换"滤镜，如图 11-17 所示。

STEP 06 按住鼠标左键并将其拖动至"节点"面板的 02 节点上，释放鼠标左键，在调色提示区显示一个滤镜图标 ，表示添加的滤镜，如图 11-18 所示。

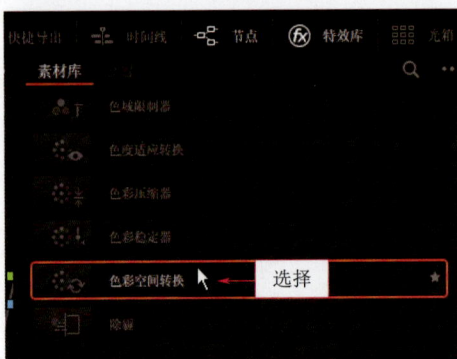

图 11-17　选择"色彩空间转换"滤镜　　　　图 11-18　显示一个滤镜图标

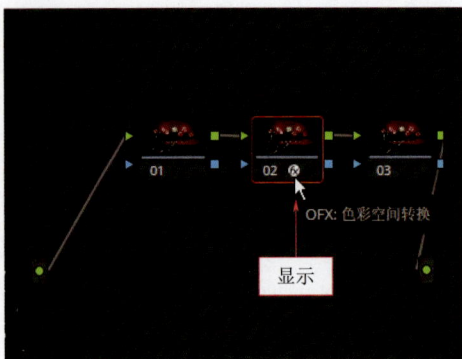

STEP 07 切换至"设置"选项卡，展开"色彩空间转换"选项区，设置"输入色彩空间""输入 Gamma"均为 Rec.709，如图 11-19 所示，这里是找到自己拍摄的参数。

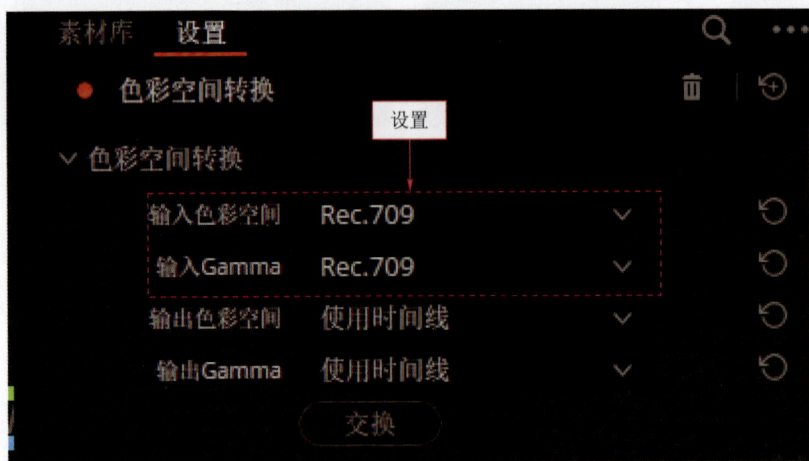

图 11-19　设置"输入色彩空间""输入 Gamma"均为 Rec.709

STEP 08 选中 01 的串行节点，展开"一级 - 校色轮"面板，设置"暗部"参数均显示为 −0.27，设置"亮部"参数均显示为 1.05，设置"饱和度"参数为 68.80，设置"对比度"参数为 1.006，如图 11-20 所示，调整暗部和亮部来增加图像或视频的动态范围和对比度。

STEP 09 选中 03 的串行节点，展开"曲线 - 色相 对 饱和度"面板，单击红色色块，添加 3 个控制点，选中第 2 个控制点，并将其拖动至相应位置，直至下方参数显示"输入色相"313.77，"饱和度"1.68，如图 11-21 所示，提升画面色彩。

STEP 10 在"检视器"面板上方单击"划像"按钮 ，如图 11-22 所示。

STEP 11 在预览窗口中，划像查看静帧与调色后的对比效果，如图 11-23 所示。

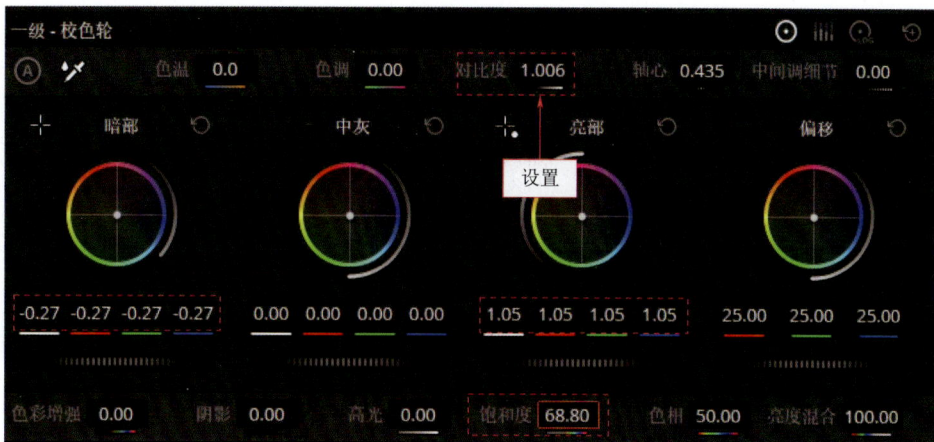

图 11-20 设置相应参数

图 11-21 拖动至相应位置

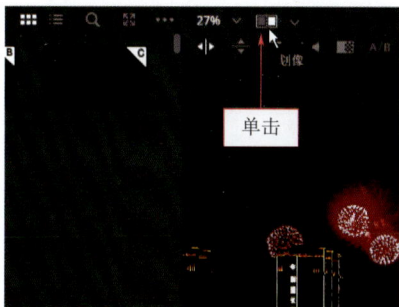

图 11-22 单击"划像"按钮（1）

图 11-23 划像查看静帧与调色后的对比效果（1）

STEP 12 取消划像对比，在"片段"面板中选中 02 的视频片段，如图 11-24 所示。

STEP 13 在"示波器"面板中可以查看 02 分量图，在预览窗口中选择"抓取静帧"选项，展开"画廊"面板，在其中查看抓取的 02 静帧图像缩略图，如图 11-25 所示。

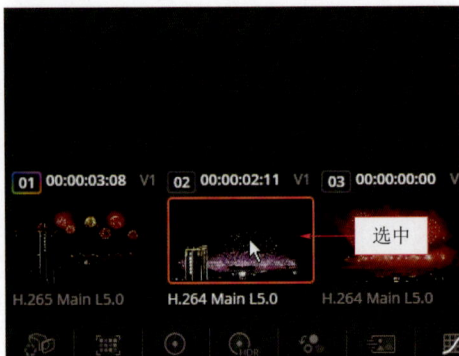

图 11-24　选中 02 视频片段

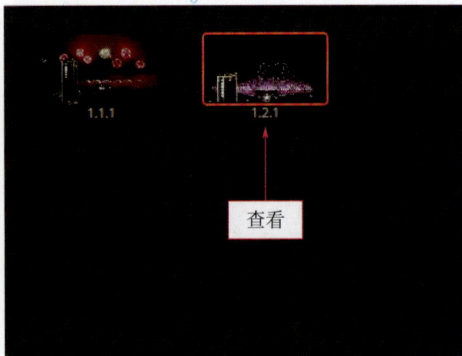

图 11-25　查看 02 静帧图像缩略图

STEP 14 选择需要进行镜头匹配的第 2 个视频片段，在第 1 个视频片段上右击，弹出快捷菜单，选择"与此片段进行镜头匹配"选项，如图 11-26 所示。

STEP 15 在"检视器"面板上方，单击"划像"按钮，如图 11-27 所示，在预览窗口中，划像查看静帧与调色后的对比效果。

图 11-26　选择"与此片段进行镜头匹配"选项

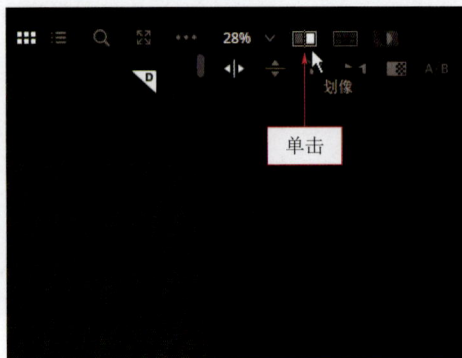

图 11-27　单击"划像"按钮（2）

STEP 16 用与上相同的操作方法，对其他视频进行划像查看静帧与调色后的对比效果，如图 11-28 所示。

图 11-28　划像查看静帧与调色后的对比效果（3）

图 11-28　划像查看静帧与调色后的对比效果（3）

温馨提醒

　　这里的照片素材是已经在 PS（Adobe Photoshop）软件中处理过的，就不需要调色了，只需要把视频素材进行调色。

11.2.4　为视频添加动态缩放

　　调色完成后，还需要为烟花照片素材添加动态缩放效果，使照片更加有动感，下面介绍具体的操作方法：

STEP 01 ▶ 按住【Ctrl】键的同时，选择第 5 张和第 6 张照片素材，展开"检查器"|"视频"选项卡，如图 11-29 所示。

STEP 02 ▶ 单击"动态缩放"按钮 █ ●，如图 11-30 所示，即可开启"动态缩放"的功能区域。

图 11-29　展开"视频"选项卡

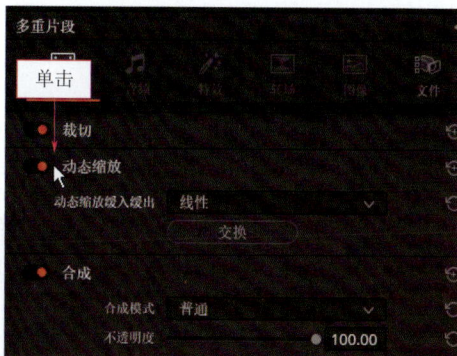

图 11-30　单击"动态缩放"按钮（1）

STEP 03 ▶ 在"动态缩放缓入缓出"右侧的列表框中选择"缓出"选项，如图 11-31 所示，即可查看放大突出的动画特效。

STEP 04 用与上相同的操作方法，选择第 7 张和第 8 张照片素材，展开"检查器"|"视频"选项卡，单击"动态缩放"按钮 ，如图 11-32 所示，即可开启"动态缩放"的功能区域。

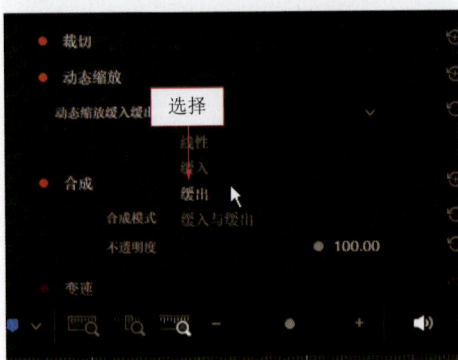

图 11-31 选择"缓出"选项

图 11-32 单击"动态缩放"按钮（2）

STEP 05 在"动态缩放缓入缓出"右侧的列表框中选择"缓入"选项，如图 11-33 所示，即可查看缩放动画特效。

STEP 06 用与上相同的操作方法，选择第 9 张和第 10 张照片素材，展开"检查器"|"视频"选项卡，单击"动态缩放"按钮 ，如图 11-34 所示，即可开启"动态缩放"的功能区域。

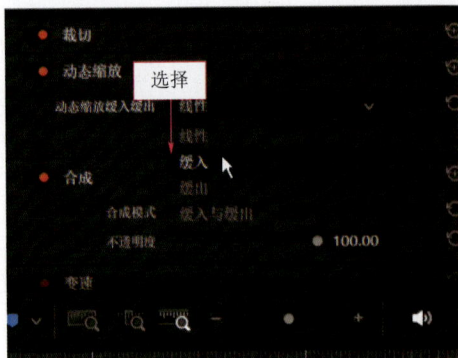

图 11-33 选择"缓入"选项

图 11-34 单击"动态缩放"按钮（3）

STEP 07 在"动态缩放缓入缓出"右侧的列表框中选择"缓入与缓出"选项，如图 11-35 所示，即可查看缩小放大的动画特效，在预览窗口中查看最终效果。

图 11-35 选择"缓入与缓出"选项

11.2.5　为视频添加片头片尾

视频剪辑后，还需要为烟花视频添加片头和片尾，提高观众的体验感，使视频更加完美，下面介绍具体的操作方法：

STEP 01 全选"时间线"面板中的素材并拖动至相应位置，如图 11-36 所示，可以为了方便放片头。

STEP 02 在"媒体池"面板中选择片头素材，如图 11-37 所示。

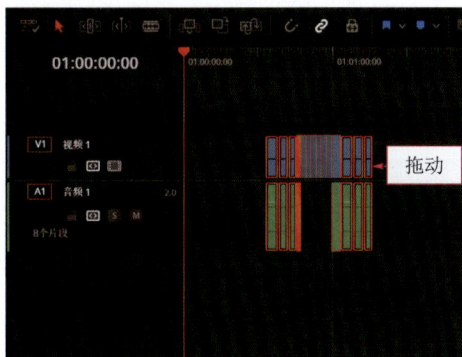

图 11-36　拖动至相应位置

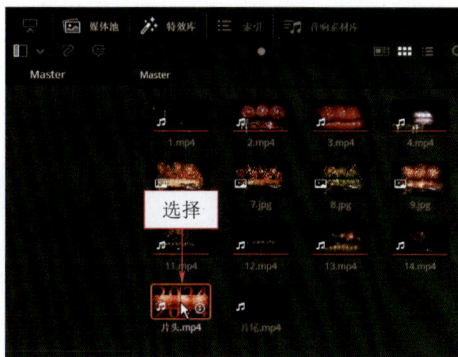

图 11-37　选择片头素材

STEP 03 按住鼠标左键将片头素材拖动至 V1 轨道上，在合适位置处释放鼠标左键，并调整时长，如图 11-38 所示。

STEP 04 将剩下的视频素材拖动至片头位置后面，如图 11-39 所示。

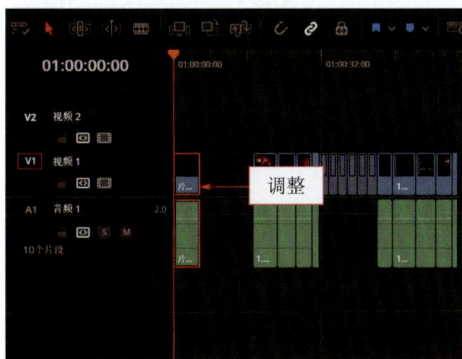

图 11-38　调整时长

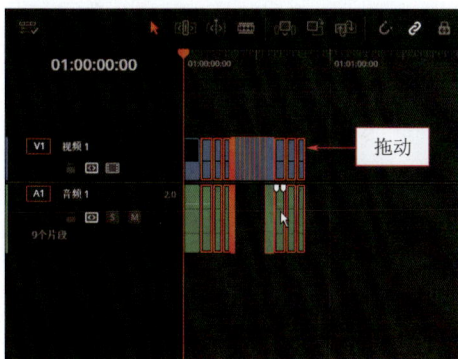

图 11-39　拖动片头至合适位置

STEP 05 将时间指示器拖动至 01：00：50：05 位置，如图 11-40 所示。

STEP 06 在"媒体池"面板中选择片尾素材，如图 11-41 所示。

251

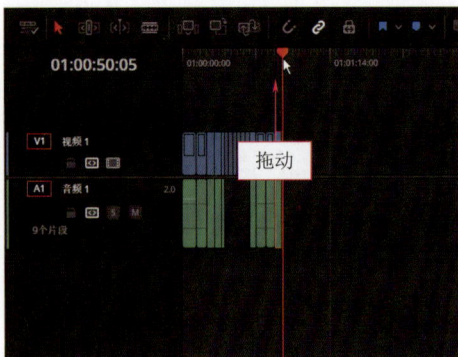

图 11-40　拖动时间指示器至相应位置

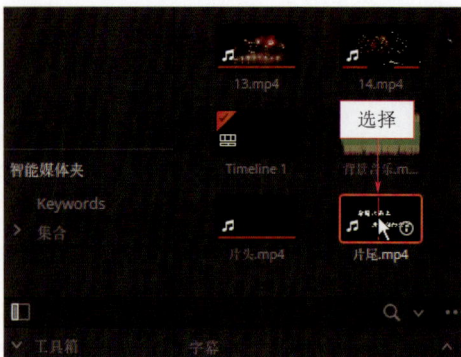

图 11-41　选择片尾素材

STEP 07 按住鼠标左键将片尾素材拖动至 V1 轨道上，在合适位置处释放鼠标左键，如图 11-42 所示。

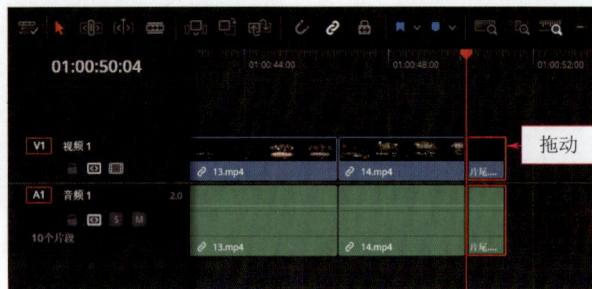

图 11-42　拖动片尾至合适位置

STEP 08 在预览窗口上查看添加的片头片尾效果，如图 11-43 所示。

图 11-43　添加片头片尾效果

11.2.6 调整视频画面的色彩与风格

添加片头片尾后，还需要为烟花视频调整画面的色彩与风格，增强视频的艺术效果，下面介绍具体的操作方法：

STEP 01 拖动时间指示器至 01：00：03：06 位置，如图 11-44 所示。

STEP 02 在"剪辑"步骤面板单击"特效库"按钮，如图 11-45 所示。

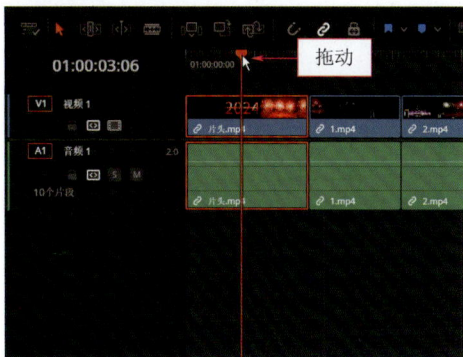

图 11-44 拖动时间指示器（1）

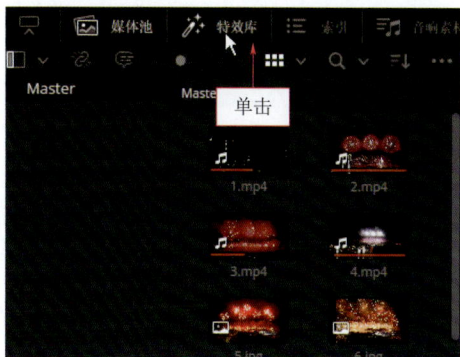

图 11-45 单击"特效库"按钮

STEP 03 在"媒体池"面板下方展开"特效库"面板，单击"工具箱"下拉按钮▼，展开选项列表，选择"标题"|"文本"选项，如图 11-46 所示。

STEP 04 按住鼠标左键将"文本"字幕样式拖动至 V1 轨道上方，"时间线"面板会自动添加一条 V2 轨道，在合适位置处释放鼠标左键，即可在 V2 轨道上添加一个标题字幕文本，并调整文本的时长，如图 11-47 所示。

图 11-46 选择"文本"选项

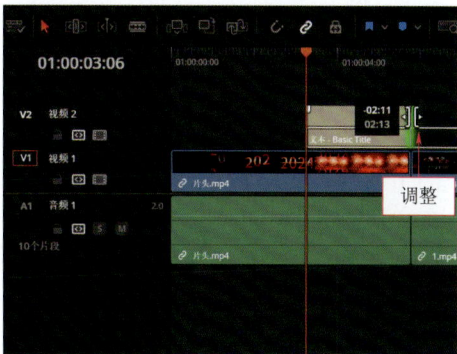

图 11-47 调整文本的时长

STEP 05 双击添加的"文本"字幕，展开"检查器"|"视频"|"标题"选项卡，在"多信息文本"下方的编辑框中输入相应文字，如图 11-48 所示。

STEP 06 在面板下方设置相应字体，设置"颜色"为红色色块，如图 11-49 所示，在预览窗口中可以查看设置字体颜色效果。

图 11-48 输入相应文字

图 11-49 设置相应字体（1）

STEP 07 在"标题"选项区中设置"大小"参数为 369、"字距"参数为 29，如图 11-50 所示。

STEP 08 执行上述操作后，设置"位置"中的 X 参数为 986.000、Y 参数为 718.000，如图 11-51 所示，调整相应位置。

图 11-50 设置相应参数

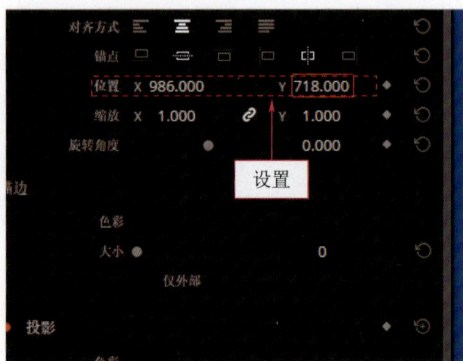

图 11-51 设置"位置"参数（1）

STEP 09 在"描边"选项区中单击"色彩"色块，如图 11-52 所示。

STEP 10 弹出"选择颜色"对话框，在"基本颜色"选项区中选择白色色块，单击 OK 按钮，如图 11-53 所示。

STEP 11 在"描边"选项区中设置"大小"参数为 5，如图 11-54 所示。

STEP 12 在"投影"选项区中设置"偏移"中的 X 参数为 15.000、Y 参数为 2.000，如图 11-55 所示。

STEP 13 展开"检查器"|"视频"|"设置"选项卡，在"裁切"选项区中拖动"裁切右侧"滑块至最右端，如图 11-56 所示，设置"裁切右侧"参数为最大值。

STEP 14 单击"裁切右侧"关键帧按钮■，如图 11-57 所示，添加第 1 个关键帧。

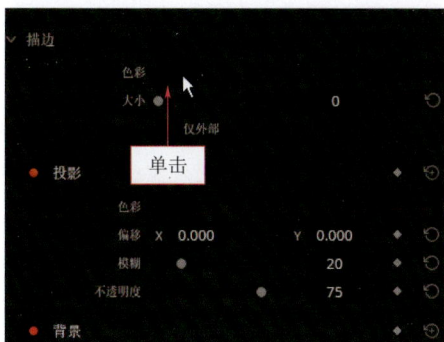

图 11-52　单击"色彩"色块

图 11-53　单击 OK 按钮

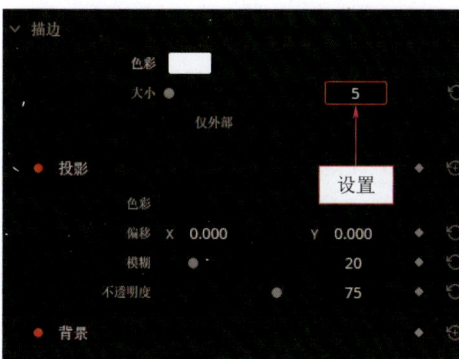

图 11-54　设置"大小"参数（1）

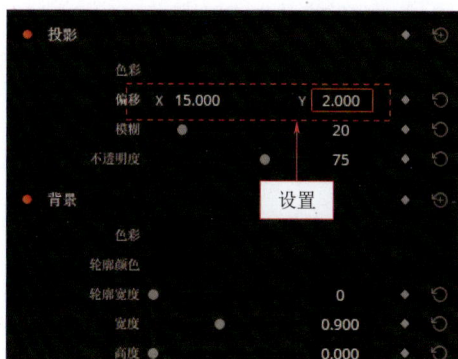

图 11-55　设置"偏移"参数

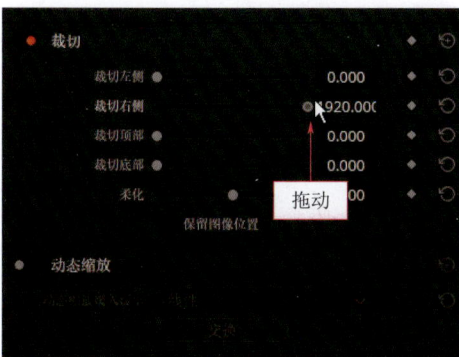

图 11-56　拖动"裁切右侧"滑块至最右端

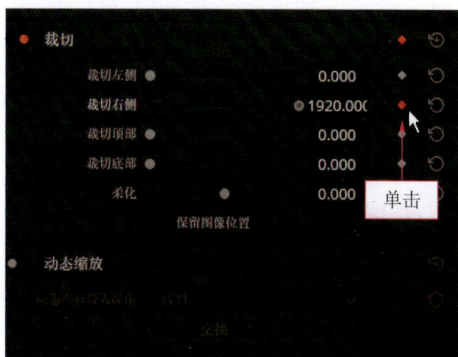

图 11-57　单击"裁切右侧"关键帧按钮

STEP 15 拖动时间指示器至 01：00：04：12 位置，如图 11-58 所示。

STEP 16 展开"检查器"|"视频"|"设置"选项卡，在"裁切"选项区中拖动"裁切右侧"滑块至最左端，设置"裁切右侧"参数为最小值，即可自动添加第 2 个关键帧，如图 11-59 所示。

图 11-58　拖动时间指示器（2）

图 11-59　自动添加第 2 个关键帧

STEP 17 拖动时间指示器至 01：00：05：19 位置，如图 11-60 所示。

STEP 18 选中添加的第一个文本字幕右击，弹出快捷菜单，选择"复制"选项，如图 11-61 所示。

图 11-60　拖动时间指示器（3）

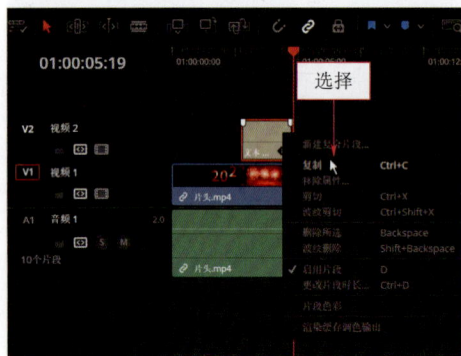

图 11-61　选择"复制"选项

STEP 19 再次在相应位置右击，弹出快捷菜单，选择"粘贴"选项，如图 11-62 所示，即可粘贴至相应位置。

STEP 20 选中第 2 个文本字幕，拖动至 V2 轨道的上方，如图 11-63 所示，即可添加文本。

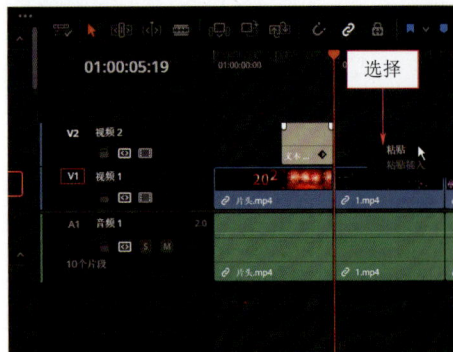

图 11-62　选择"粘贴"选项

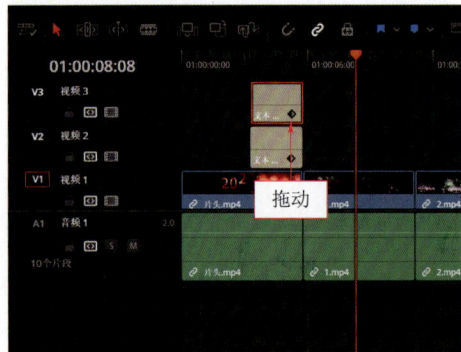

图 11-63　拖动至 V2 轨道的上方

STEP 21 双击第 2 个文本字幕，展开"检查器"|"视频"|"标题"选项卡，输入相应文字，如图 11-64 所示。

STEP 22 在面板下方设置相应字体，设置"颜色"为白色色块，如图 11-65 所示。

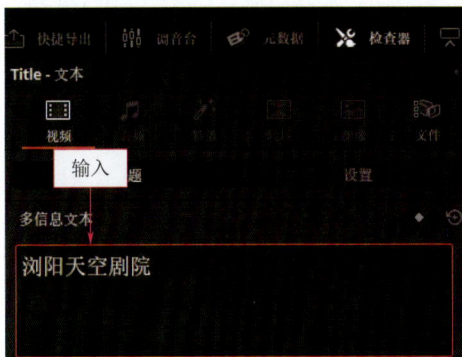

图 11-64　输入相应文字（2）

图 11-65　设置"颜色"为白色色块（2）

STEP 23 在"标题"选项区中设置"大小"参数为 176，如图 11-66 所示。

STEP 24 执行上述操作后，设置"位置"中的 X 参数为 978.000、Y 参数为 396.000，如图 11-67 所示。

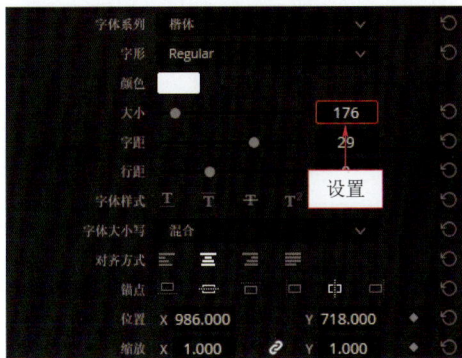

图 11-66　设置"大小"参数（2）

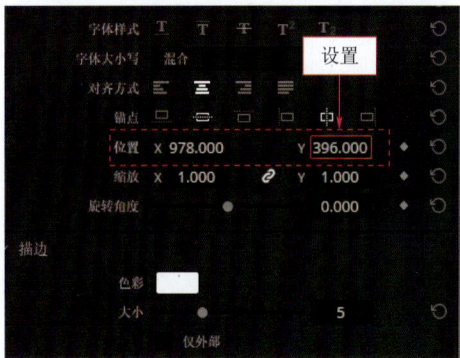

图 11-67　设置"位置"参数（2）

STEP 25 用与上相同的操作方法，添加第 3 个文本字幕，如图 11-68 所示。

STEP 26 双击第 3 个文本字幕，展开"检查器"|"视频"|"标题"选项卡，输入相应文字，如图 11-69 所示。

STEP 27 在"标题"选项区中，设置相应字体，设置"大小"参数为 85，如图 11-70 所示。

STEP 28 设置"位置"中的 X 参数为 966.000、Y 参数为 219，如图 11-71 所示。

图 11-68　添加第 3 个文本字幕

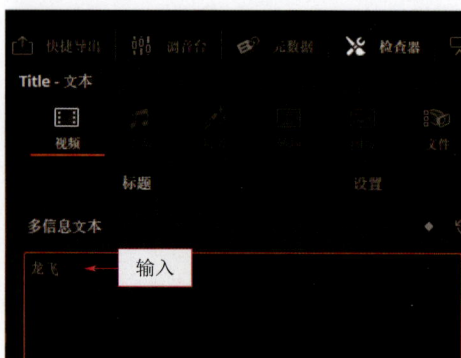

图 11-69　输入相应文字（3）

图 11-70　设置"大小"参数（3）

图 11-71　设置"位置"参数（3）

STEP 29 在"描边"选项区中设置"大小"参数为 0，如图 11-72 所示。

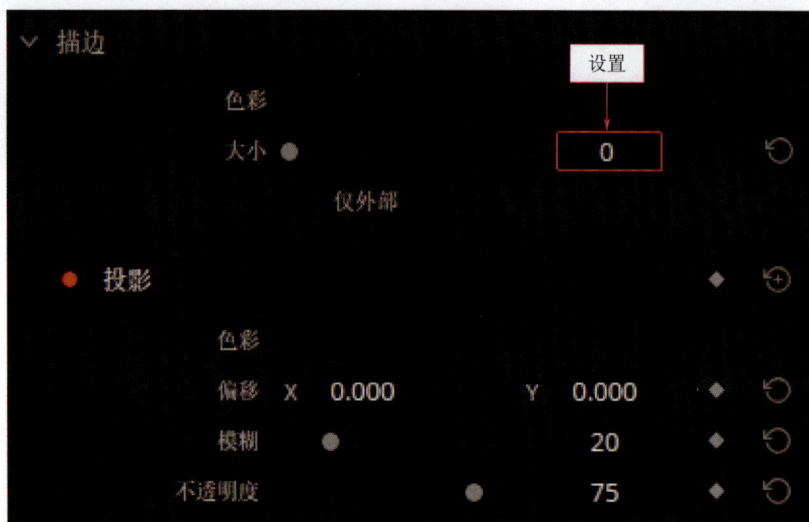

图 11-72　设置"大小"参数（4）

STEP 30 在预览窗口中即可查看添加的字幕效果，如图 11-73 所示。

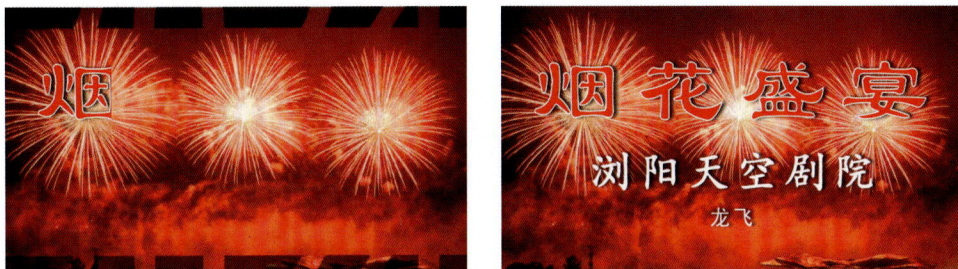

图 11-73　查看添加的字幕效果

11.2.7　为视频匹配背景音乐

标题字幕制作完成后，可以为视频添加一个完整的背景音乐，使影片更加具有感染力，下面向大家介绍具体的操作方法。

STEP 01 在"媒体池"面板中的空白位置处右击，弹出快捷菜单，选择"导入媒体"选项，如图 11-74 所示。

STEP 02 弹出"导入媒体"对话框，在其中选择需要导入的音频素材，如图 11-75 所示。

图 11-74　选择"导入媒体"选项

图 11-75　选择需要导入的音频素材

STEP 03 单击"打开"按钮，即可将选择的音频素材导入"媒体池"面板中，如图 11-76 所示。

STEP 04 选择背景音乐，按住鼠标左键向右拖动至合适位置后，释放鼠标左键，如图 11-77 所示。

STEP 05 在达芬奇 19 的"时间线"面板上方的工具栏中，单击"刀片编辑模式"按钮 ，如图 11-78 所示。

STEP 06 执行操作后，即可将时间指示器拖动至相应位置，如图 11-79 所示。

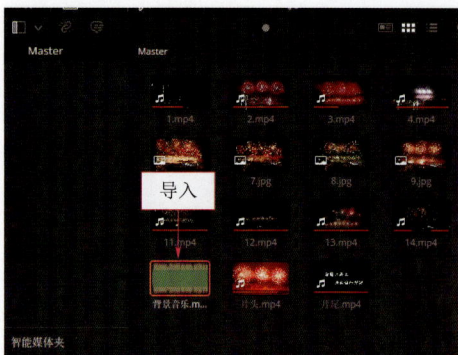

图 11-76 导入"媒体池"面板

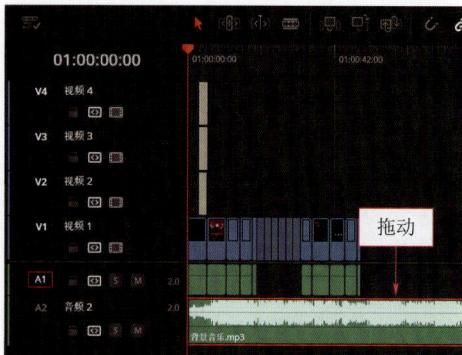

图 11-77 拖动至合适的位置

图 11-78 单击"刀片编辑模式"按钮

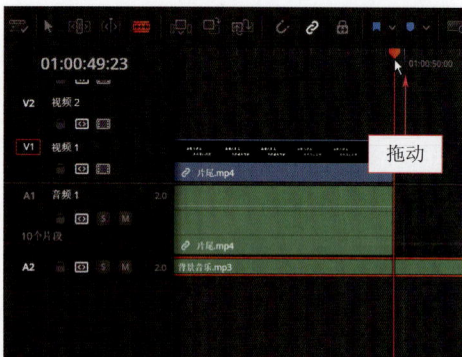

图 11-79 拖动时间指示器至相应位置处

STEP 07 在音频 1 轨道上单击，将音频分割为两段，如图 11-80 所示。

STEP 08 选择多余的音频右击，弹出快捷菜单，选择"删除所选"选项，如图 11-81 所示，即可删除多余的音频，在预览窗口中即可查看最终效果。

图 11-80 分割素材

图 11-81 选择"删除所选"选项

11.2.8 交付输出制作的视频

待视频剪辑完成后，即可切换至"交付"面板中，将制作的成品输出为一个完整的视频文件，下面介绍具体的操作方法：

STEP 01 切换至"交付"步骤面板，在"渲染设置"|"渲染设置-Custom Export"选项面板中设置文件名称和保存位置，如图 11-82 所示。

STEP 02 在"导出视频"选项区中单击"格式"右侧的下拉按钮，在弹出的下拉列表中选择 MP4 选项，如图 11-83 所示。

图 11-82 设置文件名称和保存位置　　　　　图 11-83 选择 MP4 选项

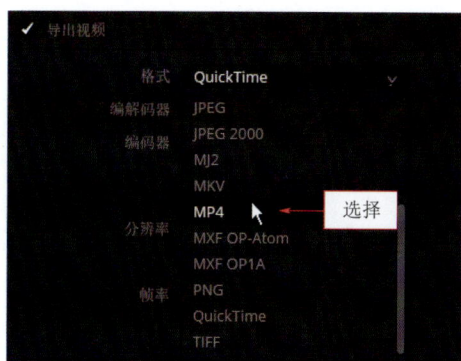

STEP 03 单击"添加到渲染队列"按钮，将视频文件添加到右上角的"渲染队列"面板中，单击"渲染所有"按钮，如图 11-84 所示。

STEP 04 执行操作后，开始渲染视频文件，并显示视频渲染进度，待渲染完成后，在渲染列表上会显示完成用时，表示渲染成功，如图 11-85 所示，在视频渲染保存的文件夹中可以查看渲染输出的视频。

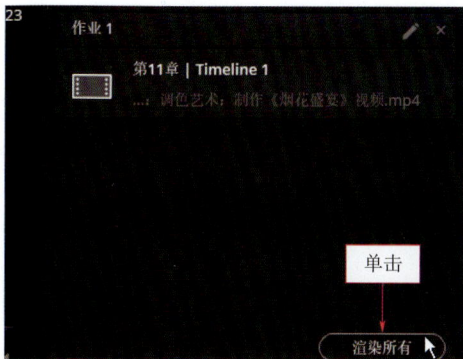

图 11-84 单击"渲染所有"按钮　　　　　图 11-85 显示完成用时

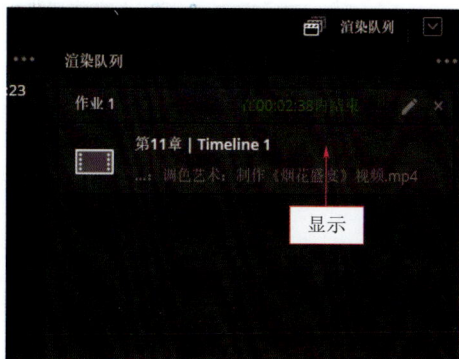